教育部高等学校电子信息类专业教学指导委员会规划教材
高等学校电子信息类专业系列教材·新形态教材

神经网络理论及应用实践

廉小亲 吴静珠 高 超 郑 彤 编著

清华大学出版社
北京

内容简介

本书在全面介绍人工神经网络基本理论的基础之上,首先,系统地阐述了单层感知器神经网络、BP 神经网络、竞争学习神经网络、自组织神经网络、学习向量量化神经网络、对偶传播神经网络、径向基函数神经网络、支持向量机等浅层神经网络的典型网络结构、学习算法、工作原理和应用案例;其次,系统地阐述了深度学习中卷积神经网络、循环神经网络两种经典神经网络的概念、基本架构、工作原理和应用案例;最后,介绍了人工神经网络设计开发平台。本书旨在使读者了解和掌握人工神经网络的设计和应用方法,为读者深入了解和研究人工神经网络奠定基础。

本书可作为高等院校计算机类、电子信息类、自动化类、金融类、统计类等相关专业高年级本科生、研究生的教材,也可作为相关专业领域的科研人员和工程技术人员的学习参考书。

版权所有,侵权必究。举报: 010-62782989, beiqinquan@tup.tsinghua.edu.cn。

图书在版编目(CIP)数据

神经网络理论及应用实践 / 廉小亲等编著. -- 北京:清华大学出版社,2025.4.
(高等学校电子信息类专业系列教材). -- ISBN 978-7-302-68750-4
Ⅰ. TP183
中国国家版本馆 CIP 数据核字第 2025U6U783 号

策划编辑:刘　星
责任编辑:李　锦
封面设计:刘　键
责任校对:郝美丽
责任印制:宋　林

出版发行:清华大学出版社
网　　址:https://www.tup.com.cn, https://www.wqxuetang.com
地　　址:北京清华大学学研大厦 A 座　　邮　编:100084
社 总 机:010-83470000　　邮　购:010-62786544
投稿与读者服务:010-62776969, c-service@tup.tsinghua.edu.cn
质量反馈:010-62772015, zhiliang@tup.tsinghua.edu.cn
课件下载:https://www.tup.com.cn, 010-83470236

印 装 者:三河市铭诚印务有限公司
经　　销:全国新华书店
开　　本:185mm×260mm　　印　张:15　　字　数:364 千字
版　　次:2025 年 6 月第 1 版　　印　次:2025 年 6 月第 1 次印刷
印　　数:1~1500
定　　价:59.00 元

产品编号:091142-01

前言
PREFACE

  人工神经网络是一门新兴交叉学科,它是基于生物学中神经网络的基本原理,在充分理解人脑生物神经网络的基础上,将人们对生物脑的研究成果和计算机技术相融合,以人工神经网络拓扑知识为理论基础,模拟人脑神经系统复杂信息处理机制的一种数学模型。神经网络作为人工智能领域的一个重要分支,受到人们的广泛关注。随着智能化思想的不断普及,神经网络也逐渐成为研究发展的热点学科。近年来,人工神经网络以其优越的自学习能力以及对非线性关系的良好逼近能力被广泛应用于多个领域,如脑神经科学、智能控制、信息科学、计算机科学等。

  人工神经网络是一门实践性很强的学科,同时也具有坚实的理论基础。然而人工神经网络知识抽象且其应用领域复杂多样,为了使读者更好地理解神经网络的基本理论知识,并能将理论应用于工程实践,本书紧扣读者需求,采用循序渐进的方法,深入浅出地讲述了人工神经网络的典型网络结构、学习算法、工作原理和应用案例;此外,本书还给出了与应用案例配套的 MATLAB 或 Python 程序源代码并附有详细的注解,有助于读者理解与掌握应用人工神经网络解决实际问题的全过程;同时本书还配套 MOOC 教学课件、教学大纲、程序代码、资源列表、微课视频等资源,这些有助于读者对本书理论知识和相关应用案例的学习和理解。

  本书共 9 章,各章主要内容如下。

  第 1 章为绪论,首先介绍了人工神经网络的概念,然后对人工神经网络的发展历程、特点、功能及应用领域进行了简要的介绍。

  第 2 章为人工神经网络基础,首先给出了人工神经元模型的定义、结构,然后介绍了人工神经网络学习的作用与意义,并详细阐述了人工神经网络模型的学习过程。

  第 3 章为感知器神经网络,首先对单层感知器的定义、结构等基础知识进行了介绍;然后从单层感知器的结构入手,探讨了单层感知器的功能与局限性;随后引入多层感知器,并详细阐述了基于 BP 算法的多层感知器、标准 BP 算法的实现以及标准 BP 算法的局限性与改进;最后详细介绍了多个基于 MATLAB 的 BP 神经网络应用案例。

  第 4 章为自组织竞争神经网络,首先详细介绍了竞争学习神经网络,随后详细阐述了自组织神经网络的结构与学习算法,并给出了多个应用案例;最后对学习向量量化神经网络与对偶传播神经网络的结构与学习算法进行了详细阐述,并分别给出了多个应用案例。

  第 5 章为径向基函数神经网络,首先详细介绍了正则化径向基函数神经网络的结构、算法及其局限性,然后对广义径向基函数神经网络的结构与算法等知识进行了详细阐述,最后给出了径向基函数神经网络案例。

  第 6 章为支持向量机,首先简要介绍了支持向量机的基本思想和三种类型,随后详细阐述了线性可分支持向量机、线性支持向量机和非线性支持向量机的数学模型和求解算法,最后给出了多个支持向量机应用案例。

第7章为卷积神经网络,首先给出了卷积神经网络的基本架构;然后对卷积神经网络中较为重点的池化层进行了详细阐述,并讲述了池化层与全连接层的结构与功能;随后给出了卷积神经网络在目标检测中的应用;最后对卷积神经网络退化问题、过拟合与欠拟合问题进行了简要介绍。

第8章为循环神经网络,首先简要介绍了循环神经网络的基本特性和概念,随后详细阐述了循环神经网络、长短时记忆网络的基本结构和数学模型,最后给出了多个循环神经网络的应用案例。

第9章为人工神经网络设计开发平台,首先从MATLAB运行环境、Simulink仿真环境及MATLAB设计基础等角度介绍了MATLAB应用基础;然后对感知器神经网络、线性神经网络、BP神经网络、自组织竞争神经网络、学习向量量化(Learning Vector Quantization,LVQ)神经网络及径向基函数神经网络的MATLAB神经网络工具箱函数及其应用方式进行了简要介绍。

本书由廉小亲、吴静珠、高超、郑彤编写,廉小亲统稿,韩力群教授主审。廉小亲编写第1章、第3章的3.5.3节~3.5.6节、第4章的4.6节和4.7节、第5章及第9章;吴静珠编写第2章、第3章的3.1节~3.4节、3.5.1节和3.5.2节及第4章的4.1节~4.5节;高超编写第6章及第8章;郑彤编写第7章。在本书的撰写过程中得到了韩力群教授、施彦副教授、张洁副教授的大力支持和帮助,同时,作者的部分研究生参与了本书案例的程序设计及调试、绘图等工作,在此一并表示感谢。

在本书的编写过程中参考了许多文献资料,在此对文献的作者深表感谢。

限于作者水平,书中难免存在疏漏或不足,恳请有关专家和广大读者批评指正。

配 套 资 源

- **程序代码等资源**:扫描目录上方的二维码下载。
- **MOOC教学课件**、**教学大纲**、**资源列表**:到清华大学出版社官方网站本书页面下载,或者扫描封底的"书圈"二维码在公众号下载。
- **微课视频**(300分钟,35集):扫描书中相应章节中的二维码在线学习。

注:请扫描封底刮刮卡中的文泉云盘防盗码进行绑定后再获取配套资源。

作　者

2025年3月于北京

目 录
CONTENTS

配套资源

第1章　绪论 ·· 1
  ▶ 视频讲解：15分钟，1集
  1.1　人工神经网络概述 ··· 1
  1.2　人工神经网络发展历程 ·· 2
    1.2.1　人工神经网络启蒙期(1943年—1969年) ··· 2
    1.2.2　人工神经网络低潮期(1969年—1982年) ··· 3
    1.2.3　人工神经网络复兴期(1982年—2006年) ··· 3
    1.2.4　人工神经网络高速发展期(2006年至今) ·· 4
  1.3　人工神经网络特点 ··· 5
  1.4　人工神经网络功能 ··· 6
  1.5　人工神经网络应用 ··· 7
  1.6　本书主要内容及特点 ·· 8
  本章习题 ·· 8

第2章　人工神经网络基础 ·· 9
  ▶ 视频讲解：16分钟，2集
  2.1　生物神经网络 ··· 9
  2.2　人工神经元 ··· 10
    2.2.1　人工神经元模型 ··· 10
    2.2.2　人工神经元的数学描述 ·· 11
    2.2.3　人工神经元的激活函数 ·· 12
  2.3　人工神经网络分类 ·· 15
    2.3.1　基于连接方式分类 ·· 16
    2.3.2　基于连接范围分类 ·· 16
    2.3.3　基于信息流向分类 ·· 17
    2.3.4　基于典型架构分类 ·· 17
  2.4　人工神经网络学习 ·· 18
    2.4.1　有监督学习 ··· 18
    2.4.2　无监督学习 ··· 19
    2.4.3　强化学习 ·· 20
    2.4.4　自监督学习 ··· 20
    2.4.5　半监督学习 ··· 20

2.4.6　迁移学习 ·· 20
　　　2.4.7　灌输式学习 ·· 20
　2.5　基于MATLAB工具箱的神经网络基本参数描述 ······················ 21
　　　2.5.1　MATLAB工具箱的神经元模型 ····························· 21
　　　2.5.2　MATLAB工具箱的神经网络结构 ··························· 22
　2.6　本章小结 ··· 23
　本章习题 ·· 23

第3章　感知器神经网络 ·· 24

▶ 视频讲解：59分钟，9集

　3.1　单层感知器 ·· 24
　　　3.1.1　感知器模型 ·· 24
　　　3.1.2　感知器学习算法 ··· 25
　　　3.1.3　感知器功能性 ·· 27
　　　3.1.4　感知器局限性 ·· 29
　3.2　多层感知器引入 ·· 30
　3.3　BP神经网络 ··· 32
　　　3.3.1　BP神经网络模型 ·· 32
　　　3.3.2　BP学习算法 ··· 34
　　　3.3.3　BP算法实现 ··· 39
　　　3.3.4　BP算法局限性 ·· 41
　　　3.3.5　标准BP算法改进 ··· 42
　3.4　BP神经网络设计基础 ··· 45
　　　3.4.1　训练样本集准备 ··· 45
　　　3.4.2　初始权值设计 ·· 48
　　　3.4.3　网络结构设计 ·· 48
　　　3.4.4　网络训练与测试 ··· 49
　3.5　基于MATLAB的BP神经网络应用案例 ··························· 50
　　　3.5.1　基于MATLAB的BP神经网络案例——数据拟合 ········· 50
　　　3.5.2　基于MATLAB的BP神经网络案例——鸢尾花分类 ······ 59
　　　3.5.3　基于MATLAB的BP神经网络案例——红酒品种分类 ···· 60
　　　3.5.4　基于MATLAB的BP神经网络案例——C形数据簇分类 ·· 65
　　　3.5.5　基于MATLAB的BP神经网络案例——汽油辛烷值预测 · 71
　　　3.5.6　基于MATLAB的BP神经网络案例——月平均温度预测 · 75
　本章习题 ·· 82

第4章　自组织竞争神经网络 ·· 83

▶ 视频讲解：34分钟，5集

　4.1　竞争学习神经网络 ··· 83
　　　4.1.1　相似度测量 ·· 83
　　　4.1.2　竞争学习原理 ·· 84
　4.2　自组织特征映射神经网络 ·· 86
　　　4.2.1　网络结构 ··· 86
　　　4.2.2　学习算法 ··· 87

4.3 自组织神经网络应用案例 89
 4.3.1 基于 SOM 神经网络的汽车竞品分析 89
 4.3.2 基于 SOM 神经网络的葡萄干聚类分析 92
4.4 学习向量量化神经网络 95
 4.4.1 向量量化 96
 4.4.2 网络结构 96
 4.4.3 运行原理 96
 4.4.4 学习算法 97
4.5 学习向量量化神经网络应用案例 98
 4.5.1 基于 LVQ 神经网络的红酒品种分类 98
 4.5.2 基于 LVQ 神经网络的森林火灾预测 101
4.6 对偶传播神经网络 103
4.7 对偶传播神经网络应用案例 105
 4.7.1 基于 CPN 神经网络的博士论文质量评价及 Python 实现 105
 4.7.2 基于 CPN 神经网络的 C 形数据簇分类 111
本章习题 117

第 5 章 径向基函数神经网络 118

▶ 视频讲解：40 分钟，5 集

5.1 正则化 RBF 神经网络 118
 5.1.1 插值问题 118
 5.1.2 径向基函数解决插值问题 118
 5.1.3 正则化 RBF 神经网络结构 119
 5.1.4 正则化 RBF 神经网络学习算法 120
 5.1.5 正则化 RBF 神经网络局限性 121
5.2 广义 RBF 神经网络 121
 5.2.1 模式可分性 121
 5.2.2 广义 RBF 神经网络结构 122
 5.2.3 广义 RBF 神经网络学习算法 124
5.3 基于 MATLAB 的 RBF 神经网络应用案例 125
 5.3.1 基于 MATLAB 的 RBF 神经网络案例——数据拟合 125
 5.3.2 基于 MATLAB 的 RBF 神经网络案例——小麦种子分类 129
 5.3.3 基于 MATLAB 的 RBF 神经网络案例——人口数量预测 132
 5.3.4 基于 MATLAB 的 RBF 神经网络案例——地下水位预测 136
本章习题 141

第 6 章 支持向量机 142

▶ 视频讲解：20 分钟，2 集

6.1 线性可分支持向量机 142
 6.1.1 最优超平面 142
 6.1.2 线性可分最优超平面 143
6.2 线性支持向量机 145
6.3 非线性支持向量机 146
 6.3.1 基于内积核的最优超平面 146

		6.3.2 非线性支持向量机神经网络	147
6.4	支持向量机应用案例		148
	6.4.1	最优分类超平面的数学求解	148
	6.4.2	支持向量机的多分类问题	149
本章习题			153

第7章 卷积神经网络 154

▶ 视频讲解：67分钟，6集

7.1	CNN 概述	154
	7.1.1 传统神经网络	154
	7.1.2 传统神经网络与CNN对比	155
	7.1.3 CNN的基本架构	156
7.2	卷积功能层	156
	7.2.1 卷积功能层中的基本概念	157
	7.2.2 卷积操作与传统神经元操作的类比	158
	7.2.3 感受野	158
	7.2.4 权值共享	158
	7.2.5 其他典型卷积操作	159
7.3	池化层与全连接层	160
	7.3.1 池化层	160
	7.3.2 全连接层	160
	7.3.3 各功能层在案例中的解析	161
7.4	CNN在目标检测中的应用	162
	7.4.1 目标检测发展背景	163
	7.4.2 目标检测的评价指标	163
	7.4.3 基于CNN的目标检测模型	164
7.5	CNN退化问题	165
	7.5.1 CNN退化问题描述	165
	7.5.2 残差神经网络	165
7.6	CNN模型的过拟合与欠拟合问题	166
	7.6.1 网络超参数设计	166
	7.6.2 网络性能评价	168
	7.6.3 过拟合与欠拟合	168
	7.6.4 Dropout	169
7.7	CNN的典型应用案例	170
	7.7.1 猫狗图像识别	170
	7.7.2 基于MobileNetV3的肺炎识别	172
本章习题		174

第8章 循环神经网络 175

▶ 视频讲解：49分钟，5集

8.1	初识循环神经网络	175
	8.1.1 循环神经网络的应用对象	175
	8.1.2 循环神经网络的模型优势	176

8.1.3 循环神经网络的计算图 ··· 177
8.2 循环神经网络的结构类型 ·· 178
　　　8.2.1 循环神经网络设计模式 ··· 178
　　　8.2.2 双向循环神经网络 ·· 181
　　　8.2.3 深度循环神经网络 ·· 182
8.3 长短时记忆网络 ··· 182
　　　8.3.1 标准长短时记忆网络 ·· 182
　　　8.3.2 门控循环单元 ·· 185
8.4 LSTM 回归应用案例 ·· 187
　　　8.4.1 单变量时间序列预测问题 ··· 187
　　　8.4.2 多变量时间序列预测问题 ··· 194
8.5 LSTM 分类应用案例 ·· 201
　　　8.5.1 图像识别问题 ·· 201
　　　8.5.2 文本分类问题 ·· 205
本章习题 ··· 209

第 9 章　人工神经网络设计开发平台 ·· 210
9.1 MATLAB 与 Simulink 基础 ·· 210
　　　9.1.1 MATLAB 运行环境 ··· 210
　　　9.1.2 Simulink 仿真环境 ··· 211
　　　9.1.3 MATLAB 设计基础 ··· 212
9.2 MATLAB 神经网络工具箱函数介绍 ··· 213
　　　9.2.1 感知器神经网络 ·· 213
　　　9.2.2 线性神经网络 ·· 215
　　　9.2.3 BP 神经网络 ·· 217
　　　9.2.4 自组织竞争神经网络 ·· 220
　　　9.2.5 学习向量量化神经网络 ··· 223
　　　9.2.6 径向基神经网络 ·· 224
本章习题 ··· 225

参考文献 ·· 226

微课视频清单

序号	视频名称	时长/min	书中位置
1	绪论	15	1.1 节节首
2	2.1-人工神经网络基础（上）	7	2.2 节节首
3	2.2-人工神经网络基础（下）	9	2.3 节节首
4	3.1-单层感知器基础知识	6	3.1.1 节节首
5	3.2-单层感知器功能与局限性	7	3.1.3 节节首
6	3.3-多层感知器引入	5	3.2 节节首
7	3.4-基于 BP 算法的多层感知器	9	3.3.1 节节首
8	3.5-标准 BP 算法的实现	5	3.3.3 节节首
9	3.6-标准 BP 算法的局限性与改进	8	3.3.4 节节首
10	3.7-BP 神经网络设计基础	11	3.4 节节首
11	3.8-BP 网络应用实例——数据拟合	4	3.5.1 节节首
12	3.9-BP 网络应用实例——分类	4	3.5.2 节节首
13	4.1-竞争学习神经网络	6	4.1 节节首
14	4.2-SOM 神经网络	3	4.2 节节首
15	4.3-SOM 神经网络案例	4	4.3 节节首
16	4.4-LVQ 神经网络	4	4.4 节节首
17	4.5 对偶传播神经网络	17	4.6 节节首
18	5.1 正则化径向基函数神经网络基础	12	5.1 节节首
19	5.2 广义径向基函数神经网络基础	10	5.2 节节首
20	5.3 径向基函数神经网络学习算法	10	5.2.3 节节首
21	5.4 RBF 网络应用实例——数据拟合	4	5.3.1 节节首
22	5.5 RBF 网络应用实例——分类	4	5.3.2 节节首
23	6.1-支持向量机基本原理	10	6.1 节节首
24	6.2-支持向量机应用案例	10	6.4 节节首
25	7.1-卷积神经网络的基本架构	11	7.1 节节首
26	7.2-卷积功能层	11	7.2 节节首
27	7.3-池化层与全连接层	12	7.3 节节首
28	7.4-目标检测的应用	10	7.4 节节首
29	7.5-卷积神经网络的退化问题	11	7.5 节节首
30	7.6-过与欠拟合问题	12	7.6 节节首
31	8.1-初识循环神经网络	8	8.1 节节首
32	8.2-循环神经网络	9	8.2 节节首
33	8.3-长短时记忆网络	9	8.3 节节首
34	8.4-LSTM 回归应用案例	12	8.4 节节首
35	8.5-LSTM 分类应用案例	11	8.5 节节首

第1章 绪 论
CHAPTER 1

1.1 人工神经网络概述

长久以来,计算机凭借其强大的运算能力成为人们使用最多的信息处理工具之一,计算机在数值运算和逻辑运算方面的优越能力极大地提高了人们的工作效率,为人们生活和社会经济发展的智能化和自动化提供了先进手段。然而在推理判断、识别分类、记忆联想等未明确定义的问题上,计算机常常受限于其结构模式和运行机制,无法进行综合分析与思考,因而不能作为有效的辅助工具。为了解决这一问题,人工智能随之诞生,而人工神经网络(Artificial Neural Network,ANN)作为人工智能领域的重要研究方向,多年来被众多计算机科学学者不断研究并得到了深入发展。

人工神经网络又称神经网络或者类神经网络,是人们将生物脑的研究成果与计算机科学相结合的产物,是基于生物学中神经网络的基本原理,在理解和抽象了人脑结构和外界刺激响应机制后,以网络拓扑知识为理论基础,模拟人脑神经系统复杂信息处理机制的一种数学模型。人工神经网络将许多神经元连接在一起,这些神经元有一个单独的输出,每个输出都类似于生物神经元之间的突触,通过数学算法实现与其他神经元的信息传递。一个神经元的输出也可以作为另一个神经元的输入,因此网络的神经元之间有许多不同的连接方法。输入层、隐含层和输出层通常组成一个经典的神经网络,输入层负责接收外部的信息和数据;隐含层负责对信息进行处理,不断调整神经元之间的连接属性,如权值等;输出层负责对计算的结果进行输出。输入层和输出层的神经元通常根据实际应用场景或实际问题而定,中间的隐含层数目极大影响了神经网络的非线性映射能力。

人工神经网络自1943年被提出以来,经历了几起几落的艰难发展阶段,陆续有感知器神经网络、反向传播(Back Propagation,BP)神经网络、径向基函数(Radial Basis Function,RBF)神经网络、自组织特征映射(Self-Organizing Feature Mapping,SOM)神经网络等模型被提出并深入研究。2000年后,随着计算机学科、脑神经学科、大数据学科的发展,神经网络的理论建设与实践应用有了更加长足的进步,复杂的、多层次的人工神经网络模型被不断研究与完善,卷积神经网络(Convolutional Neural Network,CNN)、循环神经网络(Recurrent Neural Network,RNN)及长短期记忆(Long Short-Term Memory,LSTM)神经网络等五十多种深度神经网络模型纷纷涌现,这些模型被广泛应用于模式识别与图像处理、控制与优化、金融预测与管理等领域。

为了适应当前神经网络发展趋势，紧密跟踪神经网络应用热点，培养能够从事神经网络理论及应用研究的技术人才，团队教师在多年从事人工神经网络理论及应用教学和科研工作的基础上，融合当前神经网络的热点模型撰写了本书。本书旨在为控制科学与工程、信息与通信工程等学科以及电子信息类专业硕士研究生，自动化、电气工程及其自动化、电子科学与技术、信息工程、人工智能、智能科学与技术等相关专业本科生以及各类科技人员提供一本系统介绍人工神经网络的基本理论、设计方法和实践案例的教材。

1.2 人工神经网络发展历程

人工神经网络理论的发展历程十分艰辛，总体可以概括为启蒙期、低潮期、复兴期以及高速发展期。启蒙期开始于 1943 年美国数学家 Walter Pitts 和心理学家 Warren McCulloch 提出第一个描述人脑神经细胞动作的 M-P 模型，结束于 1969 年 Marvin 和 Papert 发表《感知器》一书。低潮期开始于 1969 年，结束于 1982 年 Hopfield 对 Hopfield 模型的提出与研究。复兴期开始于 1982 年，结束于 2006 年 Hinton 等对深度学习概念的提出。高速发展期自 2006 年开始，至今仍然在深度学习的研究热潮之中。

下面将按照年代顺序介绍人工神经网络的发展历程及对人工神经网络发展有重大贡献的学者和著作，便于读者了解人工神经网络与各个学科间的关系，初步了解神经网络概念。

1.2.1 人工神经网络启蒙期（1943 年—1969 年）

1890 年，美国心理学家和哲学家 William James 出版了专著《心理学原理》，探讨了有关人脑的结构和功能的话题。James 提出，当两个基本脑细胞曾在一起或被相继激活后，其中一个脑细胞受到刺激被重新激活时，会将刺激传播至另一个脑细胞。另外，James 认为大脑皮层上任意点的刺激量都为其他所有发射点进入该刺激点的总和。

在这一研究理论的基础上，1943 年美国数学家 Walter Pitts 和心理学家 Warren McCulloch 一同发表了名为"神经活动中内在思想的逻辑演算"的论文，提出了人工神经网络的概念，同时给出了世界上第一个描述人脑神经细胞动作的数学模型——M-P 模型。该数学模型具有如下 5 个特点。

（1）神经元是一个多输入、单输出的信息处理单元。
（2）神经元表现为兴奋性和抑制性两种类型。
（3）任何兴奋性突触有输入激励后，使神经元兴奋，与神经元先前的状态无关。
（4）任何抑制性突触有输入激励后，使神经元抑制。
（5）神经元是非时变的，即其突触时延和突触连接强度均为常数。

这一模型的提出标志着人工神经网络的诞生，建立了人工神经网络"大厦"的"地基"，开创了神经科学理论研究的时代。

1949 年，加拿大心理学家 Donald Olding Hebb 在《行为的组织》一书中对生物大脑神经细胞之间的相互影响进行了数学描述，即神经网络中的信息是通过连接权值进行存储的。同时，Hebb 还在书中提出突触连接强度可变的假设，即神经网络中各神经元间的信息传递发生在神经元之间的突触部位，而突触的连接强度是随着突触前后神经元的活动而变化的。这一假设后来发展成为神经网络中非常著名的 Hebb 规则。这一规则告诉人们，神经元之间突触的联系强度是可变的,这种可变性是学习和记忆的基础。Hebb规则为构造有学习功能的神经网络模型奠定了基础。

20世纪50年代,人们开始把人工神经网络作为人工智能的网络系统来研究。1957年,美国学者Rosenblatt以M-P模型为基础,提出了感知器(perceptron)模型。感知器模型具有现代神经网络的基本原则,并且它的结构非常符合神经生理学。这是一个具有连续可调权值向量的M-P模型,经过训练可以达到对一定的输入向量模式进行分类和识别的目的,它虽然比较简单,却是第一个真正意义上的神经网络。Rosenblatt证明了两层感知器能够对输入进行分类,他还提出了带隐含层处理元件的三层感知器这一重要的研究方向。Rosenblatt的神经网络模型包含了一些现代神经计算机的基本原理,从而形成神经网络方法和技术的重大突破。

1.2.2　人工神经网络低潮期(1969年—1982年)

随着对人工神经网络理论研究的深入,人们不断遇到来自认识、应用等多方面的困难,这使得陷入人工神经网络研究热潮的人们遭受到了沉重打击。1969年,人工智能之父Marvin Minsky和知名专家Seymour Papert在《感知器》一书中强烈地批判了感知器模型,认为神经网络没有科学价值,只能用于线性问题的求解,不能解决非线性的问题。同时受限于当时的科技水平和计算机的计算能力,神经网络模型所需的庞大计算量无法得到真正的满足,因此在冯·诺依曼式计算机发展的冲击、人们认知水平受限等因素的影响下,20世纪60年代后期的若干年里,人工神经网络的理论研究一直处于低潮期。

在如此艰难的情况下,仍然有少数研究人员在继续从事人工神经网络的研究,提出新的模型和理论,例如,1972年,芬兰的Teuvo Kohonen教授提出了著名的自组织特征映射神经网络模型。SOM神经网络模型是一种无导师学习模型,它采用的竞争学习法则与感知器的学习法则有很大的不同。SOM神经网络利用数目较多的一组输出节点来表示输入模式的分类,使得网络拥有更好的分类能力,同时减小了噪声的影响。SOM网络通常可用于在没有先验知识的情况下对样本进行分类。

除此以外,1972年,美国的神经生理学家和心理学家J. Anderson提出了"交互存储器"。交换存储器在网络结构、激活函数等方面与SOM神经网络模型类似,但J. Anderson更注重对网络结构和学习算法的生物仿真性进行研究。1980年,日本的福岛邦彦提出了"新认知机"理论,将神经网络理论与生物视觉理论相结合,旨在使神经网络模型能够拥有类人的模式识别能力。这些研究者的成果为人工神经网络研究的新发展奠定了更加深厚的理论基础。

1.2.3　人工神经网络复兴期(1982年—2006年)

20世纪80年代后,冯·诺依曼式计算机缺乏学习能力、无法模拟人脑智能等问题越来越凸显,这迫使研究人员寻求新的途径,从而带动了研究人员对人工神经网络理论新的研究热潮,人工神经网络迎来了复兴期。1982年,美国物理学家Hopfield将物理中的动力学内容引入神经网络,提出了Hopfield神经网络模型,首次将能量函数引入网络中,并证明网络在一定条件下可以达到稳定状态。Hopfield的模型不仅对人工神经网络信息存储和提取功能进行了非线性数学概括,提出了动力方程和学习方程,还对网络算法提供了重要公式和参数,使人工神经网络的构造和学习有了理论指导。在 Hopfield 模型的影响下,大量学者又激发起研究神经网络的热情,积极投身于这一学术领域中。

1986 年 7 月,美国人工智能研究专家 David E. Rumelhart 等在 *Nature* 期刊上发表论文,提出了多层神经网络权值修正的反向传播学习算法——BP 算法,该算法可有效减少网络学习过程中的运算量。同时,David Rumelhart 等通过在神经网络里增加一个隐含层,解决了感知器无法解决的异或门难题。同年,由 Rumelhart 和 James L. McCelland 主编的《并行分布式处理》一书出版,书中提出了并行分布处理理论,同时对具有非线性连续激活函数的 BP 算法进行了详尽的分析,解决了长期以来权值调整有效算法缺失的难题。另外,Rumelhart 等在该书中回答了《感知器》一书中关于神经网络局限性的问题,从实践上证实了人工神经网络有很强的运算能力。

1989 年,加拿大多伦多大学教授 Yann LeCun 和他的同事们一起提出了卷积神经网络(Convolutional Neural Networks,CNN),该网络模型是一种包含卷积层的深度神经网络,通常包含两个非线性卷积层、两个固定的子采样层和一个全连接层,隐含层的数量一般至少在 5 个以上。Yann LeCun 等还利用该模型对手写数字实现有效分类。随后的几年中,Yann LeCun 等不断对 CNN 模型进行完善,并在 1998 年推出了 LeNet-5,LeNet-5 包括了卷积神经网络的所有单元,即两个卷积层、两个下采样层、两个全连接层、一个激活层及分类层。CNN 网络在这一时期可有效解决小规模的图像分类问题,为 CNN 网络模型的后续发展奠定了基础。

1.2.4 人工神经网络高速发展期(2006 年至今)

2000 年以后,伴随着计算机学科、脑神经学科、大数据学科的发展,人工神经网络技术进入高速发展期。2006 年,加拿大多伦多大学的 Geoffrey Hinton 教授在 *Science* 期刊上发表论文,第一次提出了深度信念网络,并同时给出了一种高效的半监督算法——逐层贪心算法,来训练深度信念网络的参数,打破了长期以来深度网络难以训练的僵局。逐层贪心算法通过增加预训练,可以使神经网络中的权值找到一个接近最优解的值,之后使用"微调"的方法优化整个网络的训练过程。"预训练"和"微调"两种技术的运用,使得神经网络的训练时间大幅度减少。

2009 年,加拿大蒙特利尔大学教授 Yoshua Bengio 提出了深度学习的一种常用模型——堆叠自动编码器(Stacked Auto-Encoder,SAE),即采用自动编码器来代替深度信念网络的基本单元来构造深度网络。在 SAE 模型中,前一层自动编码器隐含层的输出作为其后一层自动编码器的输入,最后一层是分类器。该模型首先对给定初始输入采用无监督方式训练第一层自动编码器,使重构误差减小至设定值;其次,把第一个自动编码器隐含层的输出作为第二个自动编码器的输入,采用以上同样的方法训练自动编码器;然后,所有的自动编码器不断重复这一训练过程;最终,将最后一个 SAE 的隐含层输出作为分类器的输入后,采用有监督的方法训练分类器的参数。

2012 年,加拿大多伦多大学教授 Geoffrey Hinton 与他的学生 Alex Krizhevsky 和 Ilya Sutskever 等提出了一个经典的 CNN 网络模型——AlexNet,并在著名的 ImageNet 问题上取得了当时世界上最好的成果。AlexNet 的网络结构与 LeCun 等提出的 LeNet-5 类似,并在此基础上做出了三点改进:①增加了修正线性单元(Rectified Linear Unit,ReLU)非线性激活函数，增强了模型的非线性表达能力；②引入 dropout 层防止过拟合；③引入局部响应归一化来提高模型的泛化能力。AlexNet 网络成功运用了 GPU 进行运算，整个网络的参数量在 6000 万以上，它最大的意义在于证明了更深层次的卷积神经网络可以提取出更加鲁棒的特征信息，并且这些特征信息能更好地区分物品类别。

随着人们对深度神经网络的研究不断深入，注意力机制逐渐走入人们的视野，越来越多的研发团队将注意力机制引入神经网络中，提升了神经网络模型的分类识别性能。2020 年 10 月，美国谷歌公司、DeepMind 公司、艾伦图灵研究院和剑桥大学的联合团队提出了一种线性扩展的深度学习模型架构——Performer，并将其较好地应用在蛋白质序列建模等任务中。Performer 使用了一个有效的、线性的、基于不同相似性度量的广义注意力框架，在生物序列分析研究领域具有一定的潜力，可以有效降低计算的成本及复杂度。

2020 年 10 月，美国康涅狄格大学团队提出了一种全新的数据驱动的时空图注意力卷积神经网络，用于交通网络的高空间和时间复杂性下的自行车站级流量预测。同期，美国佛罗里达州立大学团队提出了一种新型的图神经网络——GRAPH-BERT，该网络完全基于注意力机制而没有任何图卷积或聚合算子，可解决目前图神经网络面临的假死和过平滑问题。

2020 年 10 月，Dosovitskiy 等提出了完全基于自注意力机制的 Vision Transformer (ViT) 模型，首次将 Transformer 模型应用于计算机视觉领域，ViT 模型的出现，打破了基于卷积主导的模型在计算机视觉领域的垄断。但 ViT 在计算资源和数据有限的情况下，很难学习到有效的特征，效果往往不如基于卷积主导的模型。

针对这一问题，2021 年，Liu 等提出了一个基于移动窗口和层级设计的 Swin Transformer 网络。通过在移动窗口内计算自注意力，在一定范围内减少了计算量。基于 Transformer 架构的模型层出不穷，在各个领域逐渐大放异彩，取得了媲美甚至领先卷积神经网络的效果。

2022 年，Facebook AI 研究所和加州大学伯克利分校共同提出了纯卷积神经网络——ConvNeXt 网络，该网络结构参照 Swin Transformer 模型进行设计，在多个分类及识别任务中的性能已超越了 Swin Transformer。与传统卷积神经网络相比，ConvNeXt 网络参数量更少，网络结构更为简洁，目前已经成为卷积神经网络中最具有代表性的网络之一。

多学科的交叉发展，掀起了神经网络研究的热潮，神经网络已经成为涉及神经生理科学、认知科学、心理学、计算机科学、生物电子科学等多学科交叉的前沿学科，神经网络的研究成果也被广泛应用于模式识别、图像处理、语音处理、自然语言处理、控制与优化、金融预测与管理等各个领域。

1.3 人工神经网络特点

人工神经网络具有由大量节点(或称"神经元")相互连接构成的网状拓扑结构，是人们基于对人类大脑的结构、功能等的认识提出的一种信息处理系统，旨在模拟人脑神经系统活动过程。虽然目前人工神经网络模拟人脑的程度与人脑还有一定的差距，但是它也能反映人脑信息存储、信息处理的一些基本特点。

(1) 信息并行处理和知识分布式存储特性。

人工神经网络的网状拓扑结构决定了神经网络信息的并行处理方式。人工神经网络的每个神经元都具有计算功能,且同一层的神经元同时进行信息处理,因此,神经网络中的信息处理是在大量神经元中并行而且分层进行的,所以有较快的信息处理速度。同时神经网络结构上的并行性,使得人工神经网络的信息存储必然采用分布式存储,知识不是存储在特定的神经元中,而是分布存储在整个网络的所有连接权中。

(2) 高度的非线性和计算的非精确性。

人工神经网络之所以能很好地处理非线性问题,有以下两个方面的原因:一是因为其内部组成的单个神经元可以处于激活或抑制两种不同的状态,且被激活的神经元输出由该神经元的输入及激活函数决定;二是因为人工神经网络内部节点互联的网络结构使得人工神经网络是个高度并行处理的非线性系统。这使得神经网络的输入/输出具有非常复杂的非线性关系。同时,人工神经网络能够处理不精确的、不完全的模糊信息,这使得神经网络给出的通常是满意解,而非精确解。

(3) 自学习、自组织和自适应性。

人工神经网络的自学习特性表现在:通过对大量的样本进行训练获得神经网络的结构和权值,从而使得神经网络能够对给定的输入产生期望的输出。人工神经网络的自适应特性表现在:神经网络通过改变自身的性能,能够适应环境的变化。而自组织特性表现在:神经网络在外部环境刺激下可以重新训练,按一定规则调整神经元之间的突触连接强度,逐步构建神经网络。

下面以李某、王某手写板数字 0~9 识别问题为例进行说明。首先,神经网络将李某写入的大量手写板数字 0~9 及其相应的数值作为训练样本进行训练,得到李某手写板数字识别神经网络模型,体现了神经网络自学习的能力,将李某新写的手写板数字输入该神经网络,即可得到识别结果。假设现在要求对王某的手写板输入的数字进行识别,神经网络可将王某的手写板数字及其相应的数值作为训练样本进行训练,即可得到新的手写板数字识别模型,体现了神经网络自适应的能力。

1.4 人工神经网络功能

人工神经网络是一种新型的智能信息系统,它从模拟人脑生物神经系统的结构入手,以最大限度地模拟人脑的功能。目前,人工神经网络在模式识别、非线性动态处理、自动控制及预测评价等领域取得了较好的应用效果,为解决复杂度较高的问题提供了一种相对简单有效的方法,如在能源领域,人工神经网络已被广泛应用于对能源需求、能源价格、能源利用率等方面的预测。尽管现阶段人工神经网络模拟人脑功能的程度还相对有限,但它已经具备了一定的智能特性。

1. 非线性映射

像大气环境质量预测、红酒品种预测、水质参数预测、故障种类预测等许多实际问题都属于非线性映射问题,这类问题的输入与输出之间存在着复杂的非线性关系。通常情况下,传统的数理方法很难建立表征这些输入与输出间关系的模型,而人工神经网络良好的非线性特性为这类问题的解决提供了较好的思路。通过设计人工神经网络,利用系统的输入/输出样本进行训练,可以得到神经网络模型,从而可使人工神经网络以任意精度逼近复杂的非线性映射关系。

2. 识别和分类

神经网络在处理模式识别问题方面具有得天独厚的优势，对任何一个输入样本都有一个对应的输出，这个输出就是神经网络识别得到的模式。神经网络在对输入样本模式识别的基础上进行分类，实际上就是在样本空间找出符合分类要求的分割区域，每个区域内的样本属于一类。而传统分类方法，只适合解决同类相聚、异类分离的识别与分类问题，但客观世界中许多事物在样本空间上的区域分割曲面是十分复杂的，而神经网络可以很好地解决对非线性曲面的逼近问题，因此神经网络相对于传统的分类器具有更好的分类效果。

3. 联想记忆

神经网络通过连接权值和连接结构存储信息。神经网络具有的知识分布、存储特性使得神经网络能够存储较多的复杂模式，人工神经网络在收到外界刺激信息后，通过预先存储的信息和学习机制可以从一个输入模式的不完整信息和噪声干扰中恢复原始的完整信息。

4. 优化计算

优化计算是指在已知的约束条件下，寻找一组参数组合，使得由该组合确定的目标函数达到最小值。某些类型的神经网络可以把待求解问题的可变参数设计为网络的状态，将目标函数设计为网络的能量函数。对这类问题求解时，可以将与目标函数相关的优化约束信息存储在神经网络的连接权值中，当神经网络的工作状态经过动态演变过程达到稳定状态时，其相应的能量函数最小，最稳定状态就是问题的最优解。

1.5 人工神经网络应用

作为一种新兴的交叉学科，人工神经网络技术不仅推动了信息科学、智能化计算的发展，而且在国民经济和国防科技现代化建设中有着广阔的应用前景，现已成功应用于模式识别、医学、金融、国防等领域。

1. 模式识别

近年来，随着人工神经网络技术的迅猛发展，基于人工神经网络的模式识别方法逐渐取代传统的模式识别方法，被广泛应用到文字识别、语音识别、人脸识别、语义检测等方面，并逐渐开始商业化。

2. 医学领域

目前，人工神经网络技术在医疗领域已经广泛应用于生物信号的检测及自动分析、药品研发等。在生物信号的检测及自动分析的应用中主要集中于对心电、肌电、脑电等信号的识别以及对肿瘤切片等医学影像的识别，如利用人工神经网络对乳房组织的正常和癌变核磁共振波谱进行分类。在药品研发方面，通常利用人工神经网络从一种新药的活性模式中预测其作用机理。

3. 金融领域

在金融相关领域中，由于对数据强大的处理能力，人工神经网络被广泛应用于风险分析和控制、货币价格预测、量化交易、企业债券分级、智能投股等方面。例如，利用BP神经网络构造的信用评价模式可以对公司信用和财务状况做出综合分析、对贷款申请人的信用等级进行评价等。

4. 国防领域

在国防领域中,人工神经网络技术在雷达信号处理、武器操纵控制、目标追踪及辨识、自动驾驶等方面进行了应用。例如,可将人工神经网络技术应用到导弹轨迹预测中,利用防御系统实现对导弹的拦截等。

人工神经网络网络层数及参数众多,对其进行研究以及建模需要依靠大量的算力支持。近年来,GPU 算力的发展以及各种深度学习平台和开源框架的层出不穷,为人工神经网络的发展提供了支撑。随着现代科学技术和硬件设备的蓬勃发展,人工神经网络已经发展成为一门理论日趋成熟、应用逐渐全面的技术。近年来,人工神经网络技术在模拟人类认知的道路上愈发蹄疾步稳,其中将给电子科学和信息学带来革命性的变革,为 21 世纪的科学研究带来源源不断的动力。

1.6 本书主要内容及特点

本书首先介绍了人工神经网络的概念及发展历程;然后从传统人工神经网络基本理论的讲解延伸到深度神经网络,从关注神经网络基本理论学习拓展到神经网络的设计和应用实践,秉持理论教学和实践教学并重的教学理念,注重将神经网络科研成果与教学实践相结合,针对神经网络经典模型进行了理论阐述并给出了实践案例;最后对 MATLAB 神经网络仿真平台的应用基础给出了简要阐述,并对 MATLAB 工具箱函数进行了系统的介绍,为神经网络的应用提供了开发基础。

本书具有以下特点:①注重理论概念的内涵阐述,避免烦琐复杂的数学推导,以降低读者理解神经网络理论知识的难度;②注重各网络模型应用案例的研讨,通过实践案例使读者对理论知识的理解更加深入,同时为读者提供在实际应用中设计神经网络模型的思路;③介绍神经网络工具箱函数,为神经网络理论与实践建立桥梁,为神经网络的仿真提供了便捷的方法,便于读者快速投入实验;④在内容选择与编排上注重读者的接受程度与逻辑思维,做到深入浅出。

本章习题

1. 人工神经网络的概念是什么?
2. 人工神经网络的发展历程是怎样的?
3. 人工神经网络的发展过程中有一段低潮期,其原因是什么?后又复兴的原因是什么?
4. 人工神经网络现在又处于高速发展期,其原因是什么?
5. 人工神经网络的特点有哪些?
6. 人工神经网络的应用主要有哪些方面?
7. 深度神经网络与传统神经网络的区别是什么?
8. 结合自己的学习、工作或生活,举出一个神经网络应用的实例。

第 2 章 人工神经网络基础

CHAPTER 2

2.1 生物神经网络

神经生理学和神经解剖学的研究结果表明,神经元是脑组织的基本单元,是神经系统结构与功能的基本单位。生物神经元在结构上由细胞体(cell body)、树突(dendrite)、轴突(axon)和突触(synapse)组成。图 2.1 所示为一个典型的生物神经元的基本结构和与其他神经元发生连接的简化示意图。

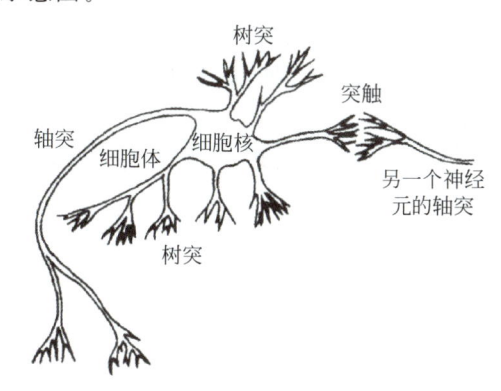

图 2.1 典型的生物神经元的基本结构和与其他神经元发生连接的简化示意图

神经元是大脑信息处理的基础单元,每个神经元都能够接收、处理和传递电化学信号。神经元中的树突接收来自其他神经元的信号,并将这些信号传递到细胞体。细胞体整合来自各个树突的信号,当信号强度超过特定阈值时,会在轴突上产生一个输出信号。输出信号沿着轴突传播,并通过轴突末梢的前突触释放神经递质,这些神经递质通过突触间隙传递到后突触,即其他神经元的树突或细胞体上,从而完成信号的传递。生物神经元信息处理机制的关键步骤如图 2.2 所示。

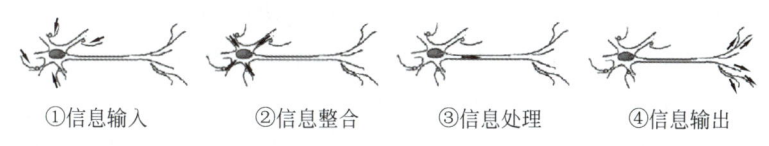

①信息输入　②信息整合　③信息处理　④信息输出

图 2.2 生物神经元信息处理机制的关键步骤

据估计,人类大脑大约包含 1.4×10^{11} 个神经元,每个神经元与 $10^3 \sim 10^5$ 个神经元相连接,构成的一个极为庞大而复杂的网络,即生物神经网络。生物神经网络是由多个生物神经元以确定方式和拓扑结构相互连接形成一种更为灵巧、复杂的生物信息处理系统。研究表明,每个生物神经网络均是一个有层次的、多单元的动态信息处理系统,它们有其独特的运行方式和控制机制,接收生物系统内外环境的输入信息,进行综合分析处理,然后调节控制机体对环境做出适当反应。

生物神经网络的功能不是单个神经元信息处理功能的简单叠加。每个神经元都有许多突触与其他神经元连接,任何一个单独的突触连接都不能完整表达一项信息。只有当它们集合成总体时才能对刺激的特殊性质给出明确的答复。由于神经元之间的突触连接方式和连接强度不同且具有可塑性,因此神经网络在宏观上呈现出千变万化的、复杂的信息处理能力。大脑的学习过程就是神经元之间连接强度随外部激励信号做自适应变化的过程,大脑处理信息的结果则由各神经元状态的整体效果来决定。

2.2 人工神经元

人工神经网络是在现代神经生物学研究基础上提出的一种模拟生物过程、反映人脑某些特性的计算结构。人工神经网络不是人脑神经系统的真实描写,而只是它的某种抽象、简化和模拟。根据前面对生物神经网络的介绍可知,神经元是构成神经网络的基本单元。因此,模拟生物神经网络应首先模拟生物神经元。人工神经元是对生物神经元的一种形式化描述,它对生物神经元的信息处理过程进行抽象,对生物神经元的结构和功能进行模拟,并用数学模型予以表达。

在人工神经网络中,神经元常被称为"处理单元"。有时从网络的观点出发常把它称为"节点"。

2.2.1 人工神经元模型

1943年,美国心理学家Warren McCulloch和数学家Walter Pitts在分析总结神经元基本特性的基础上,提出McCulloch-Pitts模型(简称为M-P模型)。该模型经过不断改进后,形成目前广泛应用的人工神经元模型。该模型在简化的基础上提出以下6点假定来描述神经元的信息处理机制。

(1) 每个神经元都是一个多输入单输出的信息处理单元。
(2) 神经元输入分兴奋性输入和抑制性输入两种类型。
(3) 神经元具有空间整合特性和阈值特性。
(4) 神经元输入与输出间有固定的时滞,主要取决于突触延搁。
(5) 忽略时间整合作用和不应期。
(6) 神经元本身是非时变的,即其突触时延和突触强度均为常数。

显然,上述假定是对生物神经元信息处理过程的简化和概括。

人工神经元模型示意图如图2.3所示,其中:

(1) 人工神经元采用多输入($x_1, x_2, \cdots, x_n$)单输出(o_j)模型来模拟生物神经元结构;
(2) 人工神经元每个输入都具有加权系数($w_{1j}, w_{2j}, \cdots, w_{nj}$),加权系数的正负和大小用来模拟生物神经元具有不同的突触性质和突触强度,其中正号"+"表示输入信号起刺激

(a) 多输入单输出　　(b) 输入加权

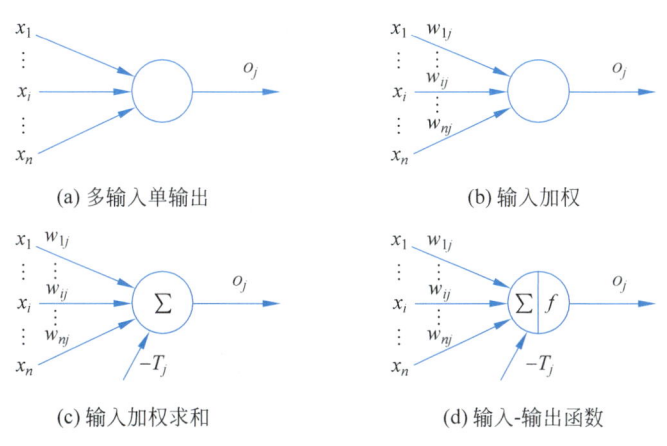

(c) 输入加权求和　　(d) 输入-输出函数

图 2.3　人工神经元模型示意图

作用,用于增加神经元的活跃度,而负号"一"表示输入信号起抑制作用,用于降低神经元的活跃度;

(3) 人工神经元通过对输入加权求和来整合得到的输入信号对应生物神经元的膜电位,而 T_j 对应阈值电位,当输入信号总和超过阈值电位时,神经元才能被激活,否则神经元不会产生输出信号;

(4) 人工神经元同生物神经元一样,仅有一个输出,输入/输出之间的对应关系可用某种函数关系 f 来表示。

2.2.2　人工神经元的数学描述

根据图 2.3,人工神经元模型可用以下数学表达式进行简化抽象与概括。

$$o_j(t+1) = f\left\{\left[\sum_{i=1}^{n} w_{ij} x_i(t)\right] - T_j\right\} \tag{2-1}$$

式中,$x_i(t)$ 表示 t 时刻神经元 j 接收的来自神经元 i 的输入信息;$o_j(t+1)$ 表示 $t+1$ 时刻神经元 j 的输出信息,这里的"1"表示单位时间;T_j 为神经元的阈值;w_{ij} 为神经元 i 到 j 的突触连接系数权值;f 为神经元激活函数。

式(2-1)描述的神经元数学模型全面表达了人工神经元模型的 6 点假定。其中,输入 x_i 的下标 $i=1,2,\cdots,n$,输出 o_j 的下标 j 体现了神经元模型假定(1)中的"多输入单输出";权值 w_{ij} 的正负体现了假定(2)中"突触的兴奋与抑制";T_j 代表假定(3)中神经元的"阈值"特性,当 $\left[\sum_{i=1}^{n} w_{ij} x_i(t)\right] - T_j > 0$ 时,神经元才能被激活;$o_j(t+1)$ 与 $x_i(t)$ 之间的单位时差代表所有神经元具有相同、恒定的工作节律,对应假定(4)中的"突触延搁";设神经元在 t 时刻的净输入用 $\text{net}'_j(t)$ 表示,如式(2-2)所示。

$$\text{net}'_j(t) = \sum_{i=1}^{n} w_{ij} x_i(t) \tag{2-2}$$

则 $\text{net}'_j(t)$ 对应假定(3)和假定(5),神经元具有空间整合特性,忽略时间整合作用;w_{ij} 与时间无关,体现了假定(6)中神经元的"非时变"。

式(2-2)还可简化表示为权值向量 $\boldsymbol{W}_j$ 和输入向量 $\boldsymbol{X}$ 的点积,即

$$\text{net}'_j = \boldsymbol{W}_j^\mathrm{T} \boldsymbol{X} \tag{2-3}$$

其定义如下:

$$\begin{cases} \boldsymbol{W}_j = \begin{bmatrix} w_{1j} & w_{2j} & \cdots & w_{nj} \end{bmatrix}^\mathrm{T} \\ \boldsymbol{X} = \begin{bmatrix} x_1 & x_2 & \cdots & x_n \end{bmatrix}^\mathrm{T} \end{cases} \tag{2-4}$$

如果令 $x_0 = -1, w_{0j} = T_j$,则有 $-T_j = x_0 w_{0j}$,因此净输入与阈值之差可表示为

$$\text{net}'_j - T_j = \text{net}_j = \sum_{i=0}^{n} w_{ij} x_i(t) = \boldsymbol{W}_j^\mathrm{T} \boldsymbol{X} \tag{2-5}$$

注意此时,式(2-5)中列向量 $\boldsymbol{W}_j$ 和 $\boldsymbol{X}$ 的第一个分量下标从 0 开始,而式(2-4)中的 $\boldsymbol{W}_j$ 和 $\boldsymbol{X}$ 的第一个分量下标是从 1 开始的。这时,神经元净输入为 net_j,与原来 net'_j 的区别是其包含阈值。

综上,人工神经元数学模型可以简写为

$$o_j = f(\text{net}_j) = f(\boldsymbol{W}_j^\mathrm{T} \boldsymbol{X}) = f(\boldsymbol{W}_j^\mathrm{T} \cdot \boldsymbol{X}) \tag{2-6}$$

2.2.3 人工神经元的激活函数

人工神经元采用不同的激活函数,从而使神经元具不同的信息处理特性。神经元的信息处理特性是决定人工神经网络整体性能的三大要素之一,因此激活函数的研究具有重要意义。神经元的激活函数反映了神经元输出与其激活状态之间的关系。

为了保证神经网络的灵活性,降低其计算的复杂度,激活函数的设计一般不会太复杂。线性函数是最基本的激活函数,它起到对神经元净输入进行适当的线性放大的作用,定义式如式(2-7)所示。

$$f(x) = cx + k \tag{2-7}$$

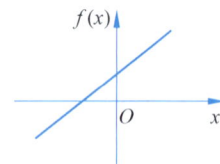

式中,c 为放大系数,k 为位移,均为常数。线性函数曲线如图 2.4 所示。

但是如果仅使用线性激活函数,那么神经网络将输入线性组合后再输出,在这种情况下,深层(多个隐含层)神经网络与只有一个隐含层的神经网络没有任何区别。因此,想要使神经网络的多个隐含层有意义,需要使用非线性激活函数,也就是说要想让神经网络学习到更复杂的知识,只能使用非线性激活函数。

图 2.4 线性函数曲线

以下介绍目前应用较为广泛的几个典型激活函数:阈值函数、Sigmoid 函数、Tanh 函数、ReLU 函数和概率函数等。

1) 阈值函数

阈值函数的定义同单位阶跃函数,如式(2-8)所示。

$$f(x) = \begin{cases} 1 & x \geqslant 0 \\ 0 & x < 0 \end{cases} \tag{2-8}$$

具有这一作用方式的神经元称为阈值型神经元,经典的 M-P 模型就属于这一类。函数自变量 x 代表 $\text{net}'_j - T_j$;当 $\text{net}'_j \geqslant T_j$,即 $x \geqslant 0$ 时,输出为 1;当 $x < 0$ 时,输出为 0。阈值函数有单极性和双极性两种表示方式,其函数曲线如图 2.5 所示。

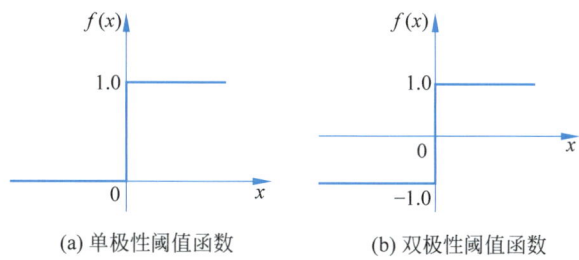

(a) 单极性阈值函数　　(b) 双极性阈值函数

图 2.5　阈值函数曲线

2) Sigmoid 函数

Sigmoid 函数是传统神经网络中常用的非线性函数,简称单极性 S 型函数,其定义如式(2-9)所示。

$$f(x)=\frac{1}{1+\mathrm{e}^{-x}} \tag{2-9}$$

其导数如式(2-10)所示。

$$f'(x)=\frac{\mathrm{e}^{-x}}{(1+\mathrm{e}^{-x})^2}=f(x)(1-f(x)) \tag{2-10}$$

Sigmoid 函数及其导数曲线如图 2.6 所示。

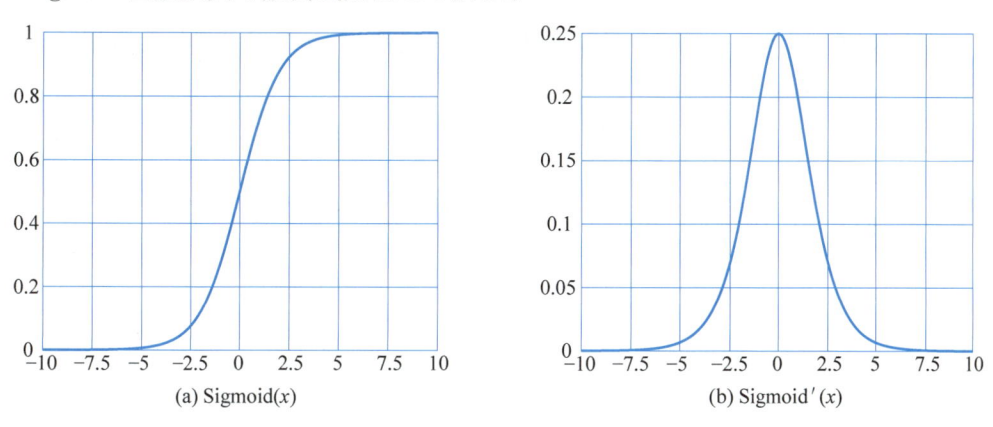

(a) Sigmoid(x)　　(b) Sigmoid′(x)

图 2.6　Sigmoid 函数及其导数曲线

Sigmoid 函数及其导数都是连续的,因而在处理上十分方便,可用来表示状态连续型神经元模型。

Sigmoid 函数优点：取值范围为(0,1),而且是单调递增,比较容易优化；求导比较容易,可以直接推导得出。其缺点是：收敛比较缓慢；Sigmoid 是软饱和函数,容易产生梯度消失,对于深度网络训练不太适合(从图 2.6(b)Sigmoid 的导数可以看出,当 x 趋于无穷大时,导数趋于 0)；Sigmoid 函数并不是以(0,0)为中心点的。

3) Tanh 函数

Tanh 函数即双曲正切函数,也称为双极性 S 型函数,其定义如式(2-11)所示。

$$f(x)=\frac{\sinh(x)}{\cosh(x)}=\frac{1-\mathrm{e}^{-2x}}{1+\mathrm{e}^{-2x}}=\frac{2}{1+\mathrm{e}^{-2x}}-1 \tag{2-11}$$

其导数如式(2-12)所示。

$$f'(x)=\frac{4\mathrm{e}^{-2x}}{(1+\mathrm{e}^{-2x})^2}=1-f^2(x) \tag{2-12}$$

Tanh 函数及其导数曲线如图 2.7 所示。

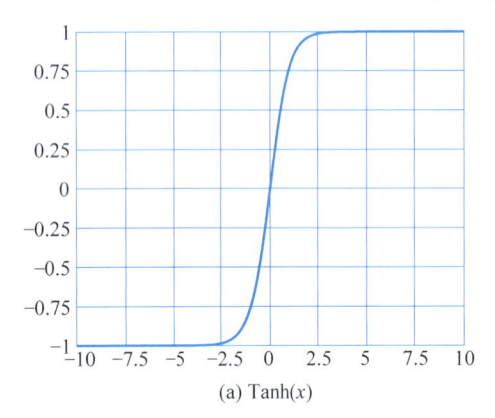

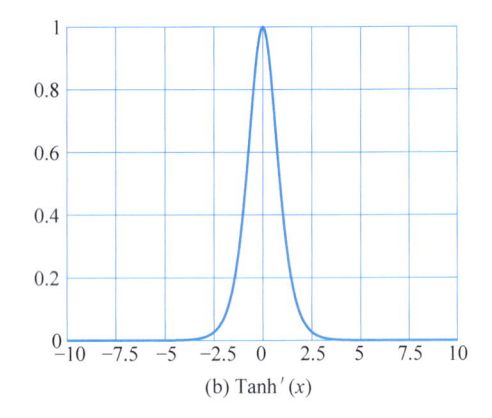

图 2.7　Tanh 函数及其导数曲线

Tanh 函数优点：函数输出以(0,0)为中心；收敛速度相较于 Sigmoid 更快。但是 Tanh 函数并没有解决 Sigmoid 函数梯度消失的问题。

4) ReLU 函数

ReLU(Rectified Linear Unit)函数，也称为修正线性单元，是近年来较为常用的非线性激活函数，其定义如式(2-13)所示。

$$f(x)=\max(0,x)=\begin{cases} x & x \geqslant 0 \\ 0 & x < 0 \end{cases} \tag{2-13}$$

其导数如式(2-14)所示。

$$f'(x)=\begin{cases} 1 & x \geqslant 0 \\ 0 & x < 0 \end{cases} \tag{2-14}$$

ReLU 函数及其导数曲线如图 2.8 所示。

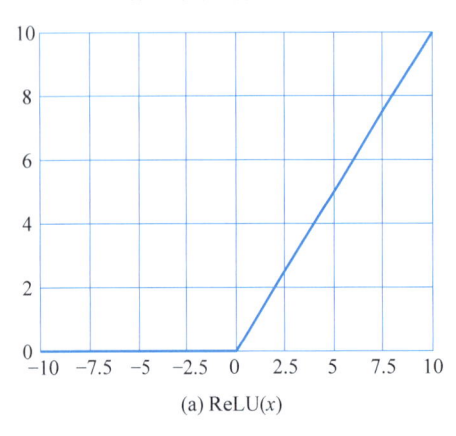

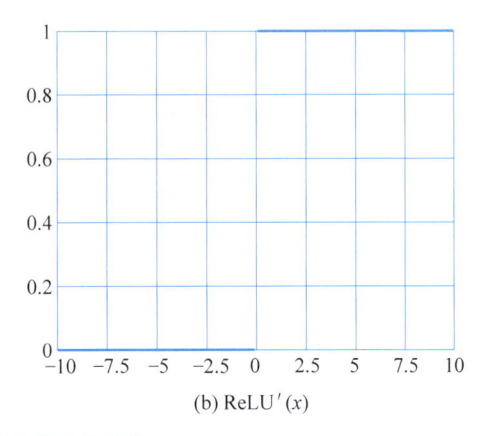

图 2.8　ReLU 函数及其导数曲线

从图 2.8 中可以看出，ReLU 函数本质上是分段线性函数。它把所有的负值都变为 0，而正值不变，这种操作被称为单侧抑制。也就是说，在输入是负值的情况下，它会输出 0，那么神经元就不会被激活。这意味着同一时间只有部分神经元会被激活，从而使得网络很稀疏，有利于提升计算效率。这种单侧抑制使得神经网络中的神经元具有了稀疏激活性。

ReLU 函数的优势：没有饱和区，不存在梯度消失问题；计算简单、效率高；实际收敛速度较 Sigmoid 或 Tanh 激活函数快很多；对神经网络可以使用稀疏表达。当然 ReLU 函数也存在如下不足：训练的时候很"脆弱"，很容易使得神经元"失效"。例如，一个非常大的梯度流过一个 ReLU 神经元，更新过权值参数后，就会造成这个 ReLU 神经元永远都不会被后来的输入激活，这个神经元的梯度永远都是 0，造成该神经元不可逆的"失效"。

5）概率函数

采用概率函数的神经元模型的输入与输出之间的关系是不确定的，需用一个随机函数来描述其输出状态为 1 或为 0 的概率。神经元输出为 1 的概率如式(2-15)所示。

$$P(1) = \frac{1}{1+e^{-x/T}} \tag{2-15}$$

式中，T 为温度参数。由于采用该变换函数的神经元输出状态分布与热力学中的玻尔兹曼(Boltzmann)分布相类似，因此这种神经元模型也称为热力学模型。

MATLAB(2022 版)中提供的部分神经网络激活函数如表 2.1 所示。

表 2.1 MATLAB(2022 版)中提供的部分神经网络激活函数

函数名称	中文解释	英文解释
compet	竞争函数	competitive transfer function
elliotsig	Elliot S 型函数	elliot sigmoid transfer function
hardlim	正硬限制函数	positive hard limit transfer function
hardlims	对称硬限制函数	symmetric hard limit transfer function
logsig	对数 S 型函数	logarithmic sigmoid transfer function
netinv	反比函数	inverse transfer function
poslin	正线性函数	positive linear transfer function
purelin	线性函数	linear transfer function
radbas	径向基函数	radial basis transfer function
radbasn	标准化径向基函数	radial basis normalized transfer function
satlin	正线性饱和函数	positive saturating linear transfer function
satlins	对称线性饱和函数	symmetric saturating linear transfer function
softmax	软最大化函数	softmax transfer function
tansig	对称 S 型函数	symmetric sigmoid transfer function
tribas	三角基函数	triangular basis transfer function

2.3 人工神经网络分类

生物神经网络是由数以亿计的生物神经元连接而成的，而人工神经网络限于物理实现的困难和为了计算简便，是由相对少量的神经元按一定规律构成的网络，且人工神经元均具有相同的结构，其动作在时间和空间上同步。

神经网络结构是决定人工神经网络性能的第二大要素，其特点可归纳为分布式存储记忆与分布式信息处理、高度互连性、高度并行性和结构可塑性。

人工神经网络结构可以按照不同的方法进行分类。本节重点介绍按网络连接的拓扑结构分类、按网络内部的信息流向分类以及按当前人工神经网络的典型架构分类。实际应用的神经网络通常同时兼有其中一种或几种形式。

2.3.1 基于连接方式分类

根据神经元之间的连接方式,可将神经网络结构分为层次型网络结构和互连型网络结构两大类。

1. 层次型网络结构

具有层次型网络结构的神经网络按神经元功能分成若干层,如输入层、隐含层和输出层,各层顺序相连,如图 2.9 所示。

其中,输入层各神经元负责接收来自外界的输入信息,并传递给中间各隐含层神经元;隐含层是神经网络的内部信息处理层,负责信息变换,根据信息变换能力的需要,隐含层可设计为一层或多层;将隐含层传递到输出层各神经元的信息经进一步加工后就完成了一次信息处理,可由输出层向外界输出信息处理结果。

图 2.9 层次型网络结构示意图

层次型网络结构有 3 种典型的结合方式。

1)单纯型层次网络结构

在该网络结构中,神经元分层排列,各层神经元接收下一层输入并输出到上一层,层内神经元自身以及神经元之间不存在连接通路。

2)输出层到输入层有连接的层次网络结构

在该网络结构中,输出层到输入层有连接路径,其中输入层神经元既可接收输入,又具有信息处理功能。

3)层内有互连的层次网络结构

在该网络结构中,同一层内神经元有连接。这种结构的特点是在同一层内引入神经元间的侧向作用,使得能同时激活的神经元个数可控,以实现各层神经元的自组织。

2. 互连型网络结构

对于互连型网络结构,网络中任意两个节点之间都可能存在连接路径,因此可以根据网络中节点的互连程度将互连型网络结构细分为以下 3 种情况。

1)全互连型

网络中的每个节点均与所有其他节点连接。

2)局部互连型

网络中的每个节点只与其邻近的节点有连接。

3)稀疏连接型

网络中的节点只与少数相距较远的节点连接。

2.3.2 基于连接范围分类

根据神经元之间的连接范围,可将神经网络分为全连接神经网络和局部连接神经网络两大类。

1) 全连接神经网络

顾名思义,在全连接神经网络中,第 $n-1$ 层的任意一个节点,都与第 n 层所有节点有连接。即第 n 层的每个节点在进行计算的时候,激活函数的输入都是第 $n-1$ 层所有节点的加权,通常激活函数是非线性的。全连接神经网络的缺点就是权值参数太多,计算量很大,但它适用于大多数场景。

典型的全连接层级神经网络结构中,相邻两层之间,下一层的每个神经元和上一层的每个神经元都是相连的,单层内的神经元之间是没有关联的。

2) 局部连接神经网络

局部连接神经网络中每一层的神经元,与前一层的部分神经元和后一层的部分神经元相连接。

2.3.3 基于信息流向分类

根据神经网络内部信息传递方向,可将神经网络分为前馈型网络和反馈型网络两种类型。

单纯前馈型网络的结构特点与图 2.9 中所示的层次型网络完全相同,因网络信息处理的方向是从输入层到隐含层,再到输出层逐层进行而得名。从信息处理能力看,网络中的节点可分为两种:一种是输入节点,只负责从外界引入信息后向前传递给第一隐含层;另一种是具有处理能力的节点,包括各隐含层和输出层节点。前馈网络中某一层的输出是上一层的输入,信息处理具有逐层传递进行的方向性,一般不存在反馈环路。因此这类网络很容易串联起来建立多层前馈网络,多层前馈网络可用一个有向无环路的图表示。

反馈型网络因其信息流向的特点而命名。网络中所有节点都具有信息处理功能,每个节点既可以从外界接收输入,又可以向外界输出。单纯全互连网络是一种典型的反馈型网络,可以用图 2.10 所示的无向完全图表示。

图 2.10 无向完全图表示的反馈型网络

2.3.4 基于典型架构分类

目前,人工神经网络的典型架构主要有前馈神经网络、循环神经网络(Recurrent Neural Network,RNN)、卷积神经网络(Convolutional Neural Network,CNN)等。

(1) 前馈神经网络。前馈网络是最常见的类型,它采用一种单向多层结构。其中每一层包含若干神经元。在该类神经网络中,各神经元可以接收前一层神经元的信号,并产生输出到下一层。第一层为输入,最后一层为输出,如果有多个隐含层,则称为"深度"神经网络。它能够计算出一系列事件间相似转变的变化,每层神经元的活动是前一层神经元活动的非线性函数。单层或多层感知机即为典型的前馈网络。

(2) 循环神经网络。循环神经网络包含环和自重复,因此被称为"循环"。由于允许信息存储在网络中,因此 RNN 可以使用以前训练中的推理来对即将到来的事件做出更好、更明智的决定。为了做到这一点,它使用以前的预测作为"上下文信号"。由于其性质,RNN 通常用于处理顺序任务,如逐字生成文本或预测时间序列数据(如股票价格)。由于上下文信息的范围在实践中是非常有限的,所以 RNN 存在梯度爆炸或消失等问题,而 LSTM 网络通过内存单元和三个门(输入、输出和遗忘,相当于写入、读取和重置)的设计结构,使这些门学会智能地打开和关闭,可有效防止循环网络的梯度爆炸或消失。

(3)卷积神经网络。卷积神经网络包含了一个由卷积层和子采样层构成的特征抽取器。在卷积神经网络的卷积层中,一个神经元只与部分邻层神经元连接。在 CNN 的一个卷积层中,通常包含若干特征平面,每个特征平面由一些矩形排列的神经元组成,同一特征平面的神经元共享权值,这里共享的权值就是卷积核。卷积核一般以随机小数矩阵的形式初始化,在网络的训练过程中卷积核将学习得到合理的权值。共享权值(卷积核)带来的直接好处是减少网络各层之间的连接,同时又降低了过拟合的风险。子采样也叫作池化(pooling),可将其看作一种特殊的卷积过程。卷积和子采样大大简化了模型复杂度,减少了模型的参数。卷积神经网络在基于图像的任务上表现良好,例如可将图像分类为狗或猫。

2.4 人工神经网络学习

人工神经网络的学习过程就是对它的训练过程,所谓训练,就是在将样本集输入人工神经网络的过程中,按照一定的方式调整神经元之间的连接权值,使得网络能将样本集的内涵以连接权值矩阵 W 的方式存储下来,从而使网络在接收未知输入时,给出适当的输出。因此人工神经网络学习的本质就是可变权值的动态调整。人工神经网络的功能特性与网络的连接拓扑结构及连接权值密切相关。

神经网络的学习规则或学习算法,也称为训练规则或训练算法,是指神经网络在学习或训练过程中调整权值的规则。神经网络的学习规则是决定神经网络信息处理能力的关键要素之一。因此学习规则在神经网络研究中具有极为重要的地位。在某个处理单元层次,无论采用哪种学习规则进行调整,其算法都十分简单,但是当大量处理单元集体进行权值调整时,网络就呈现出"智能"特性,其中有意义的信息就分布存储在调节后的权值矩阵中。

日本著名神经网络学者 Amari 于 1990 年提出了一种神经网络权值通用学习规则,如图 2.11 所示。图 2.11 中的神经元 j 是神经网络中的某个节点,其输入用向量 X 表示,该输入可以来自网络外部,也可以来自其他神经元的输出。第 i 个输入与神经元 j 的连接权值用 w_{ij} 表示,连接到神经元 j 的全部权值构成了权向量 W_j。注意,该神经元的阈值 $T_j = w_{0j}$,对应的输入分量 x_0 恒为 -1。图 2.11 中,$r(W_j, X, d_j)$ 代表学习信号,该信号通常是包含 W_j 和 X 的函数,在有导师学习时,它也包含教师信号 d_j。

因此通用学习规则可表示为

$$\Delta W_j = \eta r[W_j(t), X(t), d_j(t)] X(t) \tag{2-16}$$

式中,η 为正数,称为学习常数,其值决定了学习率。基于离散时间调整时,下一时刻的权向量为

$$W_j(t+1) = W_j(t) + \eta r[W_j(t), X(t), d_j(t)] X(t) \tag{2-17}$$

目前神经网络常见的学习(训练)形式有有监督学习、无监督学习、强化学习、自监督学习、半监督学习、迁移学习、灌输式学习等。

2.4.1 有监督学习

有监督学习也称为有导师学习,在学习过程中需要不断给网络成对提供一个输入模式

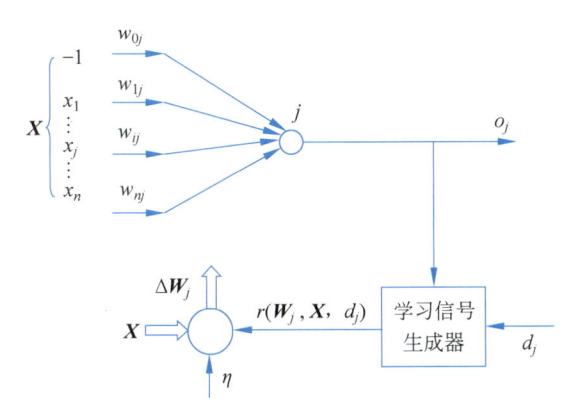

图 2.11 神经网络权值通用学习规则

和一个期望网络正确输出的模式,即"教师信号"。将神经网络的实际输出与期望输出进行比较,当网络实际输出与期望的教师信号不符时,根据差错的方向和大小,按一定的规则调整权值,使下一步网络的输出更接近期望输出。对于有导师学习网络,在执行工作任务之前,必须先经过学习,当网络对于各种给定的输入均能产生所期望的输出时,即认为网络已经在导师的训练下学会了训练数据集中包含的知识和规则,可以用来工作了。分类和回归任务属于有监督学习,如手写体数字识别和房价预测。表 2.2 所示为几种常用的神经网络有监督学习规则。

表 2.2 常用的神经网络有监督学习规则

学习规则	权值调整 向量式	权值调整 元素式	权值初始化	激活函数
离散	$\Delta \boldsymbol{W}_j = \eta[d_j - \mathrm{sgn}(\boldsymbol{W}_j^\mathrm{T}\boldsymbol{X})]\boldsymbol{X}$	$\Delta w_{ij} = \eta[d_j - \mathrm{sgn}(\boldsymbol{W}_j^\mathrm{T}\boldsymbol{X})]x_i$	任意	阈值
连续感知器 δ 规则	$\Delta \boldsymbol{W}_j = \eta(d_j - o_j)f'(\mathrm{net}_j)\boldsymbol{X}$	$\Delta w_{ij} = \eta(d_j - o_j)f'(\mathrm{net}_j)x_i$	任意	连续
外星	$\Delta \boldsymbol{W}_j = \eta(d - \boldsymbol{W}_j)$	$\Delta w_{kj} = \eta(d_k - w_{kj})$	0	连续
最小均方	$\Delta \boldsymbol{W}_j = \eta(d_j - \boldsymbol{W}_j^\mathrm{T}\boldsymbol{X})\boldsymbol{X}$	$\Delta w_{ij} = \eta(d_j - \boldsymbol{W}_j^\mathrm{T}\boldsymbol{X})x_i$	任意	任意
相关	$\Delta \boldsymbol{W}_j = \eta d_j \boldsymbol{X}$	$\Delta w_{ij} = \eta d_j x_i$	0	任意

2.4.2 无监督学习

无监督学习也称为无导师学习,学习过程中需要不断地给网络提供动态输入信息,网络能根据特有的内部结构和学习规则,在输入信息流中发现任何可能存在的模式和规律,同时能根据网络的功能和输入信息来调整权值,这个过程称为网络的自组织,其结果是使网络能对属于同一类的模式进行自动分类。在这种学习模式中,网络的权值调整不取决于外来的教师信号,可以认为网络的学习评价标准隐含于网络的内部。

虽然从学习的高级形式来看,人们熟悉和习惯的是有导师学习,但是人工神经网络模拟的是人脑思维的生物过程,而按照上述说法,这个过程应该是无导师学习过程。所以,无导师训练方式是人工神经网络的较具说服力的训练方法。尤其是当神经网络所解决的问题的先验信息很少,甚至没有时,无监督学习显得更有实际意义。

常用的神经网络无监督学习规则如表 2.3 所示。

表 2.3　常用的神经网络无监督学习规则

学习规则	权值调整 向量式	权值调整 元素式	权值初始化	学习形式	激活函数
Hebbian	$\Delta \boldsymbol{W}_j = \eta f(\boldsymbol{W}_j^T \boldsymbol{X}) \boldsymbol{X}$	$\Delta w_{ij} = \eta f(\boldsymbol{W}_j^T \boldsymbol{X}) x_i$	0	无导师	任意
胜者为王 Winner-take-all	$\Delta \boldsymbol{W}_m = \eta(\boldsymbol{X} - \boldsymbol{W}_m)$	$\Delta w_m = \eta(x_i - w_{im})$	随机、归一化	无导师	连续

2.4.3　强化学习

强化学习(Reinforcement Learning,RL)是一种通过观察环境、执行动作并从奖励中学习的学习方式。强化学习主要由智能体(Agent)、环境(Environment)、状态(State)、动作(Action)、奖励(Reward)组成。智能体执行了某个动作后,环境将会转换到一个新的状态,对于该新的状态环境会给出奖励信号(正奖励或者负奖励)。随后,智能体根据新的状态和环境反馈的奖励,按照一定的策略执行新的动作。上述过程是智能体和环境通过状态、动作、奖励进行交互的方式,旨在使智能体在环境中学会采取一系列动作,以最大化累积奖励。

智能体通过强化学习,可以知道自己在什么状态下,应该采取什么样的动作使得自身获得最大奖励。由于智能体和环境的交互方式与人类和环境的交互方式类似,因此可以认为强化学习是一套通用的学习框架,可用来解决通用人工智能的问题。因此强化学习也被称为通用人工智能的机器学习方法。AlphaGo 是一个著名的强化学习应用,通过与自己下围棋的对局进行训练,最终成为世界冠军。

2.4.4　自监督学习

自监督学习是一种无监督学习的变体。自监督学习主要是利用辅助任务从大规模的无监督数据中挖掘自身的监督信息,通过这种构造的监督信息对网络进行训练(即模型通过自动生成标签或任务来学习),从而可以学习到对下游任务有价值的表征。

自监督学习的优势是可以在无标签的数据上完成训练,而监督学习需要大量的有标签数据,强化学习需要与环境的大量交互尝试。

2.4.5　半监督学习

半监督学习(Semi-Supervised Learning,SSL)是一种综合了有标签数据和无标签数据的学习方式,模型通过同时使用这两种类型的数据进行训练,以提高性能。半监督学习使用大量的未标记数据,同时也使用标记数据,来进行模式识别工作。当使用半监督学习时,将会要求尽量少的人员来从事工作,同时,又能够带来比较高的准确性。

2.4.6　迁移学习

迁移学习是一种将一个领域中学到的知识应用于另一个领域的学习方式。它通过在源领域上训练的模型或知识来提高在目标领域上的性能。在自然语言处理中,使用在大型文本语料库上预训练的词嵌入模型(如 Word2Vec 或 GloVe)来改善在特定任务上的性能。

2.4.7　灌输式学习

灌输式学习是指将网络设计成能记忆特别的例子。以后,当给网络输入有关该例子的输入信息时,该例子便被回忆起来,灌输式学习中的网络权值不是通过训练逐渐形成的,而是通过某种设计方法得到的。网络一旦设计好,即一次性"灌输"给神经网络后就不再变动,因此网络对权值的"学习"是"死记硬背"式,而不是训练式的。

Hopfield 网络采用了这种学习方式,其权值一经确定就不再改变,网络中各神经元的状态在运行过程中不断更新,网络演变到稳定时各神经元的状态便是问题之解。

2.5 基于 MATLAB 工具箱的神经网络基本参数描述

MATLAB 的神经网络工具箱(NNET Toolbox)是科研人员采用的较为常见的软件仿真工具。该工具箱也提供多种学习算法和相关函数,包括绝大部分主流的神经网络模型,借助该工具箱可以直观、方便地进行神经网络的应用设计、分析和计算等。

随着 MATLAB 版本的更新换代,神经网络工具箱也在逐步发展。使用该工具箱的读者需要注意,不同版本的工具箱对应的部分函数有变化。在 MATLAB 命令窗口中输入 help nnet 可以查看神经网络工具箱的版本和函数。

2.5.1 MATLAB 工具箱的神经元模型

一个典型的具有 R 维输入的神经元模型可以用图 2.12 所示的 MATLAB 中人工神经元的一般模型来描述。

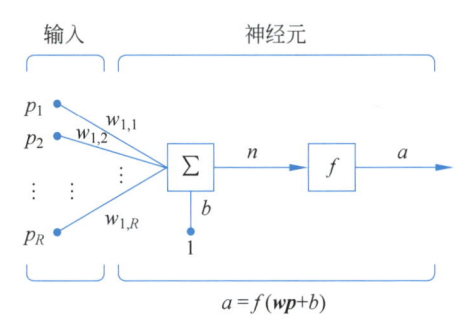

图 2.12 MATLAB 中人工神经元的一般模型

由图 2.12 可见,一个典型的神经元模型主要由以下 5 部分组成。

1) 输入

$p_1, p_2, \cdots, p_R$ 代表神经元的 R 个输入。在 MATLAB 中,输入可以用一个 $R \times 1$ 维的列向量 $\boldsymbol{p}$ 来表示。

$$\boldsymbol{p} = [p_1, p_2, \cdots, p_R]^{\mathrm{T}} \quad (2\text{-}18)$$

2) 网络权值和阈值

$w_{1,1}, w_{1,2}, \cdots, w_{1,R}$ 代表网络权值,表示输入与神经元间的连接强度;b 为神经元阈值,是 1×1 的标量,可以看作一个输入恒为 1 的网络权值。在 MATLAB 中,神经元的网络权值可以用一个 $1 \times R$ 维的行向量 $\boldsymbol{w}$ 来表示。

$$\boldsymbol{w} = [w_{1,1}, w_{1,2}, \cdots, w_{1,R}] \quad (2\text{-}19)$$

3) 求和单元

求和单元完成对输入信号的加权和,即

$$n = \sum_{i=1}^{R} p_i w_{1,i} + b \qquad (2\text{-}20)$$

这是神经元对输入信号处理的第一个过程。在 MATLAB 中,该过程可以通过输入向量和权值向量的点积形式来描述,即

$$n = \bm{wp} + b \qquad (2\text{-}21)$$

4)激活函数

图 2.12 MATLAB 中人工神经元的一般模型中,f 表示神经元的激活函数,它用于表示对求和单元的计算结果 n 进行函数运算,得到神经元的输出 a,这是神经元对输入信号处理的第二个过程。几种典型的神经元激活函数形式如表 2.4 所示。

表 2.4 几种典型的神经元激活函数形式

激活函数	函数定义式	MATLAB 函数
Threshold	$f(x) = \begin{cases} 1 & x \geqslant 0 \\ 0 & x < 0 \end{cases}$	$a = \text{hardlim}(n)$
Sigmoid	$f(x) = \dfrac{1}{1+e^{-x}}$	$a = \text{logsig}(n)$
Tanh	$f(x) = \dfrac{1-e^{-2x}}{1+e^{-2x}}$	$a = \text{tansig}(n)$
ReLU	$f(x) = \begin{cases} x & x \geqslant 0 \\ 0 & x < 0 \end{cases}$	$a = \max(0, n)$

5)输出

输入信号经神经元加权求和及激活函数作用后,得到最终的输出结果,即

$$a = f(\bm{wp} + b) \qquad (2\text{-}22)$$

若取激活函数为 hardlim 函数,则神经元输出可以用 MATLAB 语句表示为

a = hardlim(w * p + b)

2.5.2 MATLAB 工具箱的神经网络结构

神经网络是由大量简单神经元相互连接构成的复杂网络。一个典型的具有 R 维输入、S 个神经元的单层神经网络模型如图 2.13 所示。

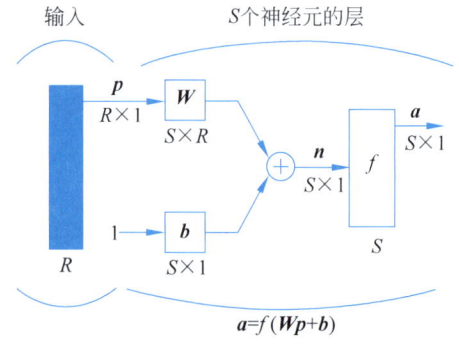

图 2.13 单层神经网络模型

图 2.13 中,蓝色矩形块代表神经元的输入向量,$\bm{p}$ 为 $R \times 1$ 维的输入向量,网络层由权值矩阵 $\bm{W}(S \times R)$、阈值向量 $\bm{b}(S \times 1)$、求和单元 $\oplus$ 和传递函数运算单元 f 组成,S 个神经

元的输出组成了 $S×1$ 维的神经网络输出向量 a。其中,输入向量矩阵 W 和阈值向量 b 的具体形式如下:

$$W = \begin{bmatrix} w_{1,1} & w_{1,2} & \cdots & w_{1,R} \\ w_{2,1} & w_{2,2} & \cdots & w_{2,R} \\ \vdots & \vdots & \ddots & \vdots \\ w_{S,1} & w_{S,2} & \cdots & w_{S,R} \end{bmatrix}, \quad b = \begin{bmatrix} b_1 \\ b_2 \\ \vdots \\ b_S \end{bmatrix} \tag{2-23}$$

在单层神经网络基础上,可以构造多层神经网络。一个典型的三层神经网络模型如图 2.14 所示。

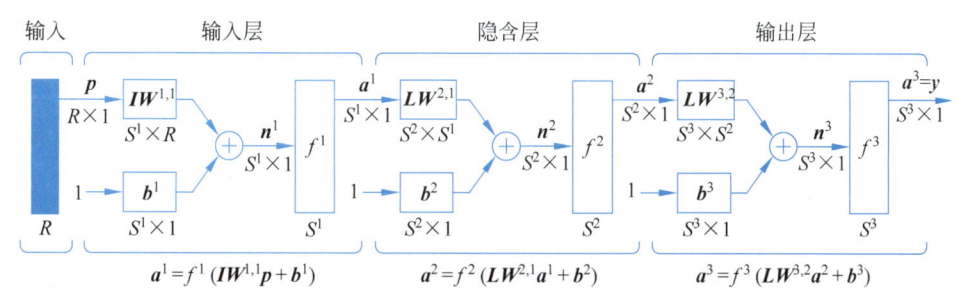

图 2.14 三层神经网络模型

这里采用上标法对神经网络中相关元素进行标记。图 2.14 所示的神经网络三层神经元的数目分别为 S^1、S^2、S^3。$IW^{1,1}(S^1×R)$ 表示输入层权值矩阵,$LW^{2,1}(S^2×S^1)$ 和 $LW^{3,2}(S^3×S^2)$ 分别表示第一层到第二层,第二层到第三层的网络权值矩阵。b^1、b^2、b^3 分别表示各层的网络阈值向量。神经网络的输出为

$$a^3 = f^3(LW^{3,2}f^2(LW^{2,1}f^1(IW^{1,1}p+b^1)+b^2)+b^3) = y \tag{2-24}$$

2.6 本章小结

本章重点介绍了人工神经元数理模型、常见的神经网络拓扑结构、学习规则以及基于 MATLAB 工具箱的神经网络基本参数描述。其中,神经元的数学模型、神经网络的连接方式以及神经网络学习规则是决定神经网络信息处理性能的三大要素,是本章学习的重点。

本章习题

1. 人工神经元模型是如何模拟生物神经元的结构和信息处理机制的?
2. S 型函数有什么特征?
3. 有导师学习和无导师学习的特征分别是什么?请举出生活中有导师学习和无导师学习的例子。
4. 决定人工神经网络信息处理性能的要素有哪些?
5. 举例说明人工神经网络有哪些分类方法。
6. 在一个系统中是否可以既实现无导师学习又实现有导师学习。
7. 上机熟悉 MATLAB 神经网络工具箱的功能。

第 3 章 感知器神经网络

CHAPTER 3

感知器(perceptron)是最早被设计并实现的人工神经网络。它采用前馈式神经网络，外界信息从输入层进入隐含层，逐层向前传递至输出层。根据感知器神经元激活函数、隐含层数以及权值调整规则的不同，可以形成具有各种功能特点的神经网络。

3.1 单层感知器

早在 1943 年，W. McCulloch 和 W. Pitts 就提出了第一个人工神经元模型，即 M-P 模型，尽管它缺乏与生物神经元类似的学习能力，权值和阈值都必须事先人为设定，但它将生物神经元和数字计算联系起来，对后来的神经网络研究产生了深远的影响。

1958 年，美国心理学家和计算机科学家 F. Rosenblatt 提出了一种具有单层计算单元的神经网络，称为 perceptron，即感知器。它的主要的特点是结构简单，对所能解决的问题存在着收敛算法，并能从数学上严格证明，从而对神经网络研究起了重要的推动作用。

虽然感知器结构与功能都非常简单，以至于目前在解决实际问题时较少被采用。但由于它在神经网络研究中具有重要意义，可以为更好地理解其他复杂神经网络模型奠定基础，因此很适合将其作为学习神经网络的起点。

3.1.1 感知器模型

单层感知器是指只有一层计算节点的感知器，其拓扑结构如图 3.1 所示，属于前馈式双层神经网络结构。其中第一层为输入层或称为感知层，输入层每个节点接收一个输入信息，输入层只负责引入外部信息，节点本身不具有信息处理能力。输出层也称为处理层，输出层每个节点都具有信息处理能力。

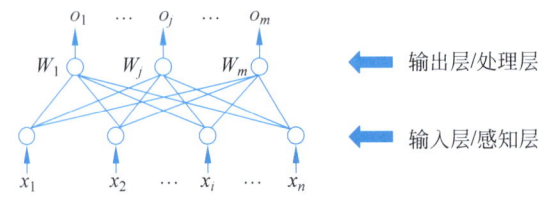

图 3.1 单层感知器拓扑结构

图 3.1 中输入层有 n 个节点，构成输入向量，用 $\boldsymbol{X}$ 表示；输出层有 m 个节点，构成输出

向量,用 O 表示;第 j 个输出对应的连接权值用列向量 W_j 表示,m 个权值列向量构成单层感知器的权值矩阵 W。单层感知器模型参数的数学描述如下。

输入向量:$X = \begin{bmatrix} x_1 & x_2 & \cdots & x_i & \cdots & x_n \end{bmatrix}^T$

输出向量:$O = \begin{bmatrix} o_1 & o_2 & \cdots & o_i & \cdots & o_m \end{bmatrix}^T$

权值向量:$W_j = \begin{bmatrix} w_{1j} & w_{2j} & \cdots & w_{ij} & \cdots & w_{nj} \end{bmatrix}^T \quad j = 1, 2, \cdots, m$

以输出层的第 j 个输出节点为例,该节点净输入 net_j 为

$$\text{net}_j = \sum_{i=1}^{n} w_{ij} x_i \tag{3-1}$$

该节点输出 o_j 由其激活函数决定,如式(3-2)所示。离散型单层感知器的激活函数一般采用符号函数。

$$o_j = \text{sgn}(\text{net}_j - T_j) = \text{sgn}\left(\sum_{i=0}^{n} w_{ij} x_i\right) = \text{sgn}(W_j^T X) \tag{3-2}$$

3.1.2 感知器学习算法

神经网络的学习过程往往不是一蹴而就的,需要不断调整网络的权值和阈值,这种调整过程称为"训练"。神经网络经过训练,便具有了把输入空间映射到输出空间的能力。

感知器学习属于有导师学习,其学习规则为离散 perceptron 规则。权值调整公式如下:

$$\Delta W_j = \eta (d_j - o_j) X = \eta (d_j - \text{sgn}(W_j^T X)) X \tag{3-3}$$

式中,ΔW_j 表示第 j 个输出节点对应的权值调整量;η 为学习率;d_j 是期望(目标)输出;o_j 是实际输出;X 是输入向量。

感知器网络的训练数据集由一系列样本对组成,每个样本对包括一个输入向量和相应的目标输出,由 P 个样本构成的训练集表示如下:

$$\{X^p, d^p\}, \quad p = 1, 2, \cdots, P$$

式中,$X^p = \begin{bmatrix} -1 & x_1^p & x_2^p & \cdots & x_n^p \end{bmatrix}$ 表示第 p 个样本的输入向量;$d^p = \begin{bmatrix} d_1^p & d_2^p & \cdots & d_m^p \end{bmatrix}$ 表示第 p 个样本的目标输出向量。

单层感知器网络训练流程如图 3.2 所示,具体包括如下步骤。

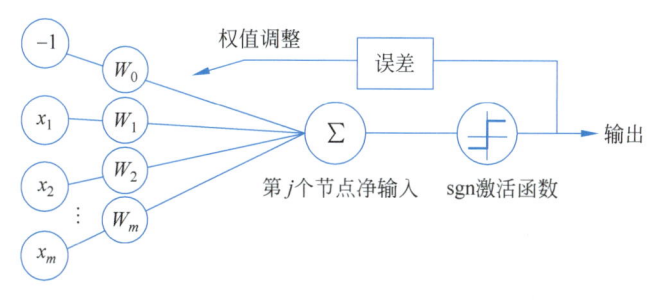

图 3.2 单层感知器网络训练流程

(1) 网络初始化,设 $w_{ij}(0)$ 为网络训练开始前的网络初始权值,对网络初始权值 $w_{ij}(0), i = 1, 2, \cdots, n, j = 1, 2, \cdots, m$ 赋予较小非零随机数。

(2) 输入第 p 个样本对 $\{\boldsymbol{X}^p,\boldsymbol{d}^p\}$, $p=1,2,\cdots,P$, 计算各节点的实际输出 $\boldsymbol{o}_j^p(t) = \text{sgn}(\boldsymbol{W}_j^{\text{T}}(t)\boldsymbol{X}^p)$, $j=1,2,\cdots,m$。

(3) 计算各节点权值调整量, $\Delta\boldsymbol{W}_j = \eta(\boldsymbol{d}_j^p - \boldsymbol{o}_j^p)\boldsymbol{X}^p$, $j=1,2,\cdots,m$。

(4) 调整各节点对应的权值, $\boldsymbol{W}_j(t+1) = \boldsymbol{W}_j(t) + \Delta\boldsymbol{W}_j$, t 表示学习的步数序号。

(5) 令 $p=p+1$, 若 $p<P$, 则返回步骤(2)。

以上步骤周而复始, 直到感知器对所有样本的实际输出与期望输出相等, 则神经网络权值不再发生变化, 感知器训练完毕。

【例 3.1】 试用单层感知器完成下列样本分类, 写出其训练的迭代过程, 画出最终的分类示意图。

$$\boldsymbol{X}^1 = [2 \quad 2]^{\text{T}} \qquad d^1 = 0$$
$$\boldsymbol{X}^2 = [1 \quad -2]^{\text{T}} \qquad d^2 = 1$$
$$\boldsymbol{X}^3 = [-2 \quad 2]^{\text{T}} \qquad d^3 = 0$$
$$\boldsymbol{X}^4 = [-1 \quad 0]^{\text{T}} \qquad d^4 = 1$$

解: 根据题意, 神经元有 2 个输入、1 个输出, 激活函数采用单极型阈值函数, 因此采用如图 3.3 所示的单计算节点感知器即可对样本进行分类。

(1) 网络初始化。

设初始权向量为 $[1 \ -1 \ 1]$, 学习率为 0.5, 将权向量第一个分量设为节点阈值。因此, 这里的输入向量可以改写成如下形式:

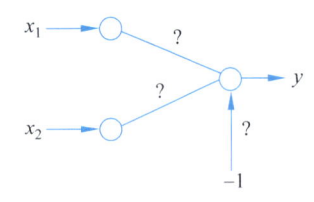

图 3.3 单计算节点感知器

$$\boldsymbol{X}^1 = [-1 \quad 2 \quad 2]^{\text{T}}$$
$$\boldsymbol{X}^2 = [-1 \quad 1 \quad -2]^{\text{T}}$$
$$\boldsymbol{X}^3 = [-1 \quad -2 \quad 2]^{\text{T}}$$
$$\boldsymbol{X}^4 = [-1 \quad -1 \quad 0]^{\text{T}}$$

(2) 输入 $\boldsymbol{X}^1$。

$$o^1(0) = \text{sgn}(\boldsymbol{W}^{\text{T}}(0)\boldsymbol{X}^1) = \text{sgn}\left([1 \quad -1 \quad 1]\begin{bmatrix}-1\\2\\2\end{bmatrix}\right) = \text{sgn}(-1) = 0$$

$$\boldsymbol{W}(1) = \boldsymbol{W}(0) + \eta[d^1 - o^1(0)]\boldsymbol{X}^1 = [1 \quad -1 \quad 1]^{\text{T}}$$

(3) 输入 $\boldsymbol{X}^2$。

$$o^2(1) = \text{sgn}(\boldsymbol{W}^{\text{T}}(1)\boldsymbol{X}^2) = \text{sgn}\left([1 \quad -1 \quad 1]\begin{bmatrix}-1\\1\\-2\end{bmatrix}\right) = \text{sgn}(-4) = 0$$

$$\boldsymbol{W}(2) = \boldsymbol{W}(1) + \eta[d^2 - o^2(1)]\boldsymbol{X}^2 = [1 \quad -1 \quad 1]^{\text{T}} + [-0.5 \quad 0.5 \quad -1]^{\text{T}}$$
$$= [0.5 \quad -0.5 \quad 0]^{\text{T}}$$

（4）输入 $\boldsymbol{X}^3$。

$$o^3(2) = \text{sgn}(\boldsymbol{W}^\text{T}(2)\boldsymbol{X}^3) = \text{sgn}\left(\begin{bmatrix} 0.5 & -0.5 & 0 \end{bmatrix} \begin{bmatrix} -1 \\ -2 \\ 2 \end{bmatrix}\right) = \text{sgn}(0.5) = 1$$

$$\boldsymbol{W}(3) = \boldsymbol{W}(2) + \eta[d^3 - o^3(2)]\boldsymbol{X}^3 = \begin{bmatrix} 0.5 & -0.5 & 0 \end{bmatrix}^\text{T} + \begin{bmatrix} 0.5 & 1 & -1 \end{bmatrix}^\text{T}$$
$$= \begin{bmatrix} 1 & 0.5 & -1 \end{bmatrix}^\text{T}$$

（5）输入 $\boldsymbol{X}^4$。

$$o^4(3) = \text{sgn}(\boldsymbol{W}^\text{T}(3)\boldsymbol{X}^4) = \text{sgn}\left(\begin{bmatrix} 1 & 0.5 & -1 \end{bmatrix} \begin{bmatrix} -1 \\ -1 \\ 0 \end{bmatrix}\right) = \text{sgn}(-1.5) = 0$$

$$\boldsymbol{W}(4) = \boldsymbol{W}(3) + \eta[d^4 - o^4(3)]\boldsymbol{X}^4 = \begin{bmatrix} 1 & 0.5 & -1 \end{bmatrix}^\text{T} + \begin{bmatrix} -0.5 & -0.5 & 0 \end{bmatrix}^\text{T}$$
$$= \begin{bmatrix} 0.5 & 0 & -1 \end{bmatrix}^\text{T}$$

（6）继续输入 $\boldsymbol{X}$ 进行训练，直到 $d^p - o^p = 0, p = 1,2,3,4$ 训练停止。

（7）根据训练后的结果可以画出分类示意图，如图 3.4 所示。

分类边界可以由图 3.4 中所示的直线方程决定。当尝试给出不同的权值初始值或学习率时，可以发现两类样本的分界线存在无数条。

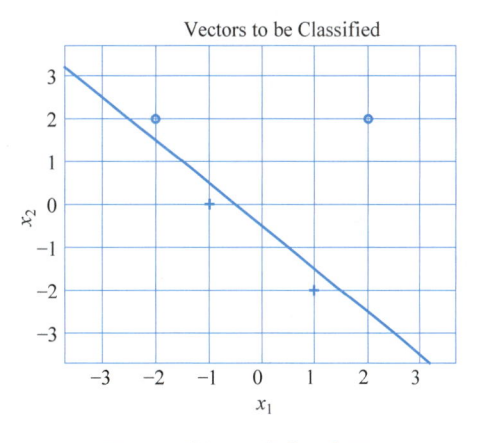

图 3.4 例 3.1 分类示意图

3.1.3 感知器功能性

从例 3.1 可以得出：当输入是二维向量时，输入样本 (x_1, x_2) 可以用二维平面上的点来表示，由单计算节点感知器确定输出如下：

$$o_j = \text{sgn}(\text{net}_j - T_j) = \text{sgn}\left(\sum_{i=0}^{n} w_{ij}x_i\right) = \text{sgn}(\boldsymbol{W}_j^\text{T}\boldsymbol{X}) = \begin{cases} 1 & \boldsymbol{W}_j^\text{T}\boldsymbol{X} > 0 \\ -1 & \boldsymbol{W}_j^\text{T}\boldsymbol{X} < 0 \end{cases}$$

则由直线方程 $w_{1j}x_1 + w_{2j}x_2 - T_j = 0$ 可以确定如图 3.5 所示的二维样本空间的一条分界线。

设线上方的样本使得节点净输入大于 0，节点输出为 1；则线下方样本使节点净输入小于 0，节点输出为 -1。显然，由感知器的权值 $\boldsymbol{W}$ 和阈值 T 确定的直线方程决定了分界线在样本空间的位置，权值和阈值的确定则通过感知器网络训练得到。

当输入为三维时，则 3 个输入分量构成了一个三维空间，则节点输出如下：

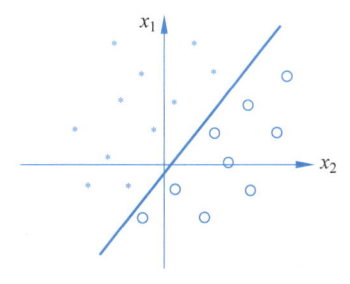

图 3.5 单计算节点感知器对二维样本分类

$$o_j = \begin{cases} 1 & w_{1j}x_1 + w_{2j}x_2 + w_{3j}x_3 > 0 \\ -1 & w_{1j}x_1 + w_{2j}x_2 + w_{3j}x_3 < 0 \end{cases}$$

则由方程

$$w_{1j}x_1 + w_{2j}x_2 + w_{3j}x_3 - T_j = 0$$

可以确定三维空间的一个分界平面,如图 3.6 所示。同样,分界面在空间的位置是由感知器的权值 **W** 和阈值 **T** 确定。权值和阈值最终由感知器网络训练确定。

如果将输入推广到 n 维空间的一般情况,那么令节点净输入方程等于零,就可以确定 n 维空间上的超平面,这个平面同样可以将输入样本分为两类。

如果两类样本可用直线、平面或超平面分开,则称为线性可分,否则称为线性不可分,由感知器分类的几何意义可知,由净输入为零确定的分类判决方程是线性方程。因此通过以上分析可以看出,一个最简单的单计算节点感知器具有线性分类功能,分类知识存储于感知器的权向量和阈值中。

下面再来扩展考虑下能否利用单层感知器网络实现图 3.7 中 4 类样本的分类。

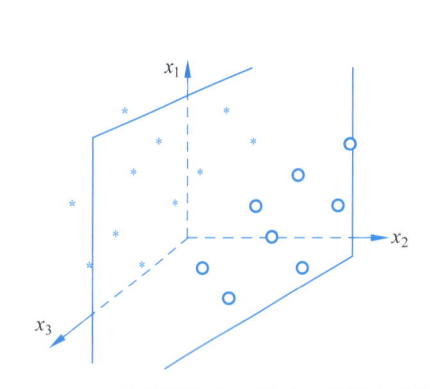

图 3.6 单计算节点感知器对三维样本分类

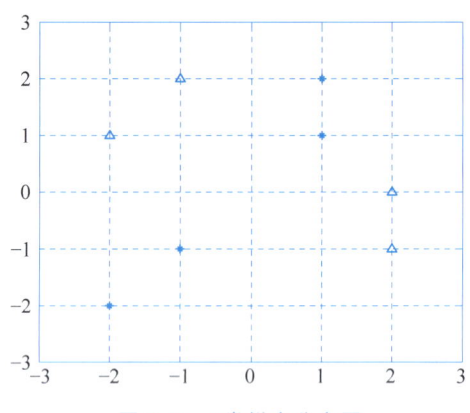

图 3.7 4 类样本分布图

从图 3.7 中可以直观地看出,这 4 类样本都属于线性可分。但是如果采取 3.1.3 中的分析方法,用单计算节点感知器构造的分界直线,只能对线性可分的 2 类样本进行划分,没法对 4 类样本直接分类。但是如果设法再构造一条分界线进行组合划分,即在输出层再增加一个节点,构造得到如图 3.8 所示的双计算节点感知器,即可对 4 类样本进行线性分类,如图 3.9 所示。

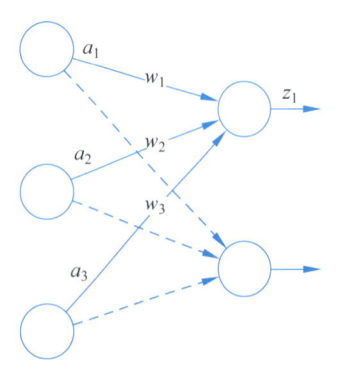

图 3.8 双计算节点感知器

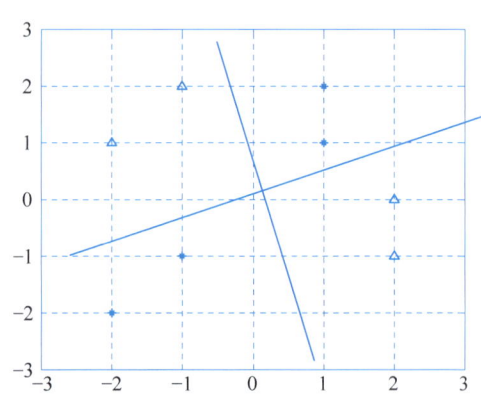

图 3.9 4 类样本线性分类示意图

3.1.4 感知器局限性

单层感知器具有线性分类功能,那么对于非线性可分样本,感知器是否具有同样的分类能力呢?以实现逻辑"异或"功能为例,这里深入探讨感知器能否对非线性样本进行分类。

"异或"真值表如表 3.1 所示。

表 3.1 "异或"真值表

x_1	x_2	y
0	0	−1
0	1	1
1	0	1
1	1	−1

表中的 4 个样本分为两类输出−1 和 1,因此可以采用图 3.3 所示的单计算节点感知器进行分类。如果满足线性可分,则根据 4 个样本在二维平面上的分布可得如下方程:

$$\begin{cases} 0 \times w_1 + 0 \times w_2 - T < 0 \\ 0 \times w_1 + 1 \times w_2 - T > 0 \\ 1 \times w_1 + 0 \times w_2 - T > 0 \\ 1 \times w_1 + 1 \times w_2 - T < 0 \end{cases}$$

经过推导可得

$$\begin{cases} T > 0 \\ 2T < w_1 + w_2 < T \end{cases}$$

上述结论相互矛盾,因此 4 类样本不满足线性可分,即单层感知器对线性不可分样本"束手无策"。

实验也可以通过在 MATLAB 的 Neural Network Design Textbook Demos 中进行仿真验证,在 COMMAND 窗口输入 nnd 即可启动该工具箱,选择 Chapter 4,如图 3.10 所示,

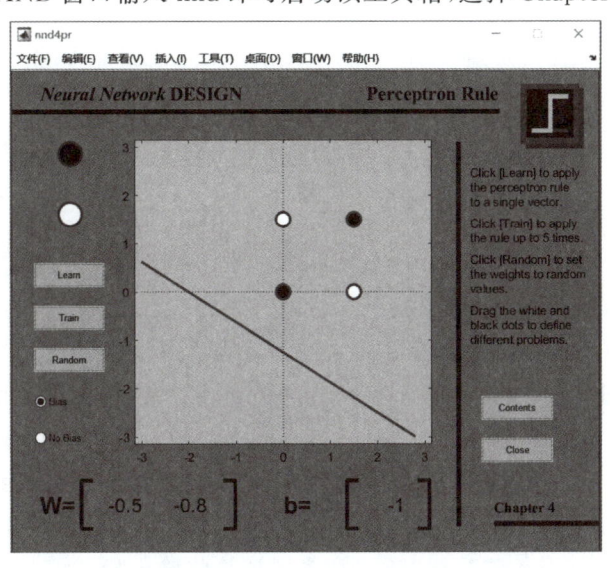

图 3.10 "异或"仿真实验界面 1

可以便捷地通过拖拽样本点模拟"异或"样本来进行验证。实验结果同样表明,无法通过单层感知器来实现"异或"功能。因此单计算层感知器的局限性是对线性可分问题具有分类能力,但对线性不可分问题无能为力。

神经网络演示网站也提供了应用单层感知器进行"异或"功能验证的 demo,具体网址见配套资源的"资源列表"文档。"异或"仿真实验界面如图 3.11 所示,与上述 nnd 提供的感知器 demo 不同的是,该网站不但提供已经确定的数据集验证,还可以人工输入样本,定制一些训练参数,感兴趣的同学可以去尝试一下。

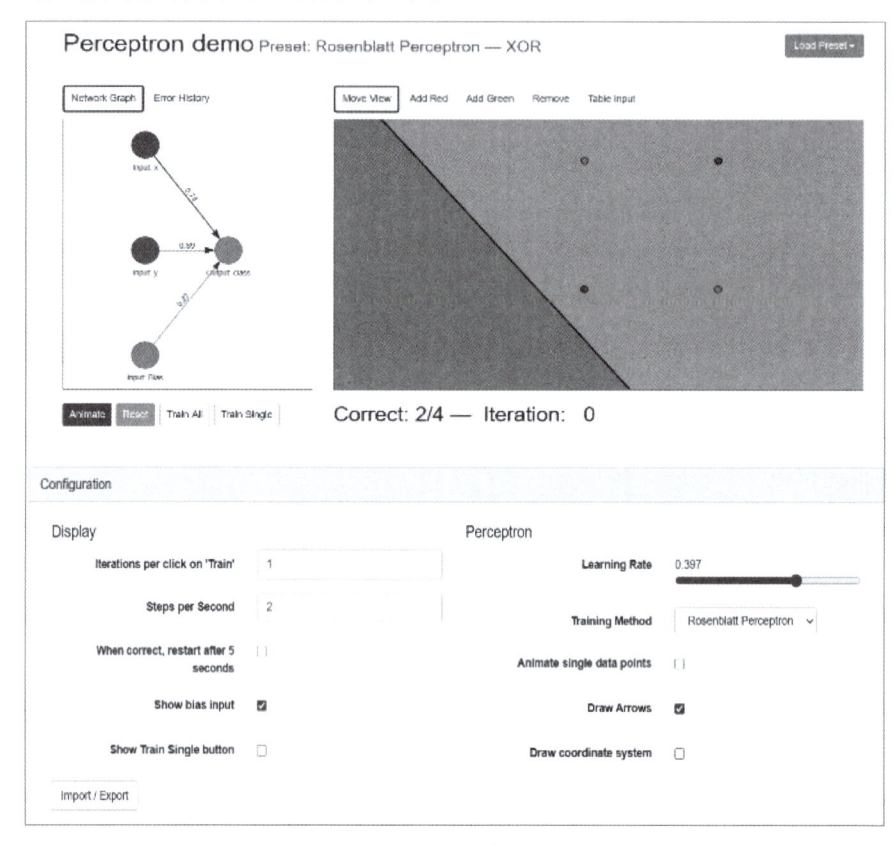

图 3.11 "异或"仿真实验界面 2

单层感知器神经网络除了对线性不可分的分类问题无能为力外,其学习算法也只适用于单层网络,且激活函数一般采用阈值函数,输出只有 0 或 1(-1 或 1),上述局限性均限制了单层感知器神经网络的应用。

3.2 多层感知器引入

由上述分析结果可知,单层感知器由于其结构和学习规则上的局限性,只能解决线性可分问题,而实际生活中的大量问题是线性不可分的。1969 年,M. Minsky 和 S. Papert 在对以感知器为代表的网络系统的功能及其局限性进行深入研究后,在《感知器》一书中指出,简单的神经网络只能用于线性问题的求解,能够求解非线性问题的网络应具有隐含层。那么在输入层与输出层之间引入隐含层,通过隐含层计算将输入模式变为另一空间的"转换模式",然后基于"转换模式"输入构建单层感知器,是否可以解决线性不可分的问题呢?

【例 3.2】 试用两计算层感知器神经网络解决"异或"问题。

分析:图 3.12(a)给出了一个具有两计算层的感知器,其中隐含层的两个节点相当于两个独立的单计算节点感知器。根据 3.1.3 节可知,一个计算节点可以在输入(x_1, x_2)构成的二维平面上确定一条分界直线。图 3.12(a)的神经网络结构中隐含层具有两个计算节点,因此可以在输入二维平面上确定两条分界直线 S_1、S_2,构成如图 3.12(b)所示的开放式凸域。显然,通过调整 S_1、S_2 的位置,可以使两类线性不可分的样本分别位于该凸域的内部和外部,最终实现样本的分类。

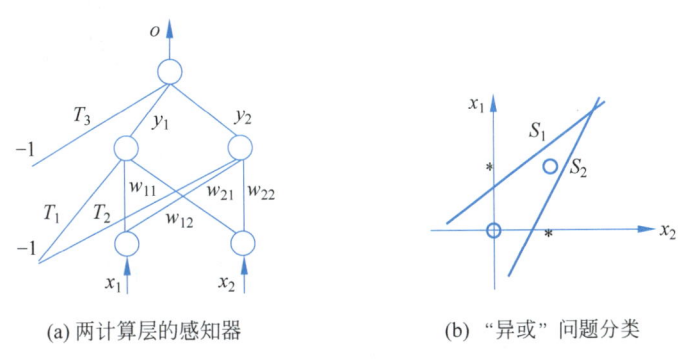

(a) 两计算层的感知器

(b) "异或"问题分类

图 3.12 两计算层感知器分类

设直线 S_1 上方样本为 0,下方样本为 1;直线 S_2 上方样本为 1,下方样本为 0。设由 S_1、S_2 构成开放凸域,域内样本为 0,域外样本为 1,则可以得到表 3.2 所示的输入样本—隐含层—输出层映射对应表。

表 3.2 输入样本—隐含层—输出层映射对应表

输入空间		隐含层空间		输出空间
x_1	x_2	y_1	y_2	o
0	0	1	1	0
0	1	1	0	1
1	0	0	1	1
1	1	1	1	0

根据表 3.2,在(x_1, x_2)空间的 4 个样本经过隐含层计算投影为(y_1, y_2)空间的 3 个样本,如图 3.13 所示。从图 3.13 中可以明显看出,(y_1, y_2)空间上的 3 个样本线性可分。因此通过增加隐含层,可以将原始输入空间中的线性不可分问题转换为隐含层空间的线性可分问题。

在神经网络演示网站上也提供了应用两计算层感知器进行"异或"功能验证的 demo,具体网址见配套资源的"资源列表"文档。两计算层感知器解决"异或"问题 demo 界面如图 3.14 所示,感兴趣的同学可以去验证一下。

分析图 3.12(a)隐含层中节点的作用可知:当输入样本为二维时,隐含层中每个节点确定了二维平面上的一条分界线;多条直线经输出节点组合后会构成各种形状的凸域;通过训练调整凸域的

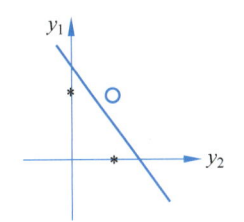

图 3.13 隐含层空间"转换模式"线性可分

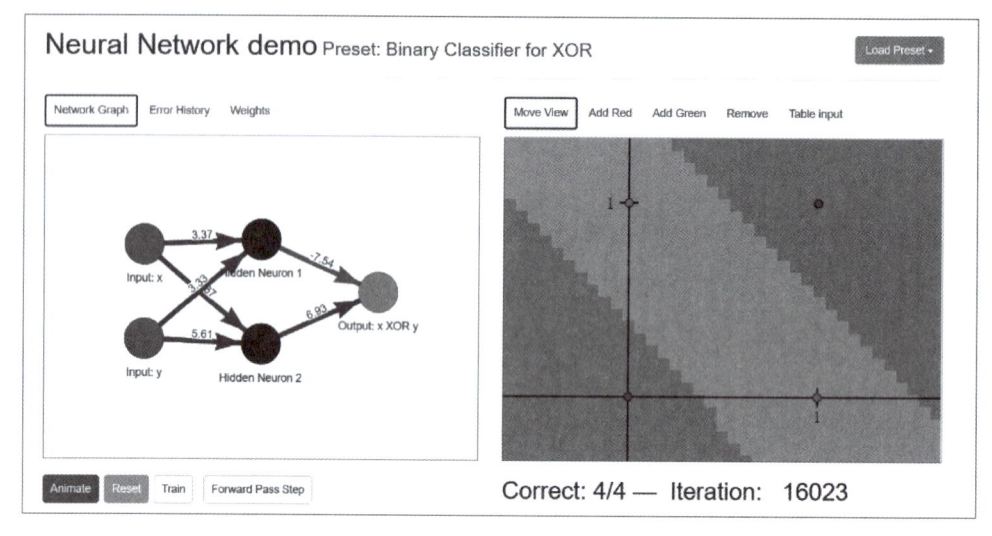

图 3.14 两计算层感知器解决"异或"问题 demo 界面

形状,可将两类线性不可分样本转换为域内和域外两类线性可分样本。

需要注意的是,单隐含层节点数量的增加可以使多边形凸域的边数增加,从而在输入空间构建出任意形状的凸域。如果再增加一个隐含层,则该层的每个节点都可以确定一个凸域,各种凸域经输出层节点组合后可以构成任意形状,因此双隐含层的分类能力较单隐含层大大提高。根据 Kolmogorov 理论,双隐含层感知器足以解决任何复杂的分类问题。另外,当采用非线性连续函数替代符号函数作为神经元的激活函数时,可以使得分类边界线从直线变成连续光滑的曲线,从而进一步提高多层感知器的分类能力。

上述分析表明,通过增加隐含层,将单层感知器转为多层感知器可以有效解决非线性分类问题。尽管多层感知器从理论上可以解决线性不可分的问题,但 Minsky 时期的研究对隐含层神经元的学习规则尚无所知,而且在理论上还不能证明将感知器模型扩展到多层网络是有意义的,因此人工神经网络研究在 20 世纪 60 年代后期开始了长达十余年的低潮时期。

3.3 BP 神经网络

从 3.2 节中可知,多层感知器可以大大提高网络的分类能力,但长期以来没有学者提出网络权值调整的有效算法。1974 年 Paul J. Werbos 在其博士论文中提出了第一个适合多层网络的学习算法,但该算法并未受到足够的重视和广泛的应用。直到 20 世纪 80 年代中期,加州大学圣地亚哥分校(UC San Diego,UCSD)的 PDP(Parallel Distributed Processing)研究小组在 1986 年出版了 *Parallel Distributed Processing* 一书,将该算法应用于神经网络研究,才使之成为迄今为止最著名的多层感知器学习算法——BP(Error Back Propagation)算法,由此算法训练的多层感知器称为 BP 神经网络。

3.3.1 BP 神经网络模型

BP 神经网络本质上属于多层前馈网络,它是至今为止应用最为广泛的神经网络之一。

图 3.15 所示为典型的三层 BP 神经网络结构,包括了输入层、隐含层和输出层。该单隐含层网络结构在 BP 网络应用中最为普遍。

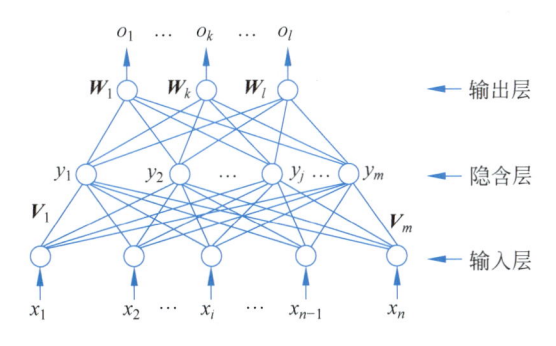

图 3.15 三层 BP 神经网络

图 3.15 中,输入层有 n 个节点,则输入向量 $\boldsymbol{X}=\begin{bmatrix} x_1 & x_2 & \cdots & x_i & \cdots & x_n \end{bmatrix}^{\mathrm{T}}$;隐含层有 m 个节点,隐含层输出向量为 $\boldsymbol{Y}=\begin{bmatrix} y_1 & y_2 & \cdots & y_j & \cdots & y_m \end{bmatrix}^{\mathrm{T}}$;输出层有 l 个节点,输出层向量为 $\boldsymbol{O}=\begin{bmatrix} o_1 & o_2 & \cdots & o_i & \cdots & o_l \end{bmatrix}^{\mathrm{T}}$。输入层到隐含层之间的权值矩阵用 $\boldsymbol{V}$ 表示,$\boldsymbol{V}=\begin{bmatrix} \boldsymbol{V}_1 & \boldsymbol{V}_2 & \cdots & \boldsymbol{V}_j & \cdots & \boldsymbol{V}_m \end{bmatrix}$,其中列向量 $\boldsymbol{V}_j$ 为隐含层第 j 个神经元对应的权向量;隐含层到输出层之间的权值矩阵用 $\boldsymbol{W}$ 表示,$\boldsymbol{W}=\begin{bmatrix} \boldsymbol{W}_1 & \boldsymbol{W}_2 & \cdots & \boldsymbol{W}_k & \cdots & \boldsymbol{W}_l \end{bmatrix}$,其中列向量 $\boldsymbol{W}_k$ 为输出层第 k 个神经元对应的权向量。

下面分析各层信号之间的数学关系。

对于输出层,有

$$o_k = f(\mathrm{net}_k), \quad k=1,2,\cdots,l \tag{3-4}$$

$$\mathrm{net}_k = \sum_{j=0}^{m} w_{jk} y_j, \quad k=1,2,\cdots,l \tag{3-5}$$

这里需要注意的是,$y_0=-1$ 是为输出层神经元引入阈值而设置的,w_{0k} 则对应输出层神经元的阈值。

对于隐含层,有

$$y_j = f(\mathrm{net}_j), \quad j=1,2,\cdots,m \tag{3-6}$$

$$\mathrm{net}_j = \sum_{i=0}^{n} v_{ij} x_i, \quad j=1,2,\cdots,m \tag{3-7}$$

同样需要注意,$x_0=-1$ 是为隐含层神经元引入阈值而设置的,v_{0j} 则对应隐含层神经元阈值。

式(3-4)及式(3-6)中,激活函数 $f(x)$ 均为单极性 Sigmoid 函数:

$$f(x) = \frac{1}{1+\mathrm{e}^{-x}} \tag{3-8}$$

$f(x)$ 具有非线性、连续、可导的特点,且有

$$f'(x) = f(x)[1-f(x)] \tag{3-9}$$

根据应用需要,也可以采用双极性 Sigmoid 函数(或称双曲正切函数):

$$f(x) = \frac{1-\mathrm{e}^{-2x}}{1+\mathrm{e}^{-2x}} \tag{3-10}$$

式(3-4)~式(3-10)共同构成了三层 BP 网络的数学模型。

3.3.2　BP 学习算法

BP 神经网络结构确定后,要通过训练集样本对网络进行有导师学习(训练),调整和修正网络的阈值和权值,以使网络能够准确表征输入和输出间的映射关系。

1. BP 学习过程

BP 网络的学习过程分为两个阶段,即信号的正向传播与误差的反向传播。

第一个阶段(信号正向传播):从输入层输入训练集样本,通过确定的网络结构和前一次迭代的权值和阈值,从网络的第一层向后计算各神经元的输出。

第二个阶段(误差反向传播):若输出层的实际输出与期望的输出(教师信号)不符,则转入误差的反向传播阶段(误差反传)。误差反传是将输出误差以某种形式通过隐含层向输入层逐层反传,并将误差分摊给各层的所有单元,从而获得各层单元的误差信号,此误差信号即作为修正各单元权值的依据。

这种信号正向传播与误差反向传播的各层权值调整过程,是周而复始地进行的。权值不断调整的过程,也就是网络的学习训练过程。此过程一直进行到网络输出的误差减少到可接受的程度,或进行到预先设定的学习次数为止。

这种误差反向传播学习算法可以推广到有若干隐含层的多层网络。

2. 梯度下降算法

标准 BP 学习算法采用的是梯度下降法,也称为最速下降法,是迄今为止优化神经网络训练时最常用的方法之一。

什么是梯度呢?首先我们来了解下导数、偏导数、方向导数以及梯度之间的关系。

(1) 一元函数的导数:自变量变化无穷小引起的因变量改变值的极限。

$$f'(x) = \lim_{\Delta x \to 0} \frac{f(x + \Delta x) - f(x)}{\Delta x} \tag{3-11}$$

(2) 多元函数的偏导:多元函数中,某个自变量(固定它自变量不变)变化无穷小引起的因变量改变值的极限。偏导数本质上就是函数在每个位置处沿着自变量坐标轴方向上的导数。

$$\frac{\partial f(x)}{\partial x_i} = \lim_{\Delta x_i \to 0} \frac{f(x_i + \Delta x_i) - f(x_i)}{\Delta x_i} \tag{3-12}$$

(3) 方向导数:多元函数中,自变量沿任意方向 l 变化无穷小引起的因变量改变值的极限,其值为一个标量。以二元函数 $u = f(x, y)$ 为例,在该函数曲线上存在点 $P(x, y)$,沿方向 l 的方向导数定义为

$$\frac{\partial f}{\partial l} = \lim_{\rho \to 0} \frac{f(x + \Delta x, y + \Delta y) - f(x, y)}{\rho} = \frac{\partial f}{\partial x} \cos\alpha + \frac{\partial f}{\partial y} \cos\beta \tag{3-13}$$

其中,$\rho = \sqrt{(\Delta x)^2 + (\Delta y)^2}$,$\alpha, \beta$ 为任意方向 l 的方向角。

(4) 梯度:多元函数中,各自变量偏导数组成的向量。

$$\nabla f(x) = \left(\frac{\partial f(x)}{\partial x_1}, \frac{\partial f(x)}{\partial x_2}, \cdots, \frac{\partial f(x)}{\partial x_n} \right) \tag{3-14}$$

假设多元函数的梯度方向与方向导数中任意方向 l 所在方向的夹角为 θ,则该梯度和方

向导数存在如下数学关系：

$$\frac{\partial f(x)}{\partial l} = |\nabla f(x)| \cos\theta \tag{3-15}$$

显然，当 $\theta=0$，即梯度方向与方向导数中任意方向 l 同向时，方向导数取得最大值，最大值为梯度的模；当 $\theta=\pi$ 时，方向导数取得最小值，最小值为梯度模的相反数。根据式(3-15)可知，在 $\theta<\frac{\pi}{2}$ 时，方向导数 $\frac{\partial f(x)}{\partial l}>0$，表示沿着 l 方向变化，函数值上升；在 $\theta>\frac{\pi}{2}$ 时，方向导数 $\frac{\partial f(x)}{\partial l}<0$，表示沿着 l 方向变化，函数值下降。

至此，方才有了梯度的几何意义：

（1）当前位置的梯度方向，为函数在该位置处方向导数最大的方向，也是函数值上升最快的方向，反方向为下降最快的方向；

（2）当前位置的梯度长度（模），为最大方向导数的值。

梯度下降法的基本原理就是最小化目标函数 $J(\theta)$，即在每次迭代中，对每个变量 θ，按照目标函数在该变量梯度的相反方向，更新对应的参数值。换句话说，我们在目标函数的超平面上，沿着斜率下降的方向前进，直到我们遇到了超平面构成的"谷底"。梯度下降法示意图如图 3.16 所示。

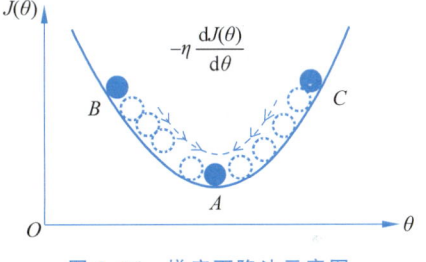

图 3.16 梯度下降法示意图

其中，学习率 η 决定了函数到达（局部）最小值的迭代次数。η 是一个 0～1 的数字，不能太大，也不能太小，原因是：如果太小，则会减慢收敛学习的速度；如果太大，则容易导致不收敛。学习率 η 取值影响示意图如图 3.17 所示。

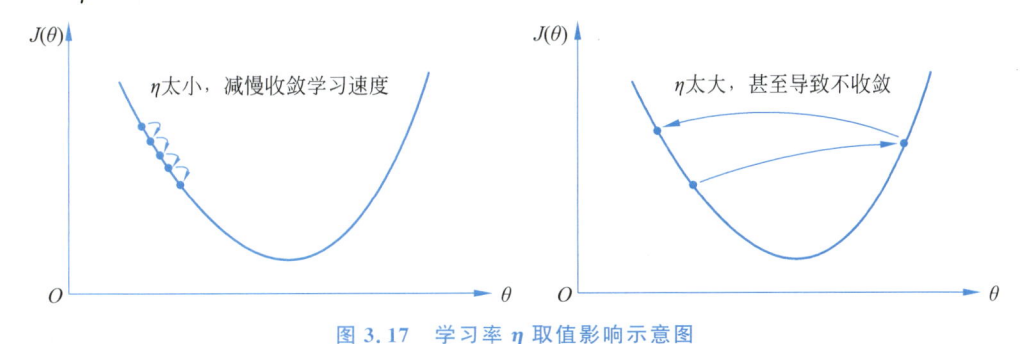

图 3.17 学习率 η 取值影响示意图

梯度下降法的基本思想可以类比为一个下山的过程。假设这样一个场景：一个人被困在山上，需要尽快从山上下来，找到山的最低点（也就是谷底）。但此时山上的浓雾很大，导致可视度很低。因此，下山的路径就无法确定，他必须利用周围的地形找到下山的路径。这个时候，他就可以利用梯度下降算法来帮助自己下山。具体来说就是，以他当前所处的位置为基准，寻找这个位置最陡峭的地方，然后朝着山的高度下降的地方走。每走一段距离，都反复采用同一个方法，最后就能成功抵达山谷。但是我们把走的每一步连接起来构成下山的完整路线，这条路线可能并不是下山的最快最优路线，原因是什么？可以用一句古诗来解释："不识庐山真面目，只缘身在此山中"。因为我们在山上的时候是不知道山的具体形状的,所以无法找到一条全局最优路线。我们只能关注脚下的路,将每一步走好,这就是梯度下降法的原理。

梯度下降法有3种变形形式,它们之间的区别在于计算目标函数的梯度时使用了多少数据。根据数据量的不同,我们在参数更新的精度和更新过程中所需要的时间两方面做出权衡。

(1) 批梯度下降法。Vanilla 梯度下降法,又称为批梯度下降法(Batch Gradient Descent,BGD),它在整个训练数据集上计算目标函数 $J(\theta)$ 关于参数 θ 的梯度。因为每次执行更新时,都需要在整个数据集上计算所有的梯度,所以批梯度下降法的速度会很慢,同时,批梯度下降法无法处理超出内存容量限制的数据集。批梯度下降法同样也不能在线更新模型,即在运行的过程中,不能增加新的样本。

(2) 随机梯度下降法。随机梯度下降法(Stochastic Gradient Descent,SGD)根据每一条训练样本更新参数。通常 SGD 的运行速度更快,可用于在线学习。但是 SGD 频繁更新参数容易导致目标函数出现剧烈波动。SGD 的波动性具有两面性:一方面,这种波动性使得 SGD 可以跳到新的和潜在更好的局部最优。另一方面,SGD 持续波动会使最终收敛到特定最小值的过程变得复杂。

(3) 小批量梯度下降法。小批量梯度下降法综合了上述两种方法的优点,在每次更新时使用 n 个小批量训练样本。训练神经网络模型时,通常选择小批量梯度下降法。

但是,梯度下降法同时存在如下典型问题导致其迭代的可行性和效率大打折扣。

(1) 非凸函数的最优化。凸函数的梯度下降法可以稳定找到全局最优解,而对于非凸函数却只能保证局部最优解,甚至只是鞍点。该如何避免或改善此类问题?

(2) 函数的信息利用率不高。梯度下降法仅利用了当前每个迭代点的一阶梯度信息,是否能够通过使用历史迭代点的信息以及该点的高阶梯度信息,得到更快更准确的迭代方法?

(3) 学习率需预设且取值固定。

针对上述不同类型的问题,目前已有人提出了一系列梯度下降优化算法:SGD + Momentum(动量法)、Nesterov 加速梯度下降法、Adagrad(学习率自适应策略)、Adadelta (Adagrad 扩展算法)、RMSprop(自适应学习率算法)、Adam(同时采用动量项和自适应学习率的策略)等。

梯度下降优化算法的选用建议如下。

(1) 整体而言,Adam 是最好的选择,所以常用作默认的优化算法。

(2) 面对稀疏数据,需选择自适应方法,即 Adagrad、Adadelta、RMSprop、Adam。

(3) 随着梯度变得稀疏,Adam 比 RMSprop 效果好。

(4) 若自适应的算法不佳,仍可考虑采用传统的 SGD 算法。

3. BP 学习算法推导

BP 学习算法推导中包括以下两个重要环节。

(1) 获得各层的输出误差表示,即要建立各层(输出层、隐含层)连接权值与误差的关系式:

$$E = f(\boldsymbol{W}, \boldsymbol{X}) \tag{3-16}$$

(2) 根据梯度下降法确定各层连接权值的变化量与误差之间的关系,通过误差计算得到各层网络的权值调整量,以便于确定网络下一步的权值更新。

下面以图 3.15 所示的三层 BP 神经网络为例详细介绍 BP 学习算法的推导过程,所得结论可以推广到一般多层感知器情况。

首先确定网络输出与期望输出不等时的输出误差 E。

$$E = \frac{1}{2}(\boldsymbol{d} - \boldsymbol{O})^2 = \frac{1}{2}\sum_{k=1}^{l}(d_k - o_k)^2 \qquad (3\text{-}17)$$

将式(3-17)展开至隐含层,有

$$E = \frac{1}{2}\sum_{k=1}^{l}[d_k - f(\text{net}_k)]^2 = \frac{1}{2}\sum_{k=1}^{l}\Big[d_k - f\Big(\sum_{j=0}^{m}w_{jk}y_j\Big)\Big]^2 \qquad (3\text{-}18)$$

进一步展开至输入层,有

$$E = \frac{1}{2}\sum_{k=1}^{l}\Big\{d_k - f\Big[\sum_{j=0}^{m}w_{jk}f(\text{net}_j)\Big]\Big\}^2 = \frac{1}{2}\sum_{k=1}^{l}\Big\{d_k - f\Big[\sum_{j=0}^{m}w_{jk}f\Big(\sum_{i=0}^{n}v_{ij}x_i\Big)\Big]\Big\}^2$$

$$(3\text{-}19)$$

由式(3-19)可以看出,网络输入误差是关于各层权值 w_{jk}、v_{ij} 的函数,因此通过调整权值即可改变误差 E。

这里采用梯度下降法进行网络权值调整。此时网络误差 E 就是目标函数,网络权值就是目标函数的参数。根据梯度下降法的原理,要使网络误差 E(目标函数)不断减小,网络权值调整量与误差的梯度反方向成正比,即

$$\Delta w_{jk} = -\eta \frac{\partial E}{\partial w_{jk}}, \quad j = 0,1,\cdots,m; k = 1,2,\cdots,l \qquad (3\text{-}20)$$

$$\Delta v_{ij} = -\eta \frac{\partial E}{\partial v_{ij}}, \quad i = 0,1,\cdots,n; j = 1,2,\cdots,m \qquad (3\text{-}21)$$

式中,负号表示梯度反方向;常数 $\eta \in (0,1]$ 为学习率,反映了训练速率。

式(3-20)、式(3-21)仅是对权值调整思路的数学表达,而不是具体的权值调整式。下面推导三层 BP 神经网络学习算法权值调整的计算式。事先约定,在全部推导过程中,对输出层均有 $j = 0,1,\cdots,m; k = 1,2,\cdots,l$;对隐含层均有 $i = 0,1,\cdots,n; j = 1,2,\cdots,m$。

对于输出层,式(3-20)可写为

$$\Delta w_{jk} = -\eta \frac{\partial E}{\partial w_{jk}} = -\eta \frac{\partial E}{\partial \text{net}_k}\frac{\partial \text{net}_k}{\partial w_{jk}} \qquad (3\text{-}22)$$

对于隐含层,式(3-21)可写为

$$\Delta v_{ij} = -\eta \frac{\partial E}{\partial v_{ij}} = -\eta \frac{\partial E}{\partial \text{net}_j}\frac{\partial \text{net}_j}{\partial v_{ij}} \qquad (3\text{-}23)$$

对于输出层和隐含层各定义一个误差信号,令

$$\delta_k^o = -\frac{\partial E}{\partial \text{net}_k} \qquad (3\text{-}24)$$

$$\delta_j^y = -\frac{\partial E}{\partial \text{net}_j} \qquad (3\text{-}25)$$

综合应用式(3-5)和式(3-24),可将式(3-22)的权值调整式改写为

$$\Delta w_{jk} = \eta \delta_k^o y_j \qquad (3\text{-}26)$$

综合应用式(3-7)和式(3-25),可将式(3-23)的权值调整式改写为

$$\Delta v_{ij} = \eta \delta_j^y x_i \qquad (3\text{-}27)$$

可以看出,只要计算出式(3-26)、式(3-27)中的误差信号 δ_k^o 和 δ_j^y,权值调整量的计算推导即可完成。下面继续推导如何求 δ_k^o 和 δ_j^y。

对于输出层，δ_k^o 可展开为

$$\delta_k^o = -\frac{\partial E}{\partial \text{net}_k} = -\frac{\partial E}{\partial o_k}\frac{\partial o_k}{\partial \text{net}_k} = -\frac{\partial E}{\partial o_k}f'(\text{net}_k) \tag{3-28}$$

对于隐含层，δ_j^y 可展开为

$$\delta_j^y = -\frac{\partial E}{\partial \text{net}_j} = -\frac{\partial E}{\partial y_j}\frac{\partial y_j}{\partial \text{net}_j} = -\frac{\partial E}{\partial y_j}f'(\text{net}_j) \tag{3-29}$$

下面求式(3-28)、式(3-29)中网络误差对各层输出的偏导。

对于输出层，利用式(3-17)，可得

$$\frac{\partial E}{\partial o_k} = -(d_k - o_k) \tag{3-30}$$

对于隐含层，利用式(3-18)，可得

$$\frac{\partial E}{\partial y_j} = -\sum_{k=1}^{l}(d_k - o_k)f'(\text{net}_k)w_{jk} \tag{3-31}$$

将以上结果代入式(3-28)、式(3-29)，并应用式(3-9)，可得

$$\delta_k^o = (d_k - o_k)o_k(1 - o_k) \tag{3-32}$$

$$\delta_j^y = \left[\sum_{k=1}^{l}(d_k - o_k)f'(\text{net}_k)w_{jk}\right]f'(\text{net}_j) = \left(\sum_{k=1}^{l}\delta_k^o w_{jk}\right)y_j(1 - y_j) \tag{3-33}$$

将式(3-32)、式(3-33)代入式(3-26)、式(3-27)，可得到三层前馈网的 BP 学习算法权值调整计算公式为

$$\Delta w_{jk} = \eta\delta_k^o y_j = \eta(d_k - o_k)o_k(1 - o_k)y_j \tag{3-34}$$

$$\Delta v_{ij} = \eta\delta_j^y x_i = \eta\left(\sum_{k=1}^{l}\delta_k^o w_{jk}\right)y_j(1 - y_j)x_i \tag{3-35}$$

对于一般多层前馈网，设共有 h 个隐含层，按前向顺序各隐含层节点数分别记为 m_1，$m_2,\cdots,m_h$，各隐含层输出分别记为 $y^1,y^2,\cdots,y^h$，各层权值矩阵分别记为 $\boldsymbol{W}^1,\boldsymbol{W}^2,\cdots,\boldsymbol{W}^h$，$\boldsymbol{W}^{h+1}$，则各层权值调整计算公式如下。

输出层为

$$\Delta w_{jk}^{h+1} = \eta\delta_k^{h+1}y_j^h = \eta(d_k - o_k)o_k(1 - o_k)y_j^h \quad j = 0,1,\cdots,m_h, \quad k = 1,2,\cdots,l \tag{3-36}$$

第 h 隐含层为

$$\Delta w_{ij}^h = \eta\delta_j^h y_i^{h-1} = \eta\left(\sum_{k=1}^{l}\delta_k^o w_{jk}^{h+1}\right)y_j^h(1 - y_j^h)y_i^{h-1} \quad i = 0,1,\cdots,m_{h-1}, \quad j = 1,2,\cdots,m_h \tag{3-37}$$

按以上规律逐层类推，则第一隐含层权值调整计算公式为

$$\Delta w_{pq}^1 = \eta\delta_q^1 x_p = \eta\left(\sum_{r=1}^{m_2}\delta_r^2 w_{qr}^2\right)y_q^1(1 - y_q^1)x_p \quad p = 0,1,\cdots,n, \quad q = 1,2,\cdots,m_1 \tag{3-38}$$

BP 学习算法中，各层权值调整公式形式上都是一样的，均由 3 个因素决定，即学习率 η、本层输出的误差信号 δ 以及本层输入信号 $\boldsymbol{Y}$（或 $\boldsymbol{X}$）。其中输出层误差信号与网络的期望

输出与实际输出之差有关,直接反映了输出误差,而各隐含层的误差信号与前面各层的误差信号都有关,是从输出层开始逐层反传过来的。

MATLAB 的 Neural Network Design Textbook Demos 中提供了 Backpropagation calculation 的 demo,如图 3.18 所示。感兴趣的读者可以通过这个 demo 深入理解 BP 算法的信号正向传播和误差反传的整个计算过程。

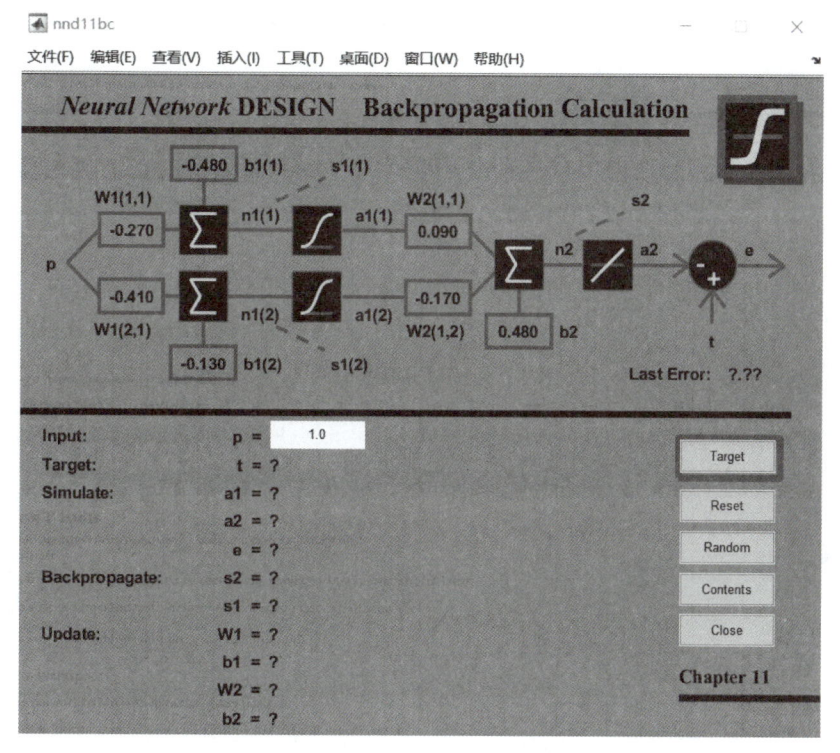

图 3.18 NND-BP 计算流程图

3.3.3 BP 算法实现

标准 BP 算法的流程图如图 3.19 所示。主要包括如下步骤。

(1) 初始化,对权值矩阵 **W**、**V** 赋随机数,将样本模式计数器 p 和训练次数计数器 q 置为 1,误差 E 置 0,学习率 η 设为 $(0,1]$ 间的小数,网络训练后达到的精度 E_{min} 设为一个正的小数。

(2) 输入训练样本对,计算各层输出,用当前样本 X^p、d^p 对向量 **X**、**d** 赋值,用式(3-4)和式(3-6)计算 **O** 和 **Y** 中各分量。

(3) 计算网络输出误差 $E^p = \frac{1}{2}\sum_{k=1}^{l}(d_k^p - o_k^p)^2$。

(4) 计算各层误差信号,应用式(3-28)和式(3-29)计算 δ_k^o 和 δ_j^y。

(5) 计算权值调整量并更新各层权值,应用式(3-34)和式(3-35)计算 **W**、**V** 中权值调整量。

(6) 检查是否对所有样本完成一次轮训,若 $p<P$,计数器 p、q 增 1,返回步骤(2),否则转步骤(7)。

(7) 检查网络总误差是否达到精度要求,设共有 P 对训练样本,网络对应不同的样本

具有不同的误差 E^p，实际应用中大多采用均方根 $E_{\text{RME}} = \sqrt{\dfrac{1}{P}\sum_{p=1}^{P} E^p}$ 作为网络的总误差。若 $E_{\text{rms}} < E_{\min}$，训练结束，否则 E 置 0，p 置 1，返回步骤(2)。

从以上步骤可以看出，在标准 BP 算法中，每输入一个样本，都要回传误差并调整权值，这种对每个样本轮训的权值调整方法又称为单样本训练。由于单样本训练遵循的是只顾眼前的"本位主义"原则，只针对每个样本产生的误差进行调整，所以难免顾此失彼，会使整个训练的次数增加，导致收敛速度过慢。

另一种方法可以改善这种现象，那就是在所有样本输入之后，计算网络的总误差 $E_{\text{总}} = \dfrac{1}{2}\sum_{p=1}^{P}\sum_{k=1}^{l}(d_k^p - o_k^p)^2$，然后根据总误差计算各层的误差信号并调整权值，这就是批训练 BP 算法。批训练 BP 算法流程图如图 3.20 所示。

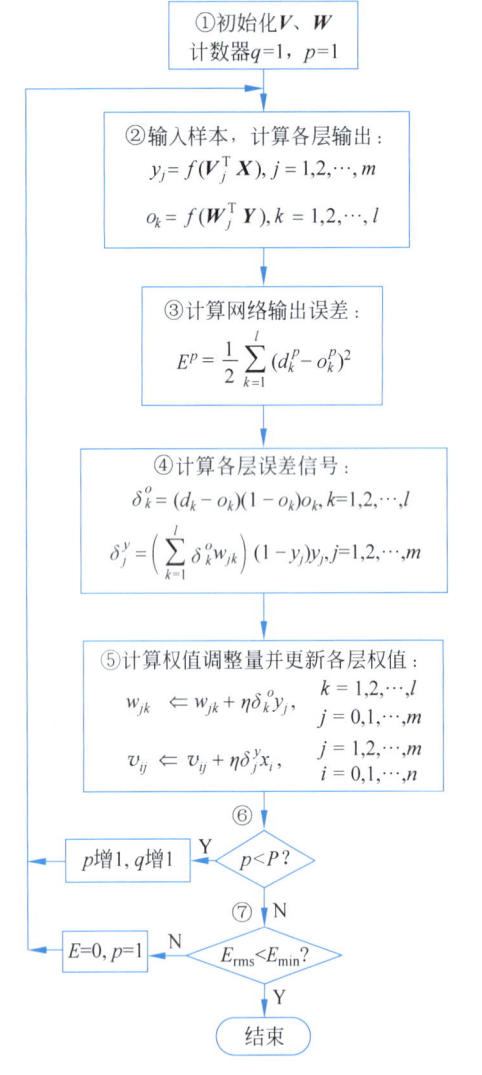

图 3.19　标准 BP 算法流程图

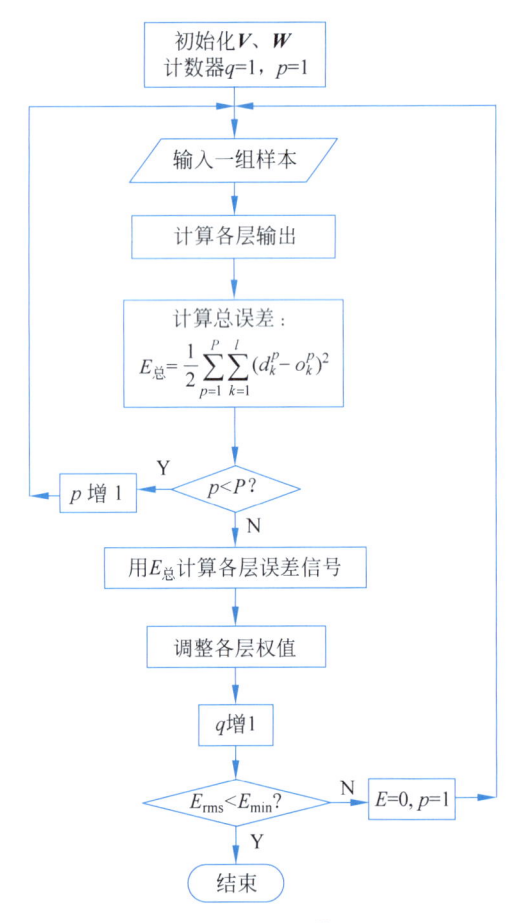

图 3.20　批训练 BP 算法流程图

这种累积误差的批处理方式称为批(Batch)训练或周期(epoch)训练。由于批训练遵循了以减小全局误差为目标的"集体主义"原则，因而可以保证总误差向减小方向变化。在样本数较多时，批训练比单样本训练时的收敛速度快。

MATLAB 目前提供了 feedforwardnet 函数生成多层前馈神经网络。

net = feedforwardnet(hiddenSizes,trainFcn),

返回具有 $N+1$ 层的前馈神经网络对象 net。其中：hiddenSizes 为隐含层神经元个数（一个行向量），默认值为 10；trainFcn 为网络训练所采用的函数，默认值为'trainlm'。

3.3.4 BP 算法局限性

BP 网络是应用极为广泛的一类神经网络，这主要归功于 BP 网络具有如下优点。

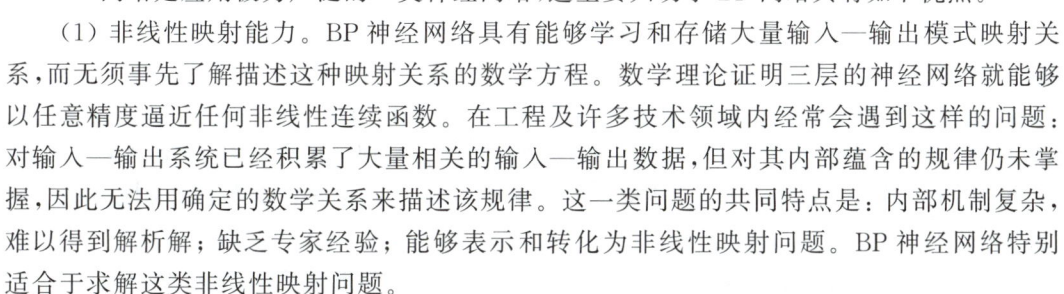

（1）非线性映射能力。BP 神经网络具有能够学习和存储大量输入—输出模式映射关系，而无须事先了解描述这种映射关系的数学方程。数学理论证明三层的神经网络就能够以任意精度逼近任何非线性连续函数。在工程及许多技术领域内经常会遇到这样的问题：对输入—输出系统已经积累了大量相关的输入—输出数据，但对其内部蕴含的规律仍未掌握，因此无法用确定的数学关系来描述该规律。这一类问题的共同特点是：内部机制复杂，难以得到解析解；缺乏专家经验；能够表示和转化为非线性映射问题。BP 神经网络特别适合于求解这类非线性映射问题。

（2）泛化能力。BP 网络能够通过训练将输入—输出的非线性映射关系存储在权值矩阵中，在其后面的工作阶段，网络也能对输入的新样本进行正确的输出，即 BP 神经网络具有将学习成果应用于新知识的能力。

（3）容错能力。BP 神经网络在其局部的或者部分的神经元受到破坏后对全局的训练结果不会造成很大的影响，也就是说即使系统在受到局部损伤时还是可以正常工作的，即 BP 神经网络具有一定的容错能力。

鉴于 BP 神经网络的这些优点，国内外不少研究学者都对其进行了深入研究，并运用网络解决了部分实际应用问题。但是随着应用范围的逐步扩大，BP 神经网络也暴露出了越来越多的不足之处。

以图 3.15 的三层 BP 神经网络为例，误差函数可表示为

$$E = F(\boldsymbol{X}^p, \boldsymbol{W}, \boldsymbol{V}, \boldsymbol{d}^p) \tag{3-39}$$

误差函数可调整参数的个数 n_w 等于各层权值数加上阈值数，即

$$n_w = m \times (n+1) + l \times (m+1) \tag{3-40}$$

因此误差 E 是 n_w+1 维空间中一个形状极为复杂的曲面，该曲面上的每个点的"高度"对应于一个误差值，每个点的坐标向量对应着 n_w 个权值。图 3.21 所示为一个由二维权值构成的误差曲面。

从图 3.21 的误差曲面分布图上可以观察到曲面上存在多个局部极小化点。从数学角度看，传统的 BP 神经网络为一种局部搜索的优化方法，它要解决的是一个复杂非线性化问题，网络的权值是通过沿局部改善的方向逐渐进行调整的，这样会使算法陷入局部极值，权值收敛到局部极小点，从而导

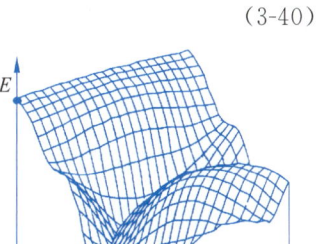

图 3.21　由二维权值构成的误差曲面

致网络训练失败。加上 BP 神经网络对初始网络权值非常敏感,以不同的权值初始化网络,其往往会收敛于不同的局部极小值,这也是每次训练得到不同结果的根本原因。

从图 3.21 的误差曲面分布图上还可以观察到存在多个平坦区,而平坦区的存在会导致网络收敛速度变慢。平坦区的误差梯度如下式所示:

$$\frac{\partial E}{\partial w_{ik}} = -\delta_k^o y_j \tag{3-41}$$

误差梯度小意味着 δ_k^o 接近零,而从 $\delta_k^o = (d_k - o_k)o_k(1 - o_k)$ 中可以看出 δ_k^o 接近零有 3 种可能:一种可能是 o_k 充分接近 d_k,此时对应误差的某个谷底;另外两种可能是 o_k 接近 0 或 1,表明神经元输出进入了饱和状态(激活函数为 Sigmoid)。BP 算法是严格遵从误差梯度下降原则调整权值的,而在平坦区区域内,误差的梯度变化很小,导致网络训练过程极为缓慢。

除了 BP 算法本身的局限性外,BP 网络在应用过程中也存在如下局限性。

(1) BP 神经网络结构的选择尚无完整的理论指导。BP 神经网络结构一般只能由经验选定。若网络结构选择过大,则训练中效率不高,可能会出现过拟合现象,造成网络性能低,容错性下降;若选择过小,则又会造成网络可能不收敛。而网络的结构直接影响网络的逼近能力及推广性质。

(2) 应用实例与网络规模的矛盾问题。BP 神经网络难以解决应用问题的实例规模和网络规模间的矛盾问题,其涉及网络容量的可能性与可行性的关系问题,即学习复杂性问题。

(3) BP 神经网络预测能力和训练能力的矛盾问题。预测能力也称泛化能力或者推广能力,而训练能力也称逼近能力或者学习能力。一般情况下,训练能力差时,预测能力也差,并且一定程度上,随着训练能力的提高,预测能力也会得到提高。但这种趋势不是固定的,其有一个极限,当达到此极限时,随着训练能力的提高,预测能力反而会下降,也即出现所谓"过拟合"现象。出现该现象的原因在于网络模型在训练过程中对样本细节的过度学习,导致其不能反映样本内含的规律,所以如何把握好学习的度,解决网络预测能力和训练能力间矛盾问题也是 BP 神经网络的重要研究内容。

(4) BP 神经网络样本依赖性问题。网络模型的逼近和推广能力与学习样本的典型性密切相关,而如何从问题中选取典型样本实例组成训练集是一个比较困难的问题。

3.3.5 标准 BP 算法改进

针对上述 BP 网络在使用中的局限性,国内外学者从不同角度提出不少有效的改进算法,这里分别从学习率、激活函数、优化算法和网络结构几个方面介绍 BP 算法改进措施。

1. 自适应调节学习率

在标准 BP 算法中,权值调整依据 $\Delta w = -\eta \frac{\partial E}{\partial w}$,其中 η 是学习率($\eta \in (0,1]$),也称为学习步长。在实际应用中,很难确定一个从始至终都合适的最佳学习率。因此很多专家学者提出了多种自适应调节学习率的方法,其目的都是使其在整个训练过程中得到合理的调节。较为典型的自适应调节学习率方法的基本思想是:当一个学习率能够使网络稳定学习,使其误差持续下降时,则增大学习率,使其以更大的学习率进行学习;一旦学习率调得过大,不能保证误差继续减少,则减小学习率直到使学习过程稳定。

MATLAB 中提供神经网络训练函数 taingda,即采用自适应调整学习率的梯度下降反向传播算法。

2. 改进激活函数

标准 BP 网络的激活函数通常采用的是 Sigmoid 函数,无可变参数,函数模型相对固定,因此其陡度、位置与映射范围是固定不变的。Sigmoid 函数的特点往往导致网络训练陷入局部极小点,并且收敛速度慢,其泛化能力不强。因此,许多学者对此提出了一些好的改进方法:一是修改激活函数,使其能同时对激活函数的陡度、位置及映射范围进行调节,具有更强的非线性映射能力;二是采用新的激活函数,使得新的函数及其导数不存在饱和区,具有很强的权值调节作用。

3. 改进优化算法

标准 BP 算法基于梯度下降法来调整权值,训练容易陷入局部极小且收敛速度缓慢。改进的优化算法主要有以下几种:动量法、牛顿法、拟牛顿法、Levenberg-Marquard 算法和变梯度算法等。

1) 动量法

动量法是在标准 BP 算法的权值更新阶段引入动量因子 $\alpha(0<\alpha<1)$,使权值修正值有一定的惯性:

$$\Delta w(t) = -\eta(1-\alpha)\nabla e(t) + \alpha\Delta w(t-1) \tag{3-42}$$

与标准 BP 算法相比,更新权值的时候,式(3-42)多了一个因式 $\alpha\Delta w(t-1)$。$\alpha\Delta w(t-1)$ 表示本次权值的更新方向和幅度不但与本次计算所得的梯度有关,还与上一次更新的方向和幅度有关。这个因式的加入,使权值更新有了一定的惯性,并且具有一定的抗振荡能力和加速收敛能力。按照权值更新公式,可得以下结论。

(1) 如果前后两次梯度方向相同,则按照标准 BP 算法,两次权值的更新方向相同,则根据式(3-42)得到的权值较大,可以加速收敛过程。

(2) 如果前后两次梯度方向相反,说明两个位置间可能存在一个极小值,此时应该减小权值修改量,防止产生振荡。标准 BP 算法采用固定学习率,无法根据实际情况适时调整学习率,而在动量 BP 算法中,权值调整量会由于两次梯度方向相反得到一个较小的调整步长,更容易找到极小值,而不会陷入振荡。

MATLAB 中提供神经网络训练函数 traingdm,即为采用附加动量因子的梯度下降反向传播算法训练函数。另外,还提供 traingdx 函数,即自适应调整学习率并附加动量因子的梯度下降反向传播算法训练函数。

2) 牛顿法

牛顿法是一种基于泰勒级数展开的快速优化算法,表达式为

$$w(t) = w(t-1) - \boldsymbol{H}^{-1}(t-1)g(t-1) \tag{3-43}$$

式中,$\boldsymbol{H}$ 为误差性能函数的 Hessian 矩阵,其中包含误差函数的导数信息。例如,对于一个二元可微函数 $f(x,y)$,其 Hessian 矩阵为

$$\boldsymbol{H} = \begin{bmatrix} \dfrac{\partial^2 f}{\partial x^2} & \dfrac{\partial^2 f}{\partial y \partial x} \\ \dfrac{\partial^2 f}{\partial y \partial x} & \dfrac{\partial^2 f}{\partial y^2} \end{bmatrix} \tag{3-44}$$

牛顿法最大的特点就在于它的收敛速度很快。从本质上看，牛顿法是二阶收敛，梯度下降是一阶收敛，所以牛顿法速度更快。通俗地说，比如想找一条最短的路径走到一个盆地的最底部，梯度下降法每次只从当前所处位置选一个坡度最大的方向走一步，牛顿法在选择方向时，不仅会考虑坡度是否够大，还会考虑你走了一步之后，坡度是否会变得更大。所以说牛顿法比梯度下降法看得更远，能更快地走到最底部。但是牛顿法是一种迭代算法，每一步都需要求解目标函数的 Hessian 矩阵的逆矩阵，因此计算比较复杂。

3）拟牛顿法

拟牛顿法本质思想是改善牛顿法每次需要求解复杂的 Hessian 矩阵的逆矩阵的缺陷，它使用正定矩阵来近似 Hessian 矩阵的逆，从而简化了运算的复杂度。拟牛顿法和梯度下降法一样只要求每一步迭代时知道目标函数的梯度。通过测量梯度的变化，构造一个目标函数的模型使之足以产生超线性收敛性。这类方法大大优于梯度下降法，尤其对于困难的问题。另外，因为拟牛顿法不需要二阶导数的信息，所以有时比牛顿法更为有效。

MATLAB 中提供的神经网络训练函数 trainbfg 就是采用 BFGS 算法（拟牛顿反向传播算法）的训练函数。

4）Levenberg-Marquard 算法

Levenberg-Marquard 算法简称 L-M 算法，它与拟牛顿法类似，也是为了在修正学习率时避免计算 Hessian 矩阵而设计的。L-M 算法的基本思想是先沿着负梯度方向进行搜索，然后根据牛顿法在最优值附近产生一个新的理想的搜索方向，在局部搜索能力上强于梯度下降法。L-M 算法具有二阶收敛速度，迭代次数很少，可以大幅度提高收敛速度和算法的稳定性，避免陷入局部最小点。

MATLAB 提供的神经网络训练函数 trainlm 采用的就是 L-M 算法，对于中等规模的 BP 神经网络有最快的收敛速度，是系统默认的算法。由于其避免了直接计算 Hessian 矩阵，因而能有效减少训练中的计算量，但需要较大内存。

BP 神经网络的隐含层一般采用 Sigmoid 激活函数。该函数在输入变量取值很大时，其斜率趋于 0，会进入一个"饱和区"，这样会导致出现网络训练还不充分，但是梯度幅度非常小、收敛变慢、训练时间变得很长的情况。弹性反向传播（Resilient Back Propagation, RPROP）算法的目的就是消除梯度幅度的不利影响，在权值修正时，仅用到偏导的符号，而其幅值却不影响权值的修正，即权值大小的改变取决于与幅值无关的修正值。

MATLAB 提供的神经网络训练函数 trainrp 采用的就是 RPROP（弹性 BP 算法）反向传播算法。

标准 BP 算法都是沿着提速最陡下降方向修正权值的，虽然误差减小的速度是最快的，但收敛的速度不一定是最快的。而在变梯度算法（Conjugate Gradient Back Propagation, CGBP）中是沿着变化的方向进行搜索的，其收敛速度比梯度最陡下降方向的收敛速度更快。所有 CGBP 算法的第一次迭代都是沿着梯度最陡下降方向开始进行搜索的，之后，决定最佳距离的线性搜索是沿着当前搜索方向进行的，而当前时刻的搜索方向是由当前时刻的梯度和前一时刻的搜索方向共同决定的。

MATLAB 提供多种变梯度的神经网络训练函数，如下所示。

traincgf——Fletcher-Reeves 修正反向传播算法训练函数。

traincgb——Powell-Beale 共轭梯度反向传播算法训练函数。

traincgp——Polak-Ribiere 变梯度反向传播算法训练函数。

trainscg——SCG(Scaled Conjugate Gradient)反向传播算法训练函数。

此外，一些学者把 BP 神经网络与遗传算法、进化计算、人工免疫算法、蚁群算法、模拟退火算法等新的智能算法相结合，提出一些混合智能算法，设计出了性能较好的 BP 神经网络。同时还有将 BP 算法与模糊数学、小波理论、混沌理论等结合，提出了模糊神经网络、小波神经网络、混沌神经网络等。这些改进使得神经网络得到了更进一步的应用。

4. 优化网络结构

神经网络的结构直接影响训练的速度、收敛性及网络的泛化能力，网络结构优化的关键在于隐含层的层数与隐节点数。网络输入层与输出层节点数一般根据实际求解问题的性质和要求确定，不过隐节点数应当怎样选择更合理，目前尚无统一理论，解决实际问题时更多的是采用经验和实验试探相结合的方法。对于隐含层层数的选择，要从网络精度和训练时间上综合考虑。理论证明，只有当学习不连续函数时，BP 神经网络才需要两个隐含层，除此之外具有单隐含层的 BP 神经网络可以实现任意的连续函数的映射。故而对于较简单的映射关系，在网络精度达到要求的情况下，可选择较少的隐含层层数来对于较复杂的映射关系，可通过加隐含层层数来保证映射关系的正确实现。

目前，优化网络采用较多的是网络的构造方法和剪枝方法。构造方法也称增长方法，是自底向上的设计方法，它在开始时设计一个小规模网络，然后根据网络性能要求逐步增加隐节点或隐含层，直至满足性能要求。最著名的神经网络构造方法为级连相关算法和资源分配网络方法。剪枝方法采用自顶向下的设计，它先构造一个足够大的网络，然后通过在训练时删除或合并某些节点或权值，以达到精简网络结构、改进泛化的目的。最常用的剪枝方法有权衰减法和灵敏度计算法。

3.4 BP 神经网络设计基础

尽管神经网络的研究与应用已经取得了巨大成功，但是在网络的开发设计方面至今还没有一套完善的理论作为指导。实际应用中采用的主要设计方法是，在充分了解待解决问题的基础上，经过多次探索实验，最终选出一个较好的设计方案。这里围绕 BP 神经网络实际应用中训练样本集准备、网络初始权值设计、网络结构设计、网络训练与测试等方面介绍常用的基本方法和实用技术。

3.4.1 训练样本集准备

训练数据的准备工作是网络设计与训练的基础，数据选择的科学合理性以及数据表示的合理性对于网络设计具有极为重要的影响。数据准备包括原始数据的收集、数据分析、变量选择和数据预处理等诸多步骤，下面分别进行相关知识介绍。

1. 训练样本数的确定及样本选择

(1) 训练样本数的确定。一般来说训练样本数越多，训练结果越能正确反映其内在规律，但样本的收集整理往往受到客观条件的限制。此外，当样本数量多到一定程度时，网络的精度也很难再提高了。实践表明，网络训练所需的样本数取决于输入—输出非线性映射关系的复杂度，映射关系越复杂，样本中含的噪声越大，为保证映射精度所需的样本数就越多，而网络规模也就越大。因此，可以参考这样一个经验规则：训练样本数是网络连接权总数的 5~10 倍。

（2）样本的选择。网络训练中提取的规律蕴含在样本中，因此样本一定要有代表性。样本的选择要注意样本类别的均衡，尽量使得每个类别的数量大致相等。即使是同一类样本也要照顾到样本的多样性和均匀性。按照这种"平均主义"原则选择的样本能使网络在训练时见多识广，而且可以避免网络对样本数量多的类别"印象深"，而对样本数量少的类别"印象浅"。同类样本太集中会使网络训练时倾向于只建立与其匹配的映射关系，而当另一类样本集中输入时，权重的调整又转向新的映射关系而将前面的训练结果否定。当各类样本轮流集中输入时，网络的训练会出现振荡使训练时间延长。

2. 输入/输出变量的选择

一个待建模系统的输入/输出就是神经网络的输入/输出变量。这些变量可能是事先确定的，也可能不够明确，需要进行一番筛选。一般来讲，输出量代表系统要实现的功能目标，其选择确定相对容易一些，例如系统的性能指标、分类问题的类别归属或非线性函数的函数值等都是输出量。输入量必须选择那些对输出影响大且能够检测或提取的变量，此外还要求各输入变量之间互不相关或相关性很小，这是输入量选择的两条基本原则。如果对某个变量是否适合作网络输入没有把握，可分别训练含有和不含有该输入量的两个网络，对其效果进行对比。

从输入/输出变量的性质来看，它们可分为两类：一类是数值变量，另一类是语言变量。数值变量的值是数值确定的连续量或离散量，这是大家早已熟知的。语言变量是用自然语言表示的概念，其"语言值"是用自然语言表示的事物的各种属性。例如，颜色、性别、规模等都是语言变量，其语言值可分别取为红、绿、蓝，男、女，大、中、小等。当选用语言变量作为网络的输入或输出变量时，需将其语言值转换为离散的数值变量。

需要注意的是，有研究表明网络的权值和阈值总数 n_w、训练样本数 P 与给定的训练误差 ε 之间满足以下匹配关系：

$$P \approx \frac{n_w}{\varepsilon} \tag{3-45}$$

从式(3-45)可以看出，当实际问题不能提供较多的训练样本时，为了确保误差不增大，必须设法降低 n_w，而降低输入样本维数可以降低 n_w。因此当输入变量维数过多时，通常会选取输入变量特征替代样本原始输入，以降低输入样本维度。

3. 输入变量的提取与表示

很多情况下，神经网络的输入变量无法直接获得，常常需要用信号处理与特征提取技术从原始数据中提取能反映其特征的若干特征参数作为网络的输入。提取的方法与待解决的问题密切相关，常见的典型情况有文字符号输入、曲线输入、函数自变量输入和图像输入。字符输入常常根据要识别的字符的特征进行编码之后再作为网络输入；曲线输入通常进行离散化采样，在满足香农采样定理的前提下等间隔采样，也可以根据小波变换或短时傅里叶变换的思想在曲线变化大的地方细分间隔，在曲线平坦的地方放宽间隔；函数自变量输入直接采用待拟合的曲线的自变量作为网络输入；图像输入则很少直接采用像素点的灰度值作为网络输入，通常先根据识别的具体目的从图像中提取一些有用的特征参数，再根据这些参数对输入的贡献进行筛选，而这些特征提取属于图像处理的范畴。

4. 输出变量的表示

所谓输出变量实际上是指为网络训练提供的期望输出,一个网络可以有多个输出变量,其表示方法通常比输入变量容易得多,而且对网络的精度和训练时间影响也不大。输出变量可以是数值变量,也可以是语言变量。对于数值类的输出变量,可直接用数值变量来表示,但由于网络实际输出只能是区间[0,1]或[−1,1]上的数,所以需要将期望输出进行尺度变换处理,有关的方法在样本的预处理中介绍。下面介绍几种语言变量的表示方法。

(1) "n 中取 1" 表示法。类问题的输出变量多用语言变量类型,如质量可分为优、良、中、差 4 个类别。"n 中取 1" 是令输出向量的分量数等于类别数,输入样本被判为哪一类,对应的输出分量取 1,其余 $n-1$ 个分量全取 0。例如,可用 0001、0010、0100 和 1000 分别表示优、良、中、差 4 个类别。这种方法的优点是比较直观,当分类的类别数不是太多时经常采用此类方法。

(2) "$n-1$" 表示法。上述方法中没有用到编码全为 0 的情况,如果用 $n-1$ 个全为 0 的输出向量表示某个类别,则可以节省一个输出节点。如上面提到的 4 个类别也可以用 000、001、010 和 100 表示。特别是当输出只有两种可能时,只用一个二进制数便可以表达清楚,如用 0 和 1 分别代表性别的男和女,结果的合格与不合格,性能的好与差等。

(3) 数值表示法。二值分类适于表示两类对立的分类,对于有些渐进式的分类,可以将语言值转换为二值之间的数值表示。例如,质量的差与好可以用 0 和 1 表示,而较差和较好这样的渐进类别可用 0 和 1 之间的数值表示,如用 0.25 表示较差,0.5 表示中等,0.75 表示较好等。数值的选择要注意保持由小到大的渐进关系,并要根据实际意义拉开距离。

5. 输入/输出数据的预处理

尺度变换也称归一化或标准化,是指通过变换处理将网络的输入、输出数据限制在 [0,1] 或 [−1,1] 区间上。进行尺度变换的主要原因如下。

(1) 网络的各个输入数据常常具有不同的物理意义和不同的量纲,如某输入分量在 $[0,1×10^5]$ 区间上变化,而另一输入分量则在 $[0,1,10^{-5}]$ 区间上变化。尺度变换使所有分量都在 [0,1] 或 [−1,1] 区间上变化,从而使网络训练一开始就给各输入分量以同等重要的地位。

(2) BP 神经网络的神经元均采用 Sigmoid 类转移函数,变换后可防止因净输入的绝对值过大而使神经元输出饱和,继而使权值调整进入误差曲面的平坦区。

(3) Sigmoid 转移函数的输出在 [0,1] 或 [−1,1] 区间,作为教师信号的输出数据如不进行变换处理,势必使数值大的输出分量绝对误差大,数值小的输出分量绝对误差小,网络训练时只针对输出的总误差调整权值,其结果是在总误差中占份额小的输出分量相对误差较大,对输出量进行尺度变换后这个问题可迎刃而解。此外,当输入或输出向量的各分量量纲不同时,应对不同的分量在其取值范围内分别进行变换;当各分量物理意义相同且为同一量纲时,应在整个数据范围内确定最大值 x_{max} 和最小值 x_{min},进行统一的变换处理。

将输入/输出数据变换为 [0,1] 区间的值常用以下变换式:

$$\bar{x}_i = \frac{x_i - x_{min}}{x_{max} - x_{min}} \tag{3-46}$$

式中,x_i 代表输入或输出数据;x_{min} 代表数据的最小值;x_{max} 代表数据的最大值。

将输入/输出数据变换为 [−1,1] 区间的值常用以下变换式:

$$x_{\text{mid}} = \frac{x_{\max} + x_{\min}}{2} \tag{3-47}$$

$$\bar{x}_i = \frac{x_i - x_{\text{mid}}}{\frac{1}{2}(x_{\max} - x_{\min})} \tag{3-48}$$

式中，x_{mid} 代表数据变化范围的中间值，按上述方法变换后，处于中间值的原始数据转化为零，而最大值和最小值分别转换为 1 和 -1。当输入或输出向量的某个分量取值过于密集时，对其进行以上预处理可将数据点拉开距离。

尺度变换是一种线性变换，当样本的分布不合理时，线性变换只能统一样本数据的变化范围，而不能改变其分布规律。适于网络训练的样本分布应比较均匀，相应的样本分布曲线应比较平坦。当样本分布不理想时，最常用的变换是对数变换，其他常用的还有平方根、立方根等。由于变换是非线性的，其结果不仅压缩了数据变化的范围，而且改善了其分布规律。

3.4.2　初始权值设计

网络权值的初始化决定了网络的训练从误差曲面的哪一点开始，因此初始化方法对缩短网络的训练时间至关重要。神经元的转移函数都是关于零点对称的，如果每个节点的净输入均在零点附近，则其输出均处在转移函数的中点。这个位置不仅远离转移函数的两个饱和区，而且是其变化最灵敏的区域，必然使网络的学习速度较快。从净输入的表达式可以看出，为了使各节点的初始净输入在零点附近，可以采用两种办法：一种办法是使初始权值足够小；另一种办法是使初始值为 +1 和 -1 的权值数相等。应用中对隐含层权值可采用第一种办法，而对输出层可采用第二种办法。因为从隐含层权值调整公式来看，如果输出层权值太小，会使隐含层权值在训练初期的调整量变小，因此采用了第二种权值与净输入兼顾的办法。按以上方法设置的初始权值可保证每个神经元一开始都工作在其转移函数变化最大的位置。

MATLAB 中采用 init 函数初始化神经网络。

3.4.3　网络结构设计

应用神经网络解决实际问题时，首先需要根据实际问题，确定输入/输出向量空间(3.4.1 节中有详细介绍)，则网络输入层和输出层节点数便已基本确定。因此，多层前馈网络的结构设计主要是解决设几个隐含层和每个隐含层设几个隐节点的问题。隐含层数和节点数对神经网络性能有重要的影响，但是对于这类问题，目前尚不存在通用性的理论指导。下面简要介绍前人在神经网络应用实践中关于网络结构方面的经验和积累，以供读者借鉴。

1) 隐含层数的设计

理论分析证明，具有单隐含层的前馈网可以映射所有连续函数，只有当学习不连续函数（如锯齿波等）时，才需要两个隐含层，所以多层前馈网最多只需两个隐含层。在设计多层前馈网时，一般先考虑设一个隐含层，当一个隐含层的隐节点数虽然很多却不能改善网络性能时，才考虑增加一个隐含层。经验表明，采用两个隐含层时，在第一个隐含层设置较多的隐节点而在第二个隐含层设置较少的隐节点，有利于改善多层前馈网的性能。

2) 隐节点数的设计

隐节点的作用是从样本中提取并存储其内在规律，每个隐节点都有若干权值，而每个权值都是增强网络映射能力的一个参数。隐节点数量过少,则网络从样本中获取的信息能力就差,不足以概括和体现训练集中的样本规律;隐节点数量过多,有可能把样本中非规律性的内容如噪声等也学会记牢,从而出现所谓"过度吻合"问题,反而降低了泛化能力,此外隐节点数量太多还会增加训练时间。目前尚没有一个理想的方法来确定合理的隐节点数。

设置多少个隐节点取决于训练样本数的多少、样本噪声的大小以及样本中蕴涵规律的复杂程度。一般来说,波动次数多、幅度变化大的复杂非线性函数要求网络具有较多的隐节点来增强其映射能力。

确定最佳隐节点数的一个常用方法是试凑法,首先设置较少的隐节点训练网络,然后逐渐增加隐节点数,用同一样本集进行训练,从中确定网络误差最小时对应的隐节点数。在用试凑法时,可以利用一些确定隐节点数的经验公式。这些公式计算出来的隐节点数只是一种粗略的估计值,可作为试凑法的初始值。下面介绍几个公式:

$$m = \sqrt{n+l} + \alpha \tag{3-49}$$

$$m = \log_2 n \tag{3-50}$$

$$m = \sqrt{nl} \tag{3-51}$$

以上各式中,m 为隐含层节点数;n 为输入层节点数;l 为输出节点数;α 为[1,10]区间的常数。

3) 激活函数的选择

一般隐含层使用 Sigmoid 函数,而输出层使用线性函数。如果输出层也采用 Sigmoid 函数,则输出值将会被限制在(0,1)或是(-1,1)区间内。

3.4.4 网络训练与测试

网络设计完成后,需要通过训练来建立符合实际问题需求的神经网络模型。训练时需要注意如下问题。

(1) 训练样本输入。训练时对所有样本正向运行一轮并反向修改权值一次称为一次训练。在训练过程中要反复使用样本集数据,但每一轮最好不要按固定的顺序取数据。通常训练一个网络需要成千上万次。

MATLAB 神经网络工具箱提供了如下样本输入方式进行网络训练。

- trainb——以权值/阈值的学习规则采用批处理的方式进行训练的函数。
- trainc——以学习函数依次对输入样本进行训练的函数。
- trainr——以学习函数随机对输入样本进行训练的函数。

(2) 训练方法选择。BP 神经网络除了标准的梯度下降法,还有若干改进算法。训练算法的选择与问题本身、训练样本个数有关系,需要根据实际问题选择合适的训练算法。MATLAB 提供了丰富的训练函数进行网络训练。

(3) 网络性能评价。网络的性能好坏主要看其是否具有很好的泛化能力,而对泛化能力的测试不能用训练集的数据进行,而要用训练集以外的测试数据来进行检验。一般的做法是,将收集到的可用样本随机地分为两部分,一部分作为训练集,另一部分作为测试集。如果网络对训练集样本的误差很小,而对测试集样本的误差很大,说明网络已被训练得过度吻合,因此泛化能力很差。MATLAB 中提供了 mse 函数和 msereg 函数用来评价 BP 神经网络的性能。

3.5 基于 MATLAB 的 BP 神经网络应用案例

BP 神经网络结构简单、可塑性强,且它的数学意义明确,学习算法步骤分明,因此其具有广泛的应用背景,在分类、函数逼近等方面具有较好的优势,适用于解决复杂的非线性问题。

3.5.1 基于 MATLAB 的 BP 神经网络案例——数据拟合

1. 应用案例分析

在工程应用中经常会遇到一些复杂的非线性系统,这些系统状态方程复杂,难以用数学方法准确建模。在这种情况下,可以将未知系统看成一个黑箱,利用 BP 神经网络来表示这些系统,然后用输入/输出数据来训练 BP 神经网络,使训练后的网络能够表示这类非线性系统。对于输入的未知样本,可以用训练好的神经网络来预测系统的输出。

2. 数据集准备

这里采用 MATLAB 神经网络工具箱自带的数据集 simplefit_dataset 进行数据拟合实验。在 COMMAND 窗口输入如下命令,即可载入数据集。

```
load simplefit_dataset;
```

在 WORKSPACE 窗口可观察到,该数据集包含两个变量:simplefitInputs 和 simplefitTargets,均为 1×94 的向量,即有 94 个样本,每个样本为一维。在 COMMAND 窗口输入如下命令,即可得到如图 3.22 所示的训练样本数据分布图。从图 3.22 中直观可得,输入/输出数据之间是复杂的非线性关系,因此表征该输入/输出的系统是非线性系统。

```
plot(simplefitInputs,simplefitTargets,'+');
xlabel('simplefitInputs');
ylabel('simplefitTargets');
```

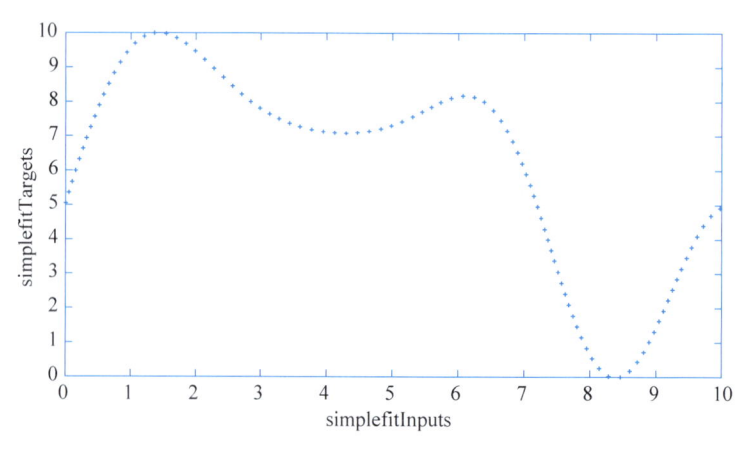

图 3.22 训练样本数据分布图

3. 网络结构设计

神经网络结构设计包括网络层数、激活函数及各层节点数等内容。网络层数与网络的非线性映射能力相关,针对复杂程度较低的映射关系通常采用三层 BP 神经网络。激活函数决定了各层之间的参数计算方式。各层节点中,输入/输出层节点需依据样本集的输入/输出特征决定,而隐含层节点数则需逐步调整至最佳,进而使网络拥有较好的映射效果。

本案例采用三层 BP 神经网络。根据案例中系统输入/输出变量,可设 BP 神经网络输入层有 1 个节点,输出层有 1 个节点,隐含层节点根据 3.4.3 节中的经验公式设为[1,10]区间上的任意数,可用试凑法来确定最终选择几个节点,这里暂设为 8。

隐含层激活函数采用 tansig 函数,输出层激活函数采用 purelin 函数。

4. 网络实现与分析

MATLAB 中提供神经网络的 GUI 实现方式,也提供代码实现方式。对于只需应用 BP 神经网络工具箱解决问题的读者采取 GUI 方式实现更为便捷,对于需要个性化定制神经网络实现步骤的读者建议采用编写代码的方式来实现。

在 MATLAB 命令窗口中输入 nnstart 即可启动神经网络 GUI 界面,如图 3.23 所示。

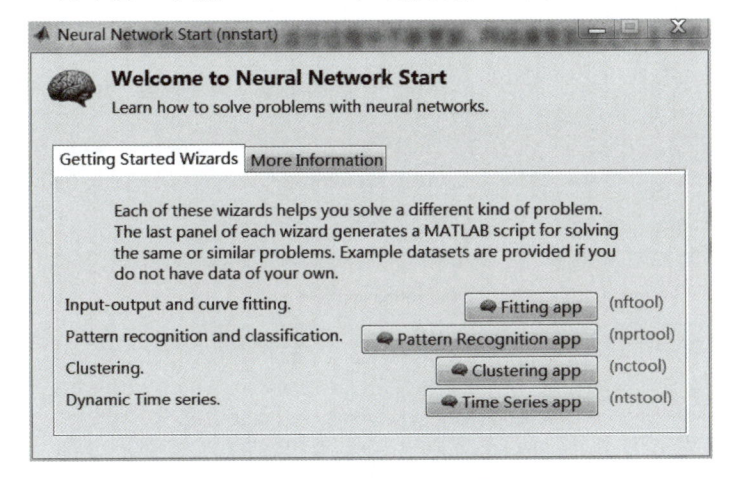

图 3.23 神经网络 GUI 界面

神经网络工具箱中共包括 4 类 App,每类 App 对应解决一种不同类型的问题:拟合、模式识别、聚类、动态时间序列。单击 Fitting app,即可进入应用 BP 神经网络进行函数拟合的向导页面,操作流程如图 3.24 所示。

以本案例为例,首先载入数据集,因为本案例中采用的就是 MATLAB 自带的数据集,所以直接选择图 3.24(b)中的 Load Example Data Set 载入数据即可,若选择指定的数据集,直接在图 3.24(b)中的 Get Data from Workspace 中操作即可。

数据集导入后可以在图 3.24(c)中进行数据集划分,默认训练集、验证集和测试集的比例为 70%、15%、15%,也可以按照自己的需求修改。

图 3.24(d)为设定隐含层节点数,并显示当前网络结构。

图 3.24(e)为选择网络训练函数,单击 Train 按钮,会弹出如图 3.25 所示的网络训练界面。

在图 3.24(f)中可以选择重新训练神经网络,或者采用新的测试样本集对网络进行测试。

图 3.24(g)、(h)则是将训练好的神经网络进行部署和结果保存。

(a) Fitting app 介绍

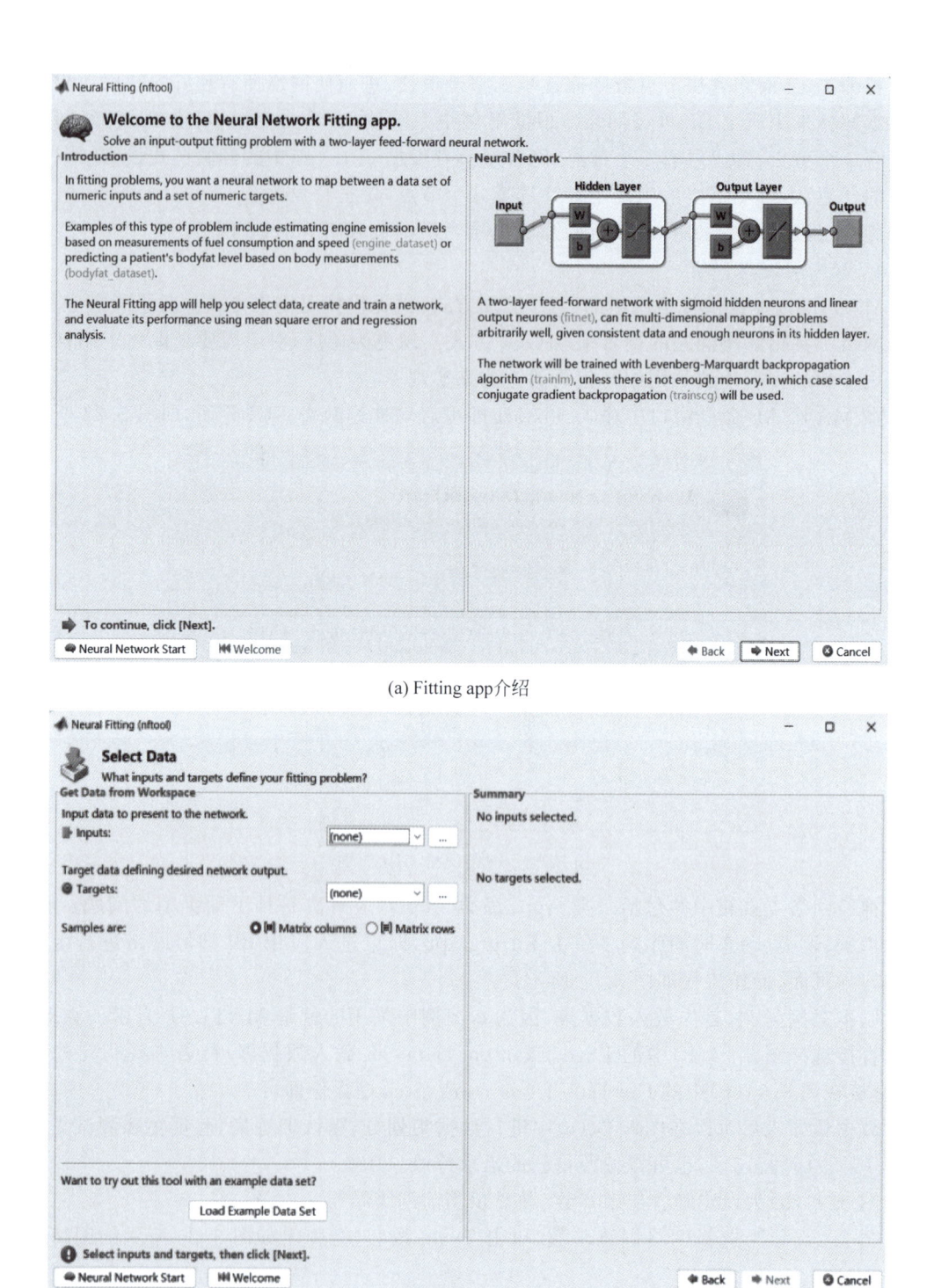

(b) 数据集导入

图 3.24　Fitting app 操作流程

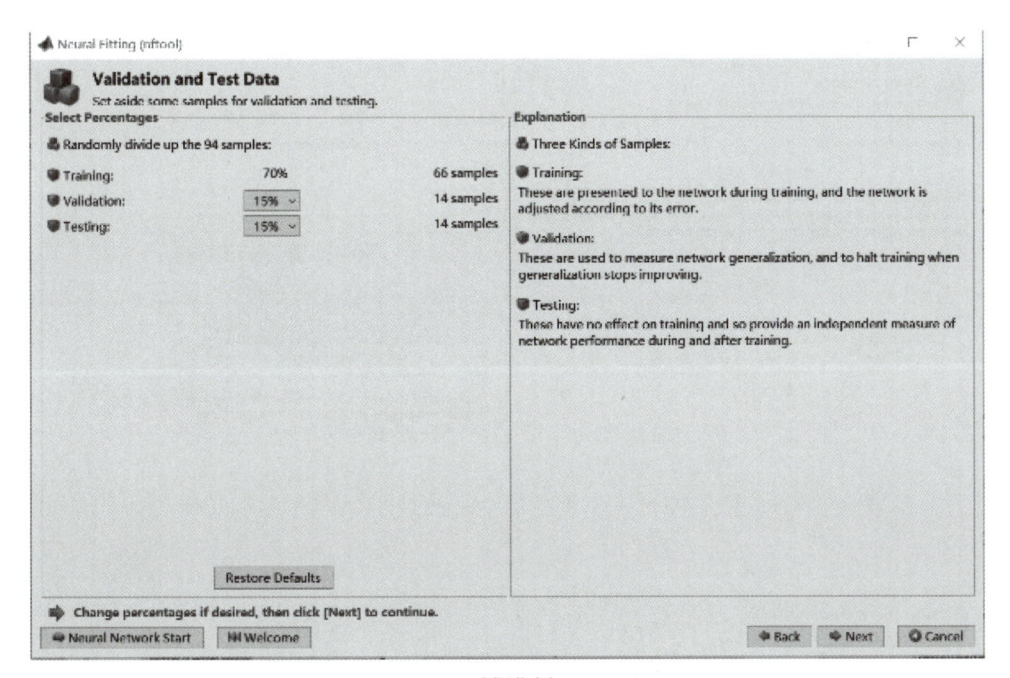

(c) 数据集划分

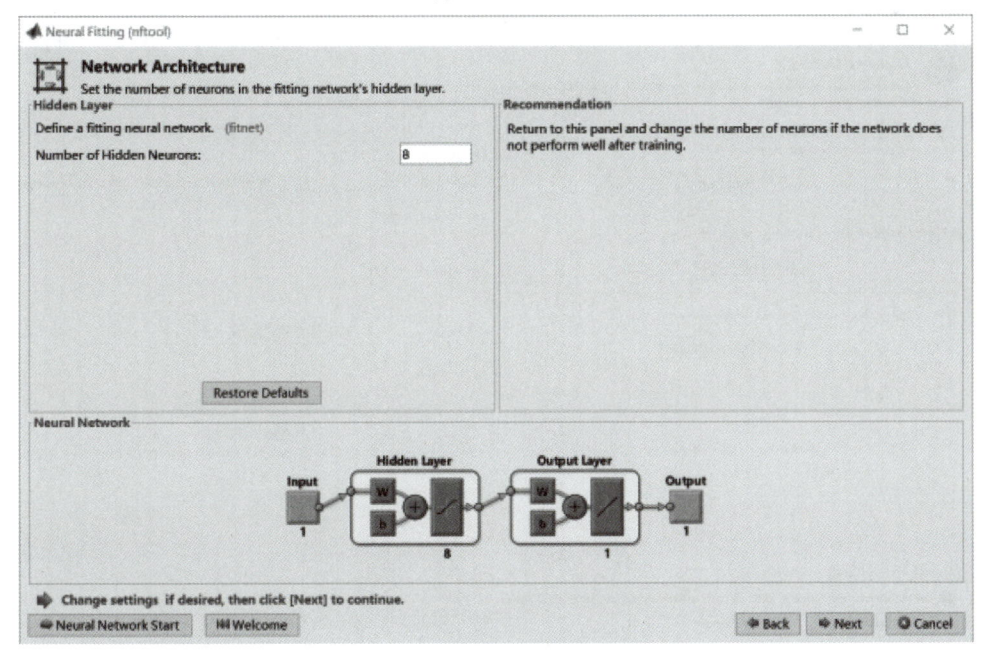

(d) 网络结构设计

图 3.24 （续）

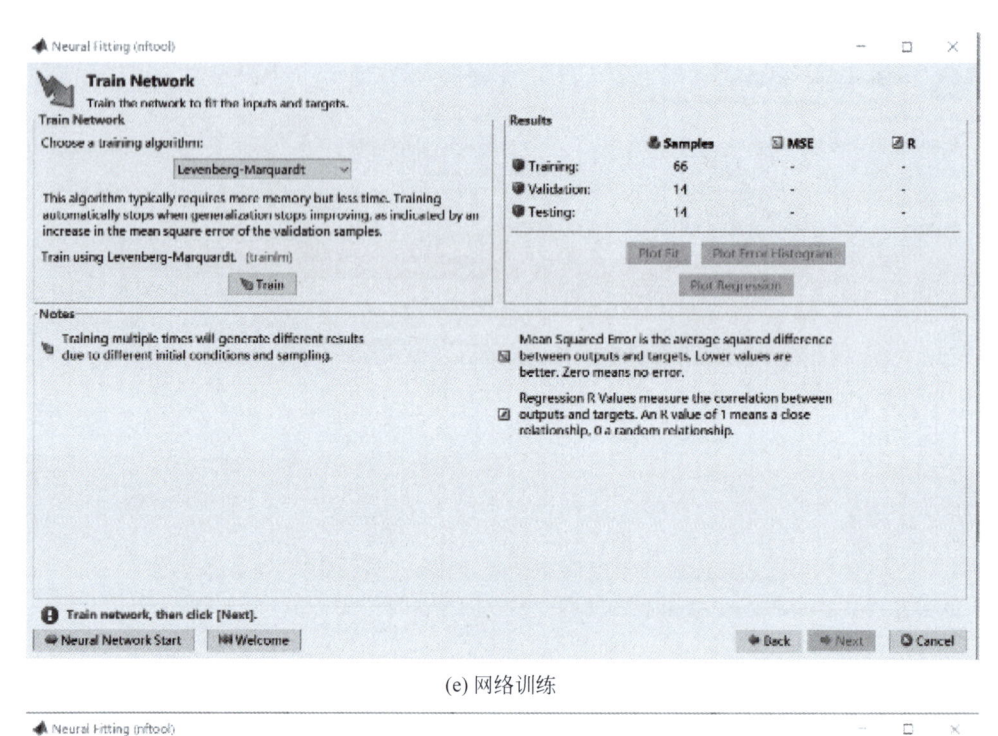

(e) 网络训练

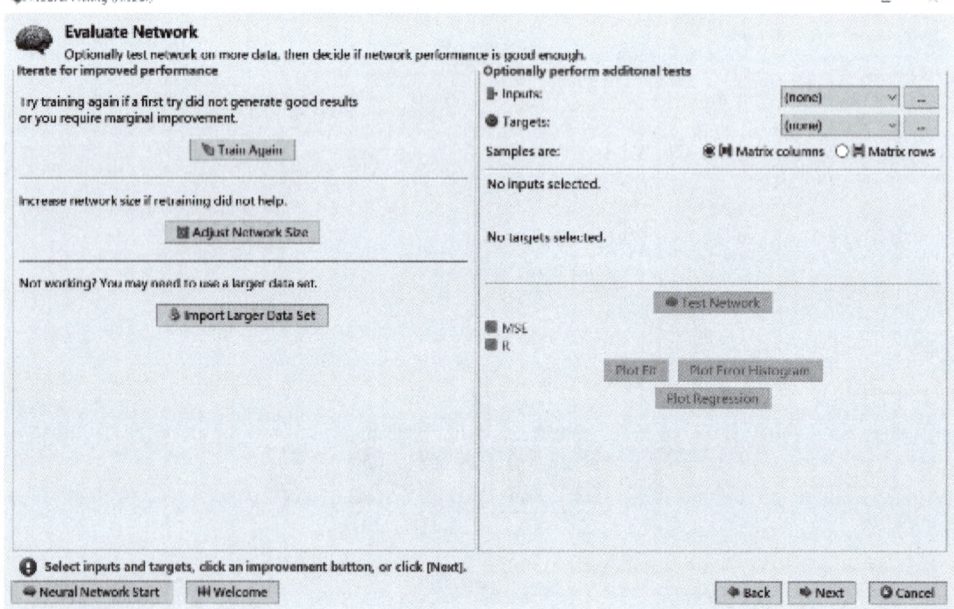

(f) 网络测试评价

图 3.24 （续）

(g) 网络部署

(h) 结果保存

图 3.24 （续）

5. 测试结果及分析

在图 3.25 中除了给出网络训练的相关参数以外，还会在 Progress 中动态显示网络训练过程中各参数的变化，如 Performance、Training State、Error Histogram、Regression、Fit，训练结果如图 3.26 所示。

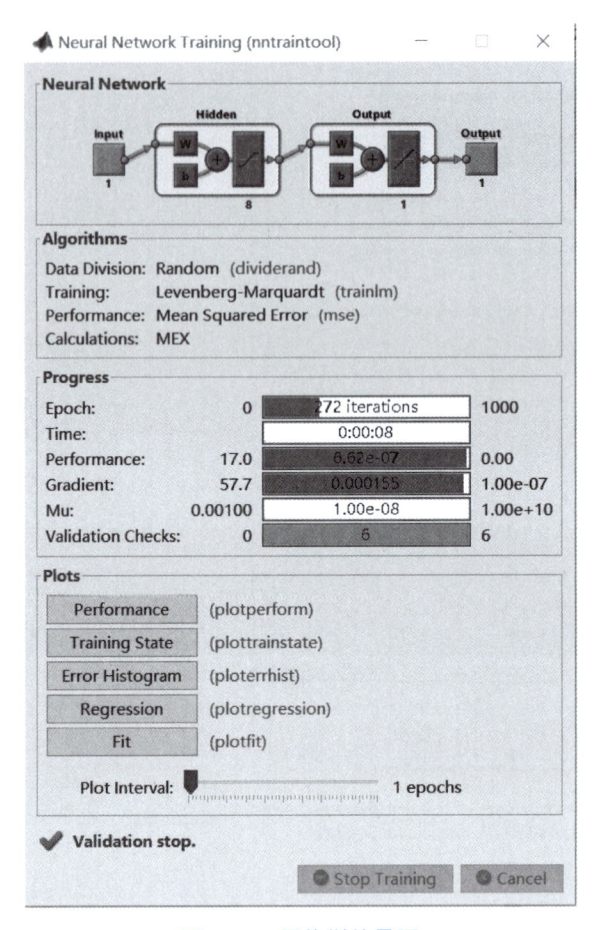

图 3.25　网络训练界面

(a) Performace

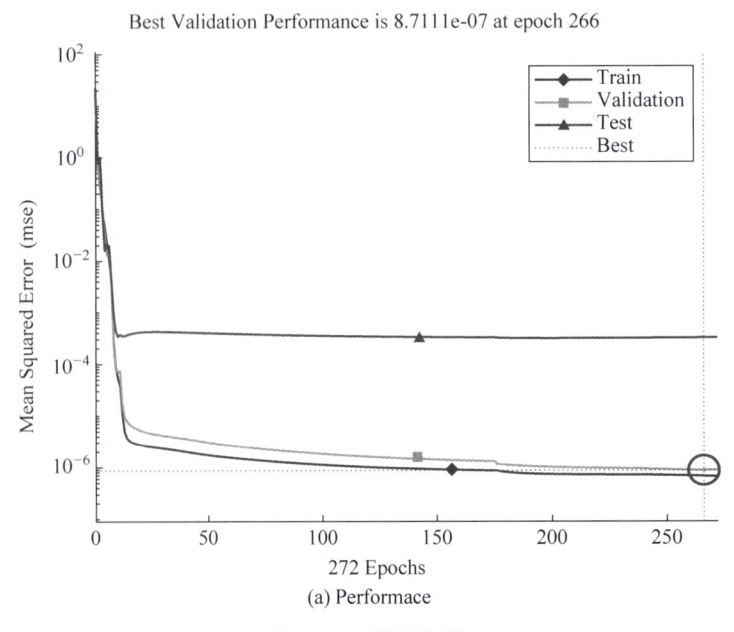

图 3.26　训练结果

图 3.26 （续）

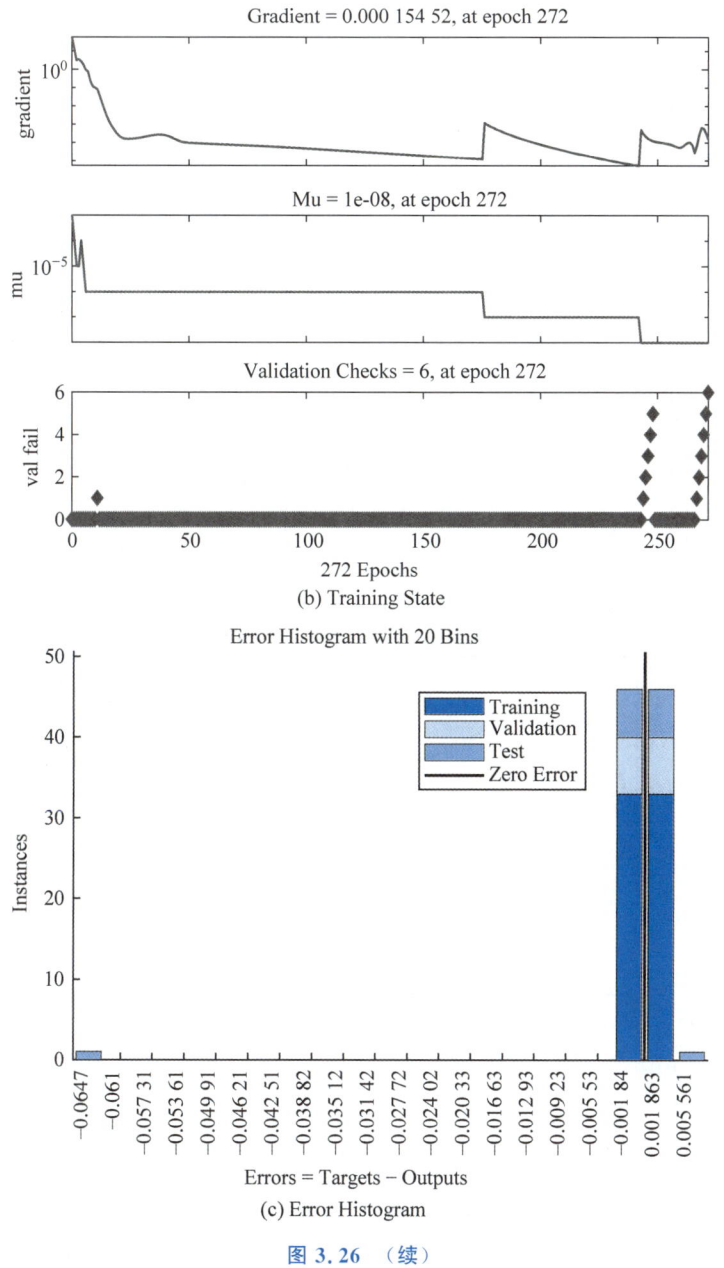

(d) Regression

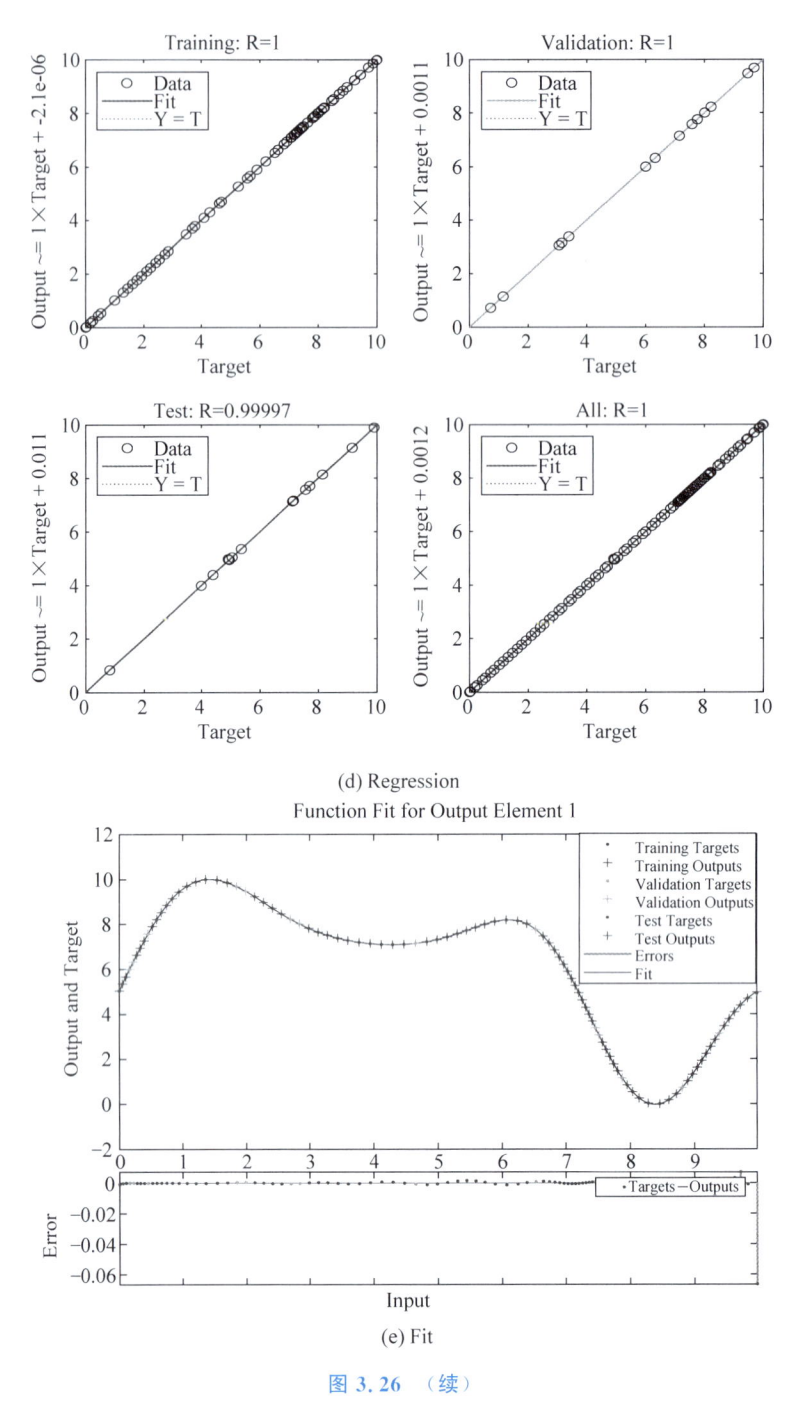

(e) Fit

图 3.26 （续）

根据图 3.26(a)Performance 可知,网络在训练步数为 266 时达到训练停止条件；图 3.26(b)Training State 显示了训练过程中梯度的变化情况；图 3.26(c)Error Histogram 是训练集、校验集和测试集误差分布频次图；图 3.26(d)Regression 中是训练集、校验集和测试集以及所有数据集的真值和预测值的相关系数图,其中,测试集的相关系数达到 0.999 97,表明当前神经网络预测性能优秀；图 3.26(e)Fit 主要展示的是所有样本的误差图以及训练集、校验集和测试集的真值和预测值分布。

若需要预测新的数据集,可以在图 3.24(f)中导入进行网络预测输出及评价。

可以直接通过图 3.24(g)生成如下简单脚本,然后就可以按照实际需求修改它们以自定义网络训练。

```
load simplefit_dataset;                          % 载入数据集
[x,t] = simplefit_dataset;
trainFcn = 'trainlm';                            % 设定训练参数,trainlm 默认
hiddenLayerSize = 8;                             % 设定隐含层节点数
net = fitnet(hiddenLayerSize,trainFcn);          % 构建拟合前馈网络
net.divideParam.trainRatio = 70/100;             % 数据集划分
net.divideParam.valRatio = 15/100;
net.divideParam.testRatio = 15/100;
[net,tr] = train(net,x,t);                       % 网络训练,弹出网络训练动态界面
y = net(x);                                      % 测试网络输出
performance = perform(net,t,y);                  % 网络性能计算
```

3.5.2 基于 MATLAB 的 BP 神经网络案例——鸢尾花分类

1. 应用案例分析

植物的识别与分类能够帮助人类更好地认识、利用植物。同一种类、不同品种的植物外形具有不同的特征。以鸢尾花为例,全球有 300 多个品种,我国就有 60 多种,不同品种的鸢尾花的花萼长度、花萼宽度、花瓣长度、花瓣宽度存在系统性差异。

本案例重点研究采用 BP 神经网络构建鸢尾花 4 个外观属性和其种类之间的映射关系,探索 BP 神经网络准确判别植物品种的可行性。

2. 数据集准备

本案例数据集是 MATLAB 自带的鸢尾花数据集。该数据集记录山鸢尾、杂色鸢尾、维吉尼亚鸢尾 3 个品种,每个品种 50 个样本,共计 150 个样本的 4 个外观属性,分别为花萼长度、花萼宽度、花瓣长度、花瓣宽度。

3. 网络结构设计

本案例采用三层 BP 神经网络结构。

以鸢尾花的 4 个外观属性作为 BP 神经网络的输入,则输入节点确定为 4。对鸢尾花 3 个品种进行编码,第一类编码为 100,第二类编码为 010,第三类编码为 001,以三种编码为网络的输出,则网络输出节点确定为 3。

隐含层和输出层激活函数分别采用 tansig 函数和 softmax 函数。

对于隐含层结构,本案例首先按照经验公式计算得到隐含层节点的一个合适范围,再利用试凑法确定一个最优的隐节点数。这里,隐含层节点数设为 10。

4. 网络实现与分析

本案例同样可以采用神经网络 GUI 中的 Pattern Recognition App 来实现。操作流程与 3.5.1 节类似,读者可以自行去尝试,这里就不再赘述。下面详细介绍代码实现过程。

(1) 导入数据集及预处理。

```
load iris_dataset
x = irisInputs;
t = irisTargets;
```

(2) 网络构建及参数设置。

```
trainFcn = 'trainscg';       % 网络训练函数设置,可以通过 help nntrain 查阅合适的训练函数
```

```
hiddenLayerSize = 10;            %隐含层节点数设计
net = patternnet(hiddenLayerSize, trainFcn); %生成网络
net.divideFcn = 'dividerand'; %数据集随机划分,可以通过 help nndivision 查询其他划分方法
net.divideMode = 'sample';       % Divide up every sample
net.divideParam.trainRatio = 70/100;
net.divideParam.valRatio = 15/100;
net.divideParam.testRatio = 15/100;
net.performFcn = 'crossentropy'; %采用交叉熵来评价网络性能,可以通过 help nnperformance 查阅
                                 %其他网络性能评价函数
net.plotFcns = {'plotperform','plottrainstate','ploterrhist', ...
 'plotconfusion', 'plotroc'};  % help nnplot
```

（3）网络训练。

```
[net,tr] = train(net,x,t);
```

（4）网络测试。

```
y = net(x);
e = gsubtract(t,y);
performance = perform(net,t,y)
tind = vec2ind(t);
yind = vec2ind(y);
percentErrors = sum(tind ~ = yind)/numel(tind);
% 重新计算训练集、验证集与测试集
trainTargets = t . * tr.trainMask{1};
valTargets = t . * tr.valMask{1};
testTargets = t . * tr.testMask{1};
trainPerformance = perform(net,trainTargets,y)
valPerformance = perform(net,valTargets,y)
testPerformance = perform(net,testTargets,y)
% 网络可视化
view(net)
```

3.5.3 基于 MATLAB 的 BP 神经网络案例——红酒品种分类

1. 应用案例分析

红酒是一种受欢迎的饮品,具有丰富的风味和文化内涵。葡萄品种是影响红酒风格和品质的重要因素之一,不同的葡萄品种有不同的香气、口感、颜色和化学成分。红酒市场竞争激烈,消费者对红酒的要求越来越高,需要准确地了解红酒的来源、产区、品种和年份等信息。然而,葡萄品种繁多,且存在杂交、变异、混植等现象,导致红酒中的葡萄品种难以辨识。红酒行业也面临着造假、掺假、误标等问题,影响了消费者的信任和权益,也损害了正规生产商的声誉和利益。因此,需要一种有效的方法来鉴别和分类红酒中的葡萄品种,保证红酒的真实性和质量。

本案例设计基于 BP 神经网络的红酒品种分类器,在红酒的物理化学性质与红酒品类之间建立映射关系,进而能够使用理化指标对红酒品类进行统一评估。

2. 数据集准备

本案例以加州大学欧文分校 UCI(University of California, Irvine)机器学习数据库中的红酒数据集为例,设计红酒品种分类器。红酒数据集具体网址见配套资源的"资源列表"

文档。

本案例中的红酒品种数据集记录了意大利同一地区 3 个不同品种的红酒中 13 个化学成分的含量,同时,数据集中的每个样本都相应标记了类别,即每个样本都包含 13 个化学特征和 1 个类别,如表 3.3 所示。数据集共包含 178 个样本,分别属于三类红酒,其中第一类红酒共 59 个样本,第二类红酒共 71 个样本,第三类红酒共 48 个样本。表 3.3 中列出了三类红酒部分样本,其中样本 1、2 是第一类红酒,样本 3、4 是第二类红酒,样本 5、6 是第三类红酒。

表 3.3 三类红酒部分样本

属　　性	样本 1	样本 2	样本 3	样本 4	样本 5	样本 6
类别	1	1	2	2	3	3
酒精	14	13.2	12.37	12.33	12.86	12.88
苹果酸	1.71	1.78	0.94	1.1	1.35	2.99
灰	2.43	2.14	1.36	2.28	2.32	2.4
灰分的碱度	15.6	11.2	10.6	16	18	20
镁	127	100	88	101	122	104
总酚	2.8	2.65	1.98	2.05	1.51	1.3
黄酮化合物	3.06	2.76	0.57	1.09	1.25	1.22
非黄烷类酚类	0.28	0.26	0.28	0.63	0.21	0.24
原花色素	2.29	1.28	0.42	0.41	0.94	0.83
颜色强度	5.64	4.38	1.95	3.27	4.1	5.4
色调	1.04	1.05	1.05	1.25	0.76	0.74
稀释葡萄酒的光密度	3.92	3.4	1.82	1.67	1.29	1.42
脯氨酸	1065	1050	520	680	630	530

3. 红酒品种分类 BP 网络结构设计

红酒品种分类器的网络结构设计包括网络层数、激活函数及各层节点数等内容。网络层数与网络的非线性映射能力相关,针对复杂程度较低的映射关系通常采用三层 BP 神经网络。激活函数决定了各层之间的参数计算方式。各层节点中,输入层节点数需依据样本集的输入特征决定,输出层节点数可根据样本集的输出种类来确定,而隐含层节点数则需逐步调整至最佳,进而使网络拥有较好的映射效果。

(1)网络层数及激活函数确定。

本案例确定 BP 神经网络为单隐含层的三层神经网络,即输入层、隐含层、输出层。隐含层和输出层神经元的激活函数分别采用 logsig 和 purelin。

(2)网络各层节点数的确定。

以红酒样本的 13 个化学特征作为 BP 神经网络的输入,因此,网络输入层节点确定为 13 个。网络输出层节点个数确定的方法有很多种,这里采用对红酒类别进行编码,第一类编码为 100,第二类编码为 010,第三类编码为 001,以类别编码为网络的输出,则网络输出层的节点确定为 3 个。

对于隐含层节点数的确定问题,本案例首先按照式(3-52)所示的经验公式计算得到隐含层节点数的大致范围,再利用试凑法在其周围确定一个最优的隐含层节点数最终为 20。

$$m = \sqrt{n+l} + \alpha \tag{3-52}$$

式中，m 表示隐含层节点数；n 表示输入节点数；l 表示输出节点数；$α$ 表示[1,10]区间上的常数。

4. 红酒品种分类 BP 网络实现

本案例探讨的基于 BP 神经网络的红酒品种分类器采用 MATLAB 软件中的 BP 神经网络工具箱函数来实现。

1）数据集导入及划分

（1）导入红酒品种数据集，形成 178×14 的样本矩阵，矩阵第 1 列代表样本的类别，第 2~14 列代表样本的 13 个特征。

```
load chp_wineclass.mat;                     % 导入数据集
```

（2）按照随机抽取的方式对三类红酒样本分别抽取 35、45、29 个样本，并将所有抽取本的 13 个特征合并成为训练集输入矩阵，将红酒类别合并成为训练集输出矩阵。

```
wine1 = wine(1:59,:);                       % 从样本集中提取第一类红酒样本
wine2 = wine(60:130,:);                     % 从样本集中提取第二类红酒样本
wine3 = wine(131:178,:);                    % 从样本集中提取第三类红酒样本
% 生成 59 个随机数并排序,用于随机抽取第一类红酒训练样本
k1 = rand(1,59);
[m1,n1] = sort(k1);
% 生成 71 个随机数并排序,用于随机抽取第二类红酒训练样本
k2 = rand(1,71);
[m2,n2] = sort(k2);
% 生成 48 个随机数并排序,用于随机抽取第三类红酒训练样本
k3 = rand(1,48);
[m3,n3] = sort(k3);
train_wine = wine1(n1(1:35),2:end)';        % 将抽取的第一类红酒样本特征加入训练集输入矩阵
train_wine = [train_wine,wine2(n2(1:45),2:end)'];  % 将抽取的第二类红酒样本特征加入训练集
                                            % 输入矩阵
train_wine = [train_wine,wine3(n3(1:29),2:end)'];  % 将抽取的第三类红酒样本特征加入训练集
                                            % 输入矩阵
train_wine_labels = wine1(n1(1:35),1)';     % 将抽取的第一类红酒样本类别加入训练集输出矩阵
train_wine_labels = [train_wine_labels,wine2(n2(1:45),1)'];  % 将抽取的第二类红酒样本类别
                                            % 加入训练集输出矩阵
train_wine_labels = [train_wine_labels,wine3(n3(1:29),1)'];  % 将抽取的第三类红酒样本类别
                                            % 加入训练集输出矩阵
```

（3）随后对三类红酒样本分别抽取 24、26、19 个样本合并作为测试集，并形成测试集输入/输出矩阵。

```
test_wine = [wine1(36:59,2:end)',wine2(46:71,2:end)',wine3(30:48,2:end)'];  % 测试集输入
test_wine_labels = [wine1(36:59,1)',wine2(46:71,1)',wine3(30:48,1)'];       % 测试集输出
```

（4）最后对训练集及测试集的输出类别进行编码，以训练集输出矩阵编码过程为例，其编程过程如下。

```
[t,r] = size(train_wine);                   % 获取训练集输入矩阵维度
for i = 1:r                                 % 对于训练集的样本类别进行编码
    if train_wine_labels(1,i) == 1
        train_labels(:,i) = [1;0;0];
    elseif train_wine_labels(1,i) == 2
        train_labels(:,i) = [0;1;0];
    else
```

```
       train_labels(:,i) = [0;0;1];
    end
end
```

2) 数据归一化处理

对训练集与测试集分别按照式(3-53)进行归一化处理。

$$\bar{x}_{ij} = \frac{x_{ij} - x_j^{\min}}{x_j^{\max} - x_j^{\min}}, \quad i=1,2,\cdots,m; j=1,2,\cdots,13 \tag{3-53}$$

式中,m 表示样本个数;$x_j^{\max}$、$x_j^{\min}$ 分别代表数据集中第 j 个样本分量的最大值和最小值;x_{ij} 表示第 i 个数据样本的第 j 个分量的原始值;$\bar{x}_{ij}$ 表示 x_{ij} 的归一化结果。

```
[train_data,ps] = mapminmax(train_wine,0,1);    % 对训练集样本归一化
[test_data,ps1] = mapminmax(test_wine,0,1);     % 对测试集样本归一化
```

3) 参数设置与网络结构初始化

设置网络的训练精度、学习率、最大迭代次数等参数并初始化网络各层结构。

```
net.trainparam.show = 50;           % 每间隔50步显示一次训练结果
net.trainparam.epochs = 1000;       % 最大迭代次数
net.trainparam.goal = 0.001;        % 训练目标最小误差
net.trainParam.lr = 0.001;          % 学习率
net = newff(train_data,train_labels,[20],{'logsig' 'purelin'}, 'traingdx', 'learngdm');
% 初始化网络结构,设置隐含层节点数为20,初始化网络
```

4) 网络训练

利用训练集输入 train_data 和输出 train_labels 实现 BP 神经网络的训练。

```
net = train(net, train_data, train_labels);
```

5) 网络测试

(1) 将测试集输入网络,得到各测试样本的网络输出向量。

```
Y = sim(net,test_data);
```

(2) 将网络输出向量转换为红酒类别判别结果,其转换思路为:以网络输出向量各分量中的最大值所在位置作为类别判别结果,完成转换。

```
for i = 1:size(Y,2)                 % 将测试集的网络输出结果反向编码
    output(i) = find(Y(:,i) == max(Y(:,i)));
end
```

(3) 利用各测试样本的期望类别与网络判别结果计算网络判别正确率,以观察网络的测试效果与网络的泛化能力,判别正确率的计算方法如下:

$$\text{accuracy} = \text{rn}/\text{tn} \times 100\% \tag{3-54}$$

式中,rn 表示类别判别正确的个数;tn 表示测试样本总个数;accuracy 表示网络对测试集样本的类别判别正确率。

5. 仿真结果及分析

使用工具箱函数完成网络训练后,可通过图 3.27 所示的网络训练界面观察训练参数和结果。

单击图 3.27 界面中的 Performance 按钮,可观察如图 3.28 所示的网络训练过程。由于本案例采用验证集误差停止方法进行网络训练,因此训练时会将训练样本自动分成训练

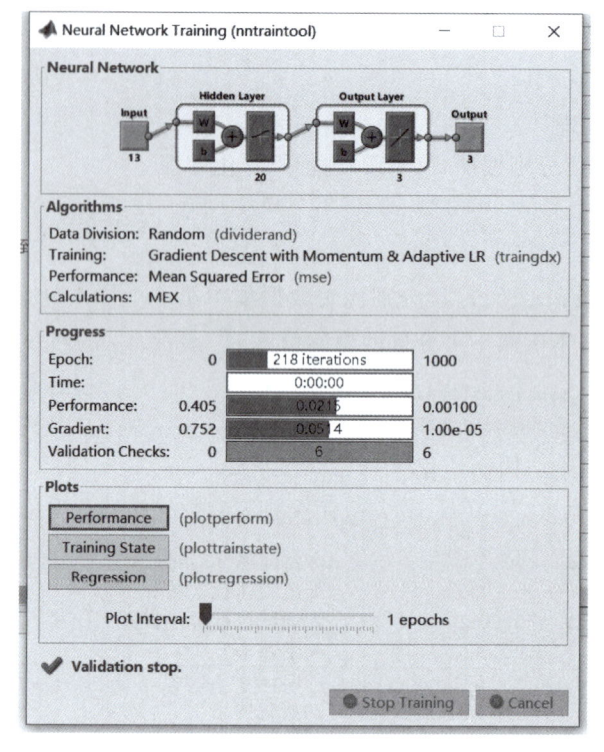

图 3.27 网络训练界面

集、验证集、测试集三部分,验证集可防止过拟合现象,防止过拟合的原理为:验证集误差在连续 6 次上升后,提前停止训练。本案例即提前停止了训练,通过观察训练过程参数变化也可以进一步验证这一结论。

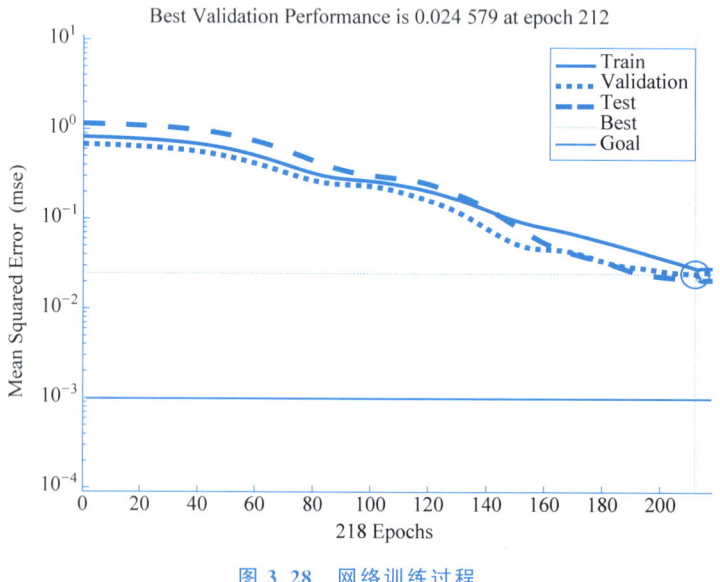

图 3.28 网络训练过程

单击图 3.27 界面中的 Training State 按钮,可观察如图 3.29 所示的训练参数变化过程。由图 3.29 可知,网络的校验集误差出现连续 6 次上升后,在第 218 次迭代提前停止了训练,避免网络参数过拟合。

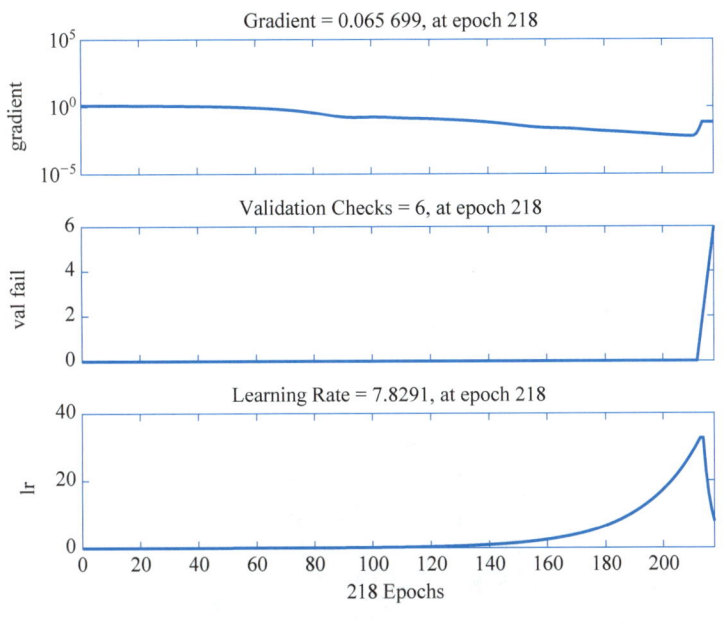

图 3.29　训练参数变化过程

除此以外,还可将训练集的网络输出和期望输出放在一张图中观察训练效果,如图 3.30 所示。利用测试集测试网络的泛化能力,则测试样本的期望类别与判别类别对比如图 3.31 所示。由图 3.31 可知,网络对于测试样本分类较为准确,第一、三类样本判别完全正确,第二类中有 96.15% 的样本判别准确。网络对于测试样本总体判别准确率为 98.55%。

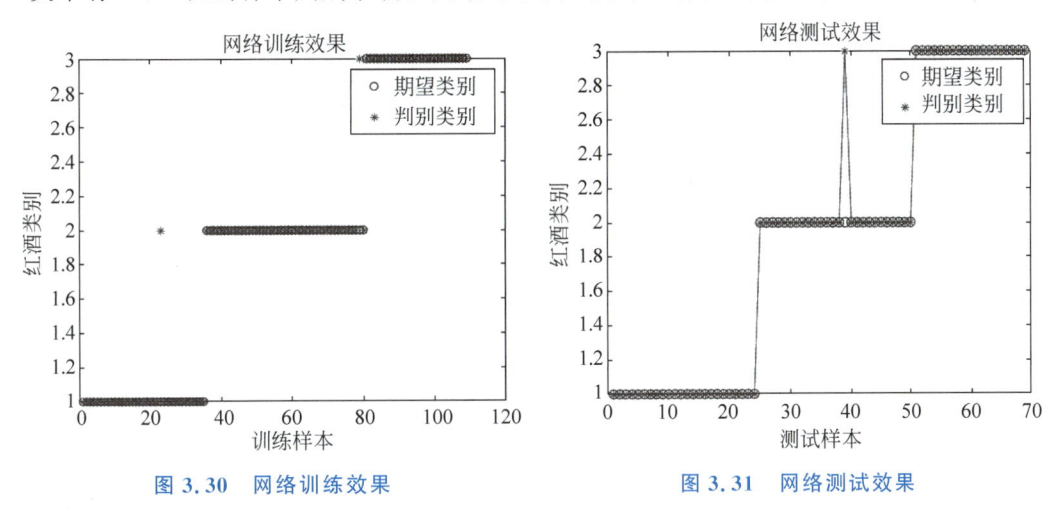

图 3.30　网络训练效果

图 3.31　网络测试效果

3.5.4　基于 MATLAB 的 BP 神经网络案例——C 形数据簇分类

1. 应用案例分析

本案例所用数据集包含两个 C 形数据簇,数据簇中包含的数据点繁多且混乱,因此,区分每个数据点所属的数据簇类别尤为重要。

为了更好地区分数据簇中数据点的类别,本案例设计基于 BP 神经网络的分类模型,以 Data-Ass2 数据集中的两个 C 形数据簇为对象,设计数据分类器以实现数据簇中数据点的分类。本案例选取数据集部分样本作为训练样本训练网络模型,使模型可根据数据点的位置坐标数据,实现 2 类数据簇的划分,并进一步利用数据集中的测试样本测试分类模型的泛化能力。

2. 数据集准备

本案例选取 Data-Ass2 数据集中的两个 C 形数据簇,共包含 3000 个数据点,每个数据点信息包含其 X 轴坐标、Y 轴坐标、所属数据簇标签三个特征属性,因而数据集整体为一个 3×3000 的矩阵形式,将其可视化后的数据集散点图如图 3.32 所示,从图中可以清晰地看到所有数据点的分布情况,圆圈、加号分别对应一类数据簇,两个 C 形数据簇界限分明,不同坐标的数据点所属数据簇类别能够明确区分。

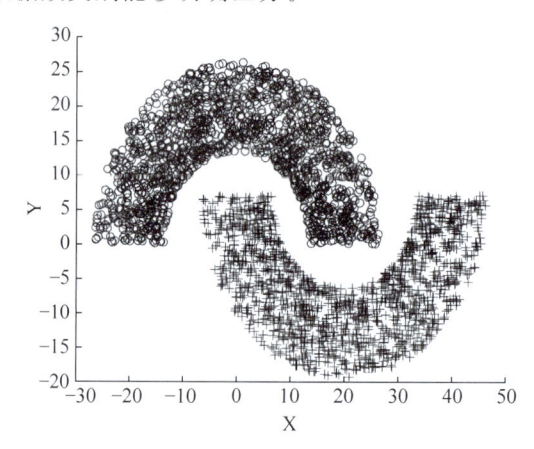

图 3.32　Data-Ass2.mat 数据集散点图

3. C 形数据簇分类 BP 网络结构设计

基于 BP 神经网络的 C 形数据簇分类模型的网络结构设计包括网络层数、激活函数以及各层节点数的确定等内容。

(1) 确定网络层数及激活函数。

本案例选用单隐含层的三层 BP 神经网络。隐含层和输出层神经元的激活函数均选用 Sigmoid 函数。

(2) 确定各层节点数。

以 C 形数据簇每个数据点的 X、Y 轴坐标位置作为 BP 神经网络的输入,因此输入层节点为 2 个。

数据集中的两类 C 形数据簇的标签应分别进行表示,"1"类别编码为"10","-1"类别编码为"01",则输出层节点为 2 个。

本案例按照式(3-52)的隐含层节点选取经验公式确定可选取的隐含层节点个数范围为 [3,12]。

4. C 形数据簇分类 BP 网络实现

本案例通过 MATLAB 软件编程实现基于 BP 神经网络的 C 形数据簇分类器,目的是使读者更好地理解 BP 神经网络信号正向传播和误差反向传播的过程,明白 BP 神经网络是如何完成模型训练的。

1) 导入数据集及数据预处理
(1) 导入本案例数据集。

数据集中包含了 3000 组样本数据,选取前 2000 组数据样本作为 BP 神经网络的训练集,将剩余 1000 组数据样本作为网络模型的测试集。

```
data = xlsread('Data - Ass2.xlsx');     % 加载数据集 3×3000
traindata = data(:,1:2000);              % 将 1~2000 列元素赋予 traindata 训练集
testdata = data(:,2001:3000);            % 将 2001~3000 列元素赋予 testdata 测试集
```

(2) 数据预处理。

在 Data-Ass2 数据集中每个数据点以"1"和"-1"作为预期标签区别所属的 C 形数据簇类型,将训练集数据的数据簇类别以两位编码形式重新打标签,"1"类别编码为"10","-1"类别编码为"01"。

```
for i = 1:2000
    y = zeros(2,1);                      % 每个数据点的新标签列向量
    if traindata(3,i) == 1               % 判断训练集样本数据第三行的期望标签
        y = [1;0];
    else
        y = [0;1];
    end
    Y(:,i) = y;                          % 重新生成训练集数据的标签矩阵
end
```

2) 搭建 BP 神经网络

初始化 BP 神经网络参数,设定输入层节点个数 insize 为 2、隐含层节点个数 hidesize 为 10、输出层节点个数 outsize 为 2、输入层到隐含层之间的学习率 yita1 为 0.001、隐含层到输出层之间的学习率 yita2 为 0.001,初始化输入层至隐含层之间的权值矩阵 W1 和隐含层至输出层之间的权值矩阵 W2。

```
insize = 2;                              % 输入层节点个数
hidesize = 10;                           % 隐含层节点个数
outsize = 2;                             % 输出层节点个数
yita1 = 0.001;                           % 输入层到隐含层之间的学习率
yita2 = 0.001;                           % 隐含层到输出层之间的学习率
W1 = rand(hidesize,insize);              % 输入层到隐含层之间的权值
W2 = rand(outsize,hidesize);             % 隐含层到输出层之间的权值
```

3) BP 神经网络分类模型训练

BP 神经网络分类模型训练过程包含信号正向传播和误差反向传播两个过程。这里,采用 MATLAB 编程语句实现 BP 神经网络分类模型的训练。

设定训练集数据循环次数 loop,依次输入训练样本对,通过多次循环能够逐步降低 BP 神经网络训练集输出结果与真实结果之间的均方根误差,调节隐含层至输出层之间、输入层至隐含层之间的权值矩阵,得到更精确的 BP 神经网络分类模型。在训练次数循环内嵌套一个训练集数据样本个数循环,每个样本数据逐一进入神经网络进行数据训练,调整层与层之间的权值,每个样本进入 BP 神经网络分类模型训练均包含信号正向传播和误差反向传播两个过程,每个样本均参与 BP 神经网络分类模型的参数调节过程,使 BP 神经网络分类模型尽可能贴合样本数据输入与输出之间的映射关系,提高分类模型的泛化能力。

(1) 信号正向传播。

将训练集数据每个样本的特征参数作为 BP 神经网络输入层的输入；输入层与隐含层之间的权值矩阵乘以神经网络输入向量作为隐含层输入，再经隐含层神经元的 Sigmoid 激活函数计算，即可得到隐含层输出结果；隐含层与输出层之间的权值矩阵乘以隐含层输出向量作为输出层的输入，再经输出层神经元的 Sigmoid 激活函数计算，即可得到输出层输出结果。

```
x = traindata(1:2,i);              % 训练集数据样本特征参数作为神经网络输入
hidein = W1 * x;                   % 隐含层输入
hideout = zeros(hidesize,1);
for j = 1:hidesize
   hideout(j) = sigmoid(hidein(j));   % 计算隐含层输出值
end
yin = W2 * hideout;                % 输出层输入
yout = zeros(outsize,1);
for j = 1:outsize
   yout(j) = sigmoid(yin(j));         % 计算隐含层输出值
end
```

(2) 误差反向传播。

根据正向传播过程得到在当前 BP 神经网络分类模型下的输出结果，计算输出结果与标签结果之间的误差，依据 BP 神经网络学习规则计算隐含层至输出层之间的权值变化量、输入层至隐含层之间的权值变化量，更新层与层间的权值，完成当前样本下的一次 BP 神经网络分类模型训练。

```
e = yout - Y(:,i);                  % 输出层计算结果误差
% 隐含层与输出层之间的权值变化量
dW2 = zeros(outsize,hidesize);
for j = 1:outsize
   for k = 1:hidesize
      dW2(j,k) = sigmoid(yin(j)) * (1 - sigmoid(yin(j))) * hideout(k) * e(j) * yita2;
   end
end
% 输入层到隐含层的权值变化量
dW1 = zeros(hidesize,insize);
for j = 1:hidesize
  for k = 1:insize
     tempsum = 0;
     for m = 1:outsize
tempsum = tempsum + sigmoid(yin(k)) * (1 - sigmoid(yin(k))) * W2(k,j) * sigmoid(hidein(j)) * (1 - sigmoid(hidein(j))) * e(k) * yita1;
     end
     dW1(j,k) = tempsum;
   end
end
W1 = W1 - dW1;
W2 = W2 - dW2;
```

4) 测试集数据样本验证 BP 神经网络模型分类效果

将 1000 组测试集数据样本循环输入已经训练好的 BP 神经网络分类模型，得到所构建的 BP 神经网络的分类结果，并根据网络输出结果在坐标系下画出该样本数据的坐标点位

置,同时通过圆圈、加号两种符号显示出通过 BP 神经网络分类模型得到的所属 C 形数据簇结果,圆圈为网络输出标签为"1"的数据簇,加号是网络输出为"-1"的数据簇。

```
for i = 1:1000
    x = testdata(1:2,i);
    hidein = W1 * x;                    % 隐含层输入值
    hideout = zeros(hidesize,1);        % 隐含层输出值
    for j = 1:hidesize
        hideout(j) = sigmoid(hidein(j));
    end
    yin = W2 * hideout;                 % 输出层输入值
    yout = zeros(outsize,1);
    figure(2)
    for j = 1:outsize
        yout(j) = sigmoid(yin(j));
    end
    tempyout(:,i) = yout;
    if yout(1)> yout(2)
        scatter(x(1),x(2),'r')
        hold on;
    else
        scatter(x(1),x(2),'g')
        hold on;
    end
end
```

5. 实验结果分析

为了得到更好的 BP 神经网络模型分类结果,确定合适的隐含层节点个数以及训练集数据训练次数,本案例进行了多组对比实验,生成测试集数据分类结果散点图,圆圈是网络输出标签为"1"的数据簇,加号是网络输出标签为"-1"的数据簇,上方 C 形数据簇期望标签为"1",下方 C 形数据簇期望标签为"-1"。

第一组实验设置隐含层节点个数 hidesize=8、训练次数 loop=50,每次训练过程的误差变化曲线如图 3.33 所示,测试集数据经过 BP 神经网络分类模型分类结果如图 3.34 所示。

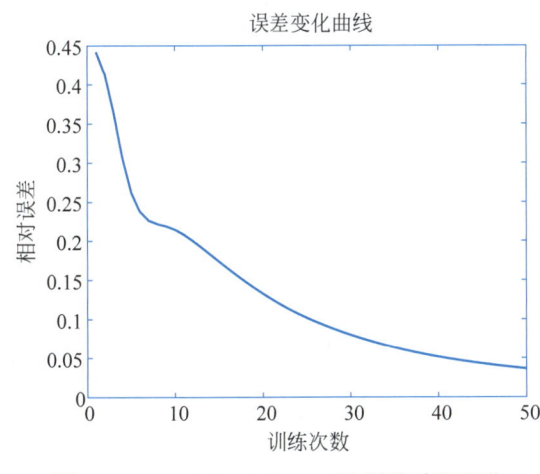

图 3.33 hidesize=8、loop=50 训练过程误差变化曲线

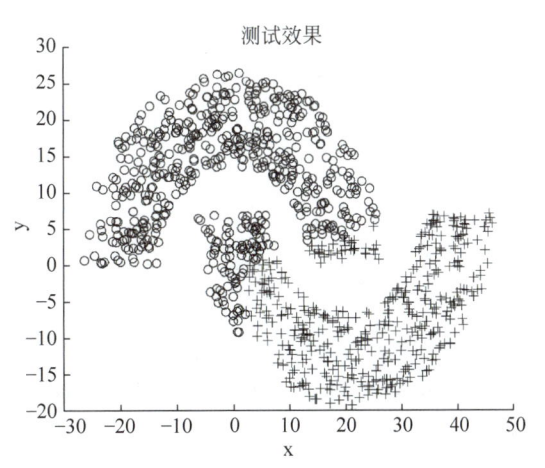

图 3.34 hidesize=8、loop=50 测试集数据分类结果

第二组实验设置隐含层节点个数 hidesize ＝ 10、训练次数 loop ＝ 50,每次训练过程的误差变化曲线如图 3.35 所示,测试集数据经过 BP 神经网络分类模型分类结果如图 3.36 所示。

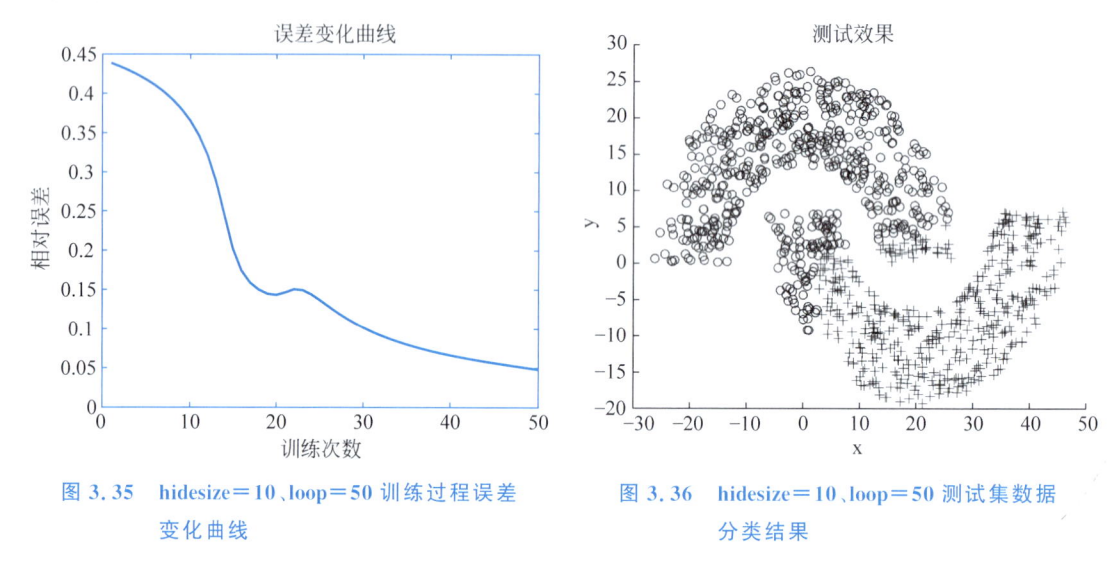

图 3.35　hidesize＝10、loop＝50 训练过程误差变化曲线

图 3.36　hidesize＝10、loop＝50 测试集数据分类结果

第三组实验设置隐含层节点个数 hidesize ＝ 12、训练次数 loop ＝ 50,每次训练过程的误差变化曲线如图 3.37 所示,测试集数据经过 BP 神经网络分类模型分类结果如图 3.38 所示。

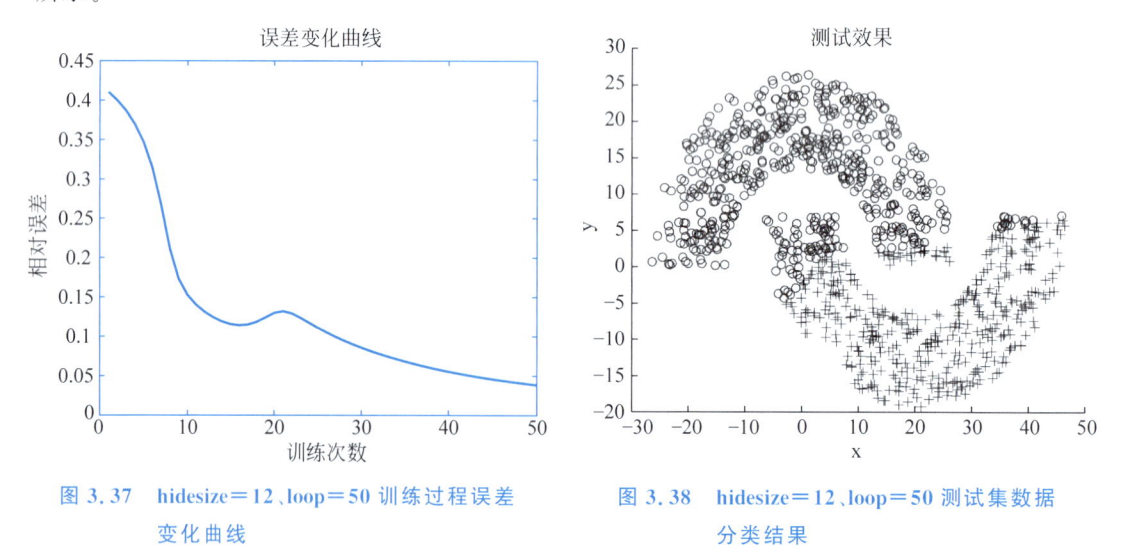

图 3.37　hidesize＝12、loop＝50 训练过程误差变化曲线

图 3.38　hidesize＝12、loop＝50 测试集数据分类结果

第四组实验设置隐含层节点个数 hidesize＝12、训练次数 loop＝500,每次训练过程的误差变化曲线如图 3.39 所示,测试集数据经过 BP 神经网络分类模型分类结果如图 3.40 所示。

前三组实验是在训练次数固定、逐渐增加隐含层节点个数的情况下,对比测试集数据经过 BP 神经网络分类模型的分类结果,通过观察图 3.34、图 3.36、图 3.38 测试集数据分类结果,可以看出通过增加隐含层节点个数,测试集数据分类结果的准确程度逐渐增加,能够

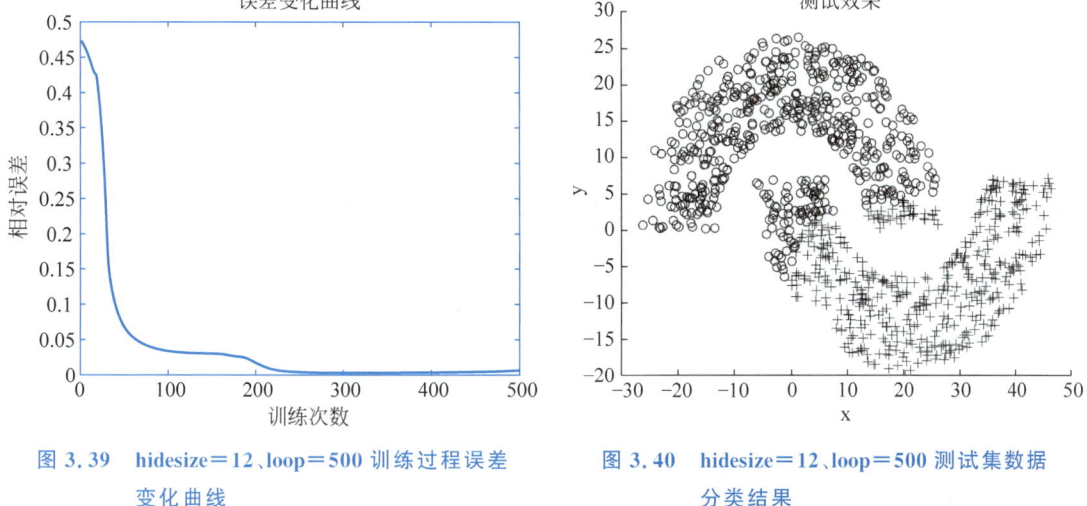

较好地对数据进行分类,其误差变化曲线也是收敛的,但还是会有部分数据分类错误。

图 3.39　hidesize=12、loop=500 训练过程误差变化曲线

图 3.40　hidesize=12、loop=500 测试集数据分类结果

结合前三组实验结果,将第四组实验的隐含层节点个数设置为 12,增加训练次数,能适当增加 BP 神经网络模型分类准确程度,在训练次数大于 100 次时,误差已经收敛到了一个相对稳定的值,需注意的是,训练次数过大可能会出现过拟合的现象。

3.5.5　基于 MATLAB 的 BP 神经网络案例——汽油辛烷值预测

1. 应用案例分析

辛烷值是汽油最重要的品质指标,辛烷值的确定有助于区分不同品质的汽油,更加便于不同品质汽油的生产销售。因此,汽油辛烷值的确定有着不可忽视的现实意义。

采用传统实验室标准单缸汽油机对比法检测辛烷值较为复杂,存在样品用量大、测试周期长和费用高等问题。近红外光谱分析法(NIR)相较于传统实验室检测方法具有无损检测、低成本、无污染、可在线分析的优点,更能满足生产和控制的需要。因此,本案例选用近红外光谱分析法测定汽油样品数据。

考虑到 BP 神经网络具有良好的非线性映射功能,本案例利用 BP 神经网络建立汽油样品近红外光谱数据与其辛烷值之间的数学关系模型,构建基于 BP 神经网络的汽油辛烷值预测模型,实现对汽油辛烷值的预测以及预测精度的评估。

2. 数据集准备

本案例使用的 spectra_data 数据集中包含 60 组汽油光谱扫描数据及辛烷值数据。汽油光谱扫描数据是由傅里叶近红外变换光谱仪对每组样品扫描得到的,扫描范围为[900,1700]nm,扫描间隔为 2nm,每个样品的光谱曲线共含有 401 个波长点。

spectra_data 数据集由汽油光谱扫描数据 NIR 矩阵和汽油辛烷值 octane 矩阵构成。NIR 是大小为 60×401 的矩阵,包含 60 组红外变换光谱仪扫描得到的汽油光谱扫描数据,NIR 矩阵可作为 BP 神经网络汽油辛烷值预测模型的输入;octane 是大小为 60×1 的矩阵,包含 60 组汽油相应的辛烷值数据,octane 矩阵可作为 BP 神经网络汽油辛烷值预测模型的期望输出结果矩阵。

从预处理好的 60 份汽油样本的近红外光谱和辛烷值数据样本中随机选取 50 份作为训练样本、10 份作为测试样本。将训练样本送入模型进行训练，从而实现对汽油辛烷值含量的预测；将测试样本送入模型，对所构建的预测模型性能精度进行评估，模型输出结果与期望值拟合程度越高，则说明其性能越好。

3. 汽油辛烷值预测 BP 神经网络结构设计

基于 BP 神经网络的汽油辛烷值预测模型的网络结构设计包括网络层数、激活函数以及各层节点数的确定。根据数据集非线性映射关系的复杂程度设定神经网络的层数，在数据集非线性映射关系复杂的情况下，增加神经网络层数能够使网络的映射关系更加准确，通常 BP 神经网络层数可选为 3 层。激活函数决定了各层之间的参数计算方式。根据数据集每个样本输入、输出特征参数的个数设置神经网络输入层和输出层的节点数，并在一定范围内选取隐含层的节点数，使得网络具有最佳映射效果。

（1）确定网络层数及激活函数。

本案例选用单隐含层的三层 BP 神经网络。隐含层和输出层神经元的激活函数分别选用 tansig 函数和 purelin 函数。

（2）确定各层节点数。

以汽油样品近红外光谱分析谱线的 401 个波长点作为 BP 神经网络的特征参数输入，则输入节点为 401 个；以汽油样品辛烷值数据作为 BP 神经网络的输出结果，则输出节点为 1 个。本案例按照式（3-52）所示的隐含层节点选取经验公式确定可选的隐含层节点个数范围为[21,30]。

4. 汽油辛烷值预测 BP 神经网络实现

MATLAB 软件自带的神经网络工具箱提供了创建 BP 神经网络的 newff 函数，本案例探讨的基于 BP 神经网络的汽油辛烷值预测模型将通过 MATLAB 工具箱函数仿真实现。

1）导入数据集及数据预处理

（1）导入本案例数据集，数据集中包含了 60 组数据样本，随机生成 1～60 范围内的数据序列，提取随机序列中前 50 个数字对应所在数据集行数的样本生成 BP 神经网络的训练集样本数据，提取随机序列中后 10 个数字对应所在数据集行数的样本生成 BP 神经网络的测试集样本数据。

```
load spectra_data.mat              % 导入数据集,数据集中包含 60 组样本数据
temp = randperm(size(NIR,1));      % 随机生成 1～60 范围内的数字序列
P_train = NIR(temp(1:50),:)';      % 提取出 temp 前 50 个数字对应所在数据集行数的样本生成
                                   % 训练集样本数据特征输入矩阵
T_train = octane(temp(1:50),:)';   % 提取出 temp 前 50 个数字对应所在数据集行数的样本生成训
                                   % 练集样本期望输出结果矩阵
P_test = NIR(temp(51:end),:)';     % 提取出 temp 后 10 个数字对应所在数据集行数的样本生成
                                   % 训练集样本数据特征输入矩阵
T_test = octane(temp(51:end),:)';  % 提取出 temp 后 10 个数字对应所在数据集行数的样本生成训
                                   % 练集样本期望输出结果矩阵
```

（2）数据预处理，对训练集、测试集样本特征输入数据进行归一化处理。

```
[p_train, ps_input] = mapminmax(P_train,0,1);
p_test = mapminmax('apply',P_test,ps_input);
[t_train, ps_output] = mapminmax(T_train,0,1);
```

2）搭建 BP 神经网络

初始化 BP 神经网络参数，通过 MATLAB 自带神经网络工具箱提供的 newff 函数可创建 BP 神经网络，以训练集样本数据训练 BP 神经网络汽油辛烷值预测模型，设置 BP 神经网络隐含层节点个数为 21、训练次数为 2000、训练目标误差为 1e-3、训练学习率为 0.005，对训练模型中的参数可不断调试，得出较为精准的模型来预测汽油中辛烷值。

```
net = newff(p_train,t_train,21);          %创建BP神经网络,设置隐含层节点个数为21
net.trainParam.epochs = 2000;             %设置神经网络训练次数为2000
net.trainParam.goal = 1e-3;               %设置神经网络训练目标误差为1e-3
net.trainParam.lr = 0.005;                %设置神经网络训练学习率为0.005
```

3）BP 神经网络预测模型训练

```
net = train(net,p_train,t_train);
```

4）测试集数据样本验证 BP 神经网络模型预测效果

利用测试集样本数据验证基于 BP 神经网络的汽油辛烷值预测模型的预测准确程度，将 BP 神经网络输出结果反归一化，计算神经网络预测结果与数据集期望输出数据之间的相对误差和决定系数，通过计算预测结果与期望输出结果之间的误差，对模型的泛化能力进行评价。在此基础上，进一步研究和改善 BP 神经网络参数，模型预测值和期望值之间的相对误差越小，表明 BP 神经网络模型预测结果越接近期望输出结果，BP 神经网络预测模型的泛化能力越强。此外，计算预测结果与期望输出结果之间的决定系数 R^2，决定系数范围在 $[0,1]$ 内，系数值越接近于 1，表明模型的整体性能越好。将神经网络输出预测结果与期望输出结果数据点画在同一坐标轴上，以便更直观地看出预测结果与期望输出结果之间的偏差。

```
t_sim = sim(net,p_test);                  %测试集数据仿真测试
T_sim = mapminmax('reverse',t_sim,ps_output); %数据反归一化
error = abs(T_sim - T_test)./T_test;      %计算预测结果与期望输出结果之间的误差
R2 = (N * sum(T_sim .* T_test) - sum(T_sim) * sum(T_test))^2 / ((N * sum((T_sim).^2) - (sum(T_sim))^2) * (N * sum((T_test).^2) - (sum(T_test))^2));
%计算决定系数
result = [T_test' T_sim' error']
figure
plot(1:N,T_test,'b: * ',1:N,T_sim,'r - o')
legend('真实值','预测值')
xlabel('预测样本')
ylabel('辛烷值')
string = {'测试集辛烷值预测结果对比';['R^2 = ' num2str(R2)]};
title(string)
```

5. 实验结果分析

在训练次数为 2000、隐含层节点个数为 21 的 BP 神经网络参数设置下，测试集样本数据 BP 神经网络预测结果与期望输出结果如表 3.4 所示，散点折线图如图 3.41 所示。

表 3.4 测试集样本数据 BP 神经网络预测结果与期望输出结果表

样 本 编 号	期望输出结果	BP 神经网络预测结果	相 对 误 差
1	88.35	88.435	0.000 96
2	86	86.049	0.000 57
3	87.9	87.532	0.004 19
4	88.65	88.810	0.001 80

续表

样 本 编 号	期望输出结果	BP 神经网络预测结果	相 对 误 差
5	85.3	85.031	0.003 15
6	87.6	86.884	0.008 17
7	89.6	89.822	0.002 48
8	85.5	85.459	0.000 47
9	88.25	88.580	0.003 73
10	87.3	87.844	0.006 24

测试集辛烷值含量预测结果对比
$R^2=0.960\ 13$

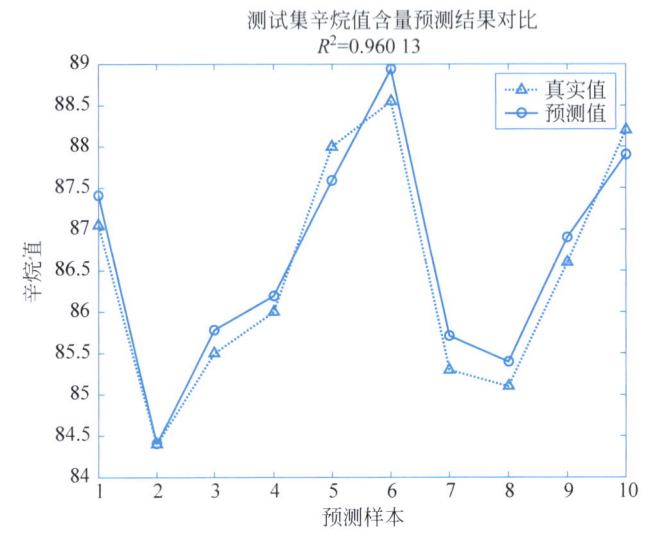

图 3.41　测试集样本数据 BP 神经网络预测结果与期望输出结果散点折线图

通过表 3.4 所示的相对误差结果、图 3.41 所示的模型预测结果与期望输出结果的散点折线图可以看出,测试集样本数据的 BP 神经网络汽油辛烷值预测结果相对误差较小,预测结果接近期望输出结果。

BP 神经网络汽油辛烷值预测模型训练过程中的均方误差变化如图 3.42 所示,由图可知,当训练次数达到 2 时,训练集均方误差达到要求。

训练集、测试集、验证集样本数据期望输出结果与神经网络预测输出结果之间的相关度如图 3.43 所示。

图 3.43 表明了训练集、测试集、验证集样本数据期望输出结果与神经网络预测输出结果之间的相关度。由图 3.43 可知,R 接近 1,各数据集样本数据期望输出结果与神经网络预测输出结果之间的相关度较高。

隐含层神经元的个数对 BP 神经网络的性能影响较大,若隐含层神经元的个数过少,则该网络不能充分描述输出和输入变量之间的关系;相反,若个数过多,则会导致网络的学习时间变长,甚至会出现过拟合的问题。一般确定隐含层神经元个数的方法是在经验公式的基础上,同时对比隐含层不同神经元个数对模型性能的影响,进而最终确定神经元的个数。在 BP 神经网络训练过程中,可不断调节网络参数,以提高神经网络模型的拟合准确程度和泛化能力。

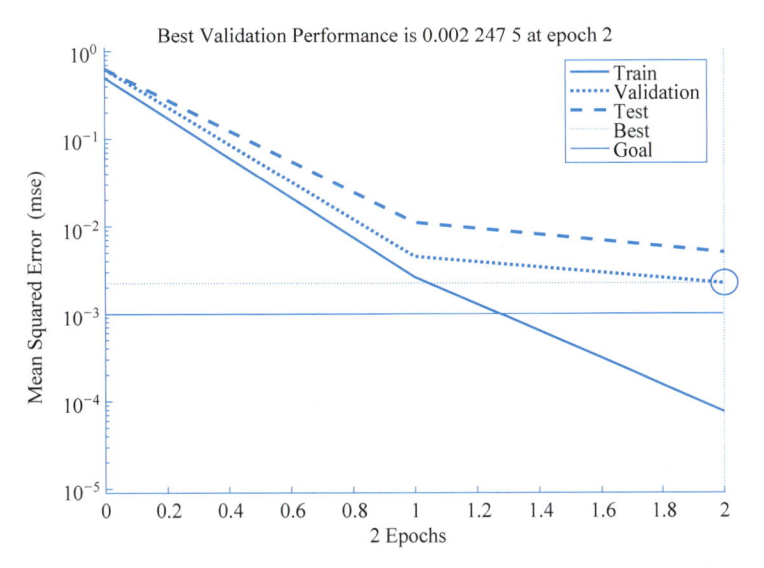

图 3.42　BP 神经网络汽油辛烷值预测模型训练过程中的均方误差变化

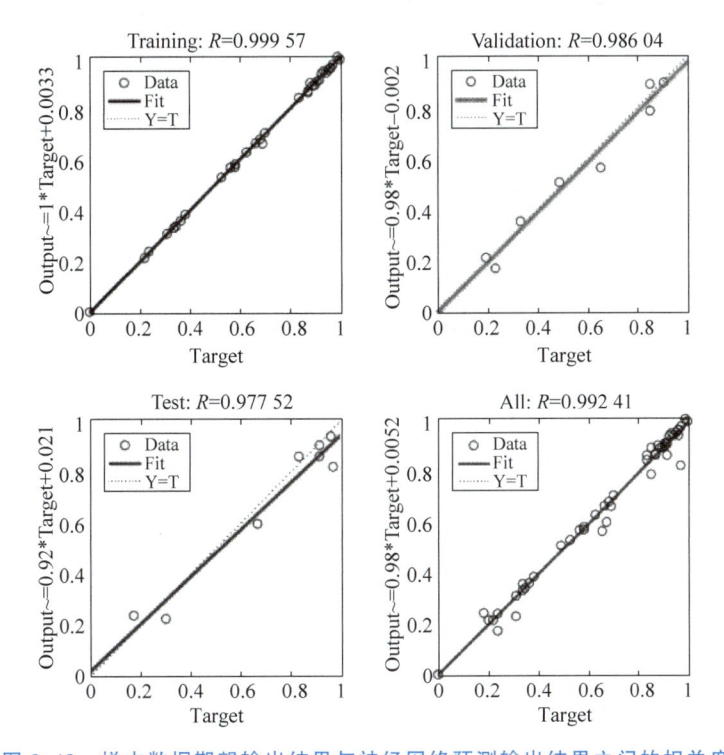

图 3.43　样本数据期望输出结果与神经网络预测输出结果之间的相关度

3.5.6　基于 MATLAB 的 BP 神经网络案例——月平均温度预测

1. 应用案例分析

温度与人类生产生活密切相关，对农业、制造业、社会产业等行业都有着重要的影响。尤其是农业，如温度决定了耕种时间，影响果实的甜度、饱满度等。因此，对月平均温度进行准确、科学的预测有着至关重要的作用。

考虑到温度受地区、地形、温室气体含量等多种因素影响，并且这些影响因素与温度之间的映射关系具有非线性的特征，因此本案例采用基于 BP 神经网络的非线性时间序列递推预测方法，对月平均温度进行预测。本案例以北京市月平均气温为例，通过 MATLAB 软件搭建 BP 神经网络，对从 2011 年 1 月至 2017 年 9 月的平均温度数据样本进行多次训练，得出基于 BP 神经网络的月平均温度预测模型。使用测试样本对所得模型进行测试，输出结果与期望值拟合程度越高，说明构建的模型性能越好，得到的月平均温度的预测结果越可靠。

2. 数据集准备

本案例数据集来源于气象局温度统计数据，选取了自 2011 年 1 月至 2017 年 9 月共计 81 个月份的北京市月平均高、低温数据，组成数据集。对月平均高、低温数据取平均之后即可得到月平均气温，按序以每连续 4 个月的月平均气温作为 BP 神经网络的特征输入量，以下一个月的月平均气温作为 BP 神经网络的期望输出量，原始数据集如表 3.5 所示。

表 3.5 原始数据集

序号	平均高温 x/℃	平均低温 y/℃	序号	平均高温 x/℃	平均低温 y/℃	序号	平均高温 x/℃	平均低温 y/℃
1	−1	−9	28	18	6	55	30	22
2	5	−4	29	28	16	56	32	22
3	13	1	30	28	20	57	26	16
4	21	9	31	32	23	58	20	9
5	27	15	32	32	23	59	7	1
6	32	21	33	26	16	60	4	−4
7	31	23	34	19	9	61	0	−8
8	31	22	35	12	1	62	7	−4
9	25	15	36	6	−5	63	15	3
10	19	9	37	5	−5	64	23	11
11	11	2	38	3	−4	65	27	15
12	3	−5	39	16	4	66	31	20
13	1	−8	40	23	11	67	32	23
14	4	−6	41	28	16	68	31	23
15	11	1	42	31	20	69	27	18
16	21	11	43	33	24	70	18	9
17	29	17	44	31	21	71	9	−1
18	30	20	45	25	16	72	6	−4
19	31	23	46	18	9	73	3	−5
20	30	22	47	19	1	74	8	−3
21	26	15	48	12	−5	75	14	3
22	21	8	49	4	−5	76	24	11
23	9	−1	50	5	−3	77	30	16
24	−1	−8	51	7	2	78	31	20
25	0	−8	52	14	9	79	32	24
26	4	−6	53	22	16	80	30	22
27	12	1	54	28	20	81	28	17

3. 月平均气温预测 BP 神经网络结构设计

月平均气温预测 BP 神经网络结构设计包括网络层数、激活函数以及各层节点数的确定。根据数据集非线性映射关系的复杂程度设定神经网络的层数,在数据集非线性映射关系复杂时,增加神经网络层数可使映射关系更准确,通常选用三层 BP 神经网络。激活函数决定了各层之间的参数计算方式。输入层的节点数由数据集每个样本的输入特征参数决定,输出层的节点数由数据集每个样本的输出参数决定,在一定范围内选取隐含层的节点个数,使网络具有最佳映射效果。

(1) 确定网络层数及激活函数。

本案例选用单隐含层的三层 BP 神经网络。隐含层和输出层神经元的激活函数分别选用 tansig 函数和 purelin 函数。

(2) 确定各层节点数。

重新构造样本数据,以前 4 个月的北京市月平均气温为一组样本数据作为 BP 神经网络的特征参数输入,则输入节点为 4 个;以下一个月的北京市月平均气温作为 BP 神经网络的输出结果,则输出节点为 1 个。本案例按照式(3-52)所示的隐含层节点选取经验公式确定可选取的隐含层节点个数范围为 [3,12]。

4. 月平均气温预测 BP 神经网络实现

MATLAB 软件自带的神经网络工具箱提供了创建 BP 神经网络的 newff 函数,本案例探讨的基于 BP 神经网络的月平均气温预测模型将通过 MATLAB 工具箱函数仿真实现。

1) 导入数据集及数据预处理

(1) 导入本案例数据集,将数据集中的北京市月平均高温数据存储在 x 矩阵中,北京市月平均低温数据存储在 y 矩阵中,月平均高温与月平均低温取平均的月平均气温作为 BP 神经网络月平均气温预测模型的样本数据进行预测。

x = [-1,5,13,21,27,32,31,31,25,19,11,3,1,4,11,21,29,30,31,30,26,21,9,-1,0,4,12,18,28,28,32,32,26,19,12,6,5,3,16,23,28,31,33,31,25,18,19,12,4,5,7,14,22,28,30,32,26,20,7,4,0,7,15,23,27,31,32,31,27,18,9,6,3,8,14,24,30,31,32,30,28]; %月平均高温
y = [-9,-4,1,9,15,21,23,22,15,9,2,-5,-8,-6,1,11,17,20,23,22,15,8,-1,-8,-8,-6,1,6,16,20,23,23,16,9,1,-5,-5,-4,4,11,16,20,24,21,16,9,1,-5,-5,-3,2,9,16,20,22,22,16,9,1,-4,-8,-4,3,11,15,20,23,23,18,9,-1,-4,-5,-3,3,11,16,20,24,22,17]; %月平均低温
z = (x + y)/2; %选用月平均气温进行预测

(2) 构造数据集,以连续 4 个月的北京市月平均气温构成一组样本输入数据,通过基于 BP 神经网络的月平均气温预测模型预测下一个月的月平均气温,根据原数据集重新构造训练集特征输入数据矩阵以及期望输出数据矩阵,以第 i 月为例,则 i、$i+1$、$i+2$、$i+3$ 月构成一组样本特征输入数据,第 $i+4$ 月的北京市月平均气温作为该组样本的期望输出,原数据集中包含 81 个北京市月平均气温数据,最终可生成 77 组样本数据。

```
num = 4;                          % 设定一组样本中包含 4 个数据
iinput = z;                       % z 为原数据集序列
n = length(iinput);               % 获取数组长度得到原数据集中的数据个数
inputs = zeros(num,n - num);      % 初始化训练集特征输入数据矩阵
for i = 1:n - num
% z 数据序列中第 1 个数据依次开始每连续 num 个数据构成一组样本特征输入数据
    inputs(:,i) = iinput(i:i + num - 1)';
end
```

```
% 构造期望输出数据矩阵,原数据序列从第 num + 1 个数据开始为第一组样本数据的预测标签
targets = z(num + 1:end);
```

2)搭建 BP 神经网络

初始化 BP 神经网络参数,通过 MATLAB 自带神经网络工具箱提供的 newff 函数可创建 BP 神经网络。以训练集样本数据训练 BP 神经网络月平均气温预测模型,设置 BP 神经网络隐含层节点个数为 10、训练次数为 50、训练目标误差为 1e-5、训练学习率为 0.05,划分数据集样本训练集、验证集和测试集的数据比例,对训练模型中的参数不断调试,得出较为精准的模型来预测之后的北京市月平均气温。

```
hiddenLayerSize = 10;                              % 隐含层神经元个数
net = newff(inputs,targets,hiddenLayerSize);       % 初始化神经网络
net.divideParam.trainRatio = 80/100;               % 划分训练集数据的比例
net.divideParam.valRatio = 10/100;                 % 划分校验集数据的比例
net.divideParam.testRatio = 10/100;                % 划分测试集数据的比例
net.trainParam.epochs = 50;                        % 设置训练次数为 50
net.trainParam.goal = 1e - 5;                      % 设置神经网络训练目标误差为 1e - 3
net.trainParam.lr = 0.05;                          % 设置神经网络训练学习率为 0.005
```

3)BP 神经网络预测模型训练

以特征输入数据矩阵以及期望输出数据矩阵训练 BP 神经网络,将样本特征输入数据矩阵的 BP 神经网络月平均气温预测模型输出结果与期望输出数据结果做误差计算,判断基于 BP 神经网络的月平均气温预测模型的样本数据的拟合程度。

```
[net,tr] = train(net,inputs,targets);
yn = net(inputs)
figure,plotresponse(con2seq(targets),con2seq(yn))     % 绘制预测的趋势与原趋势图
```

4)BP 神经网络模型预测月平均气温

在原数据集的基础上,通过 BP 神经网络月平均气温预测模型预测之后的月平均气温,同时将得到的网络输出预测结果数据加入特征输入数据矩阵,构成一组新的样本特征输入数据,可持续预测之后的月平均气温。

```
fn = 6;                           % 设定预测步数为 fn
f_in = iinput(n - num + 1:end)';  % 原数据集中最后一组样本数据作为之后第一次预测的特征输入
                                  % 向量
f_out = zeros(1,fn);              % BP 神经网络月平均气温预测输出矩阵
% 多步预测时,用下面的循环将网络输出重新输入
for i = 1:fn
f_out(i) = net(f_in);
f_in = [f_in(2:end);f_out(i)];    % 将前一次输出预测结果数据加入神经网络特征输入向量,构成新
                                  % 的一组样本数据做下一次预测
end
% 画出原数据集以及预测之后 6 个月的月平均气温
figure,plot(1:n,iinput,'b',n:n + fn,[iinput(end),f_out],'r -- ')
```

5. 实验结果分析

在训练次数为 50、隐含层节点个数为 10 的 BP 神经网络参数设置下,77 组样本数据的 BP 神经网络预测结果、期望输出结果以及误差如表 3.6 所示,相应数据点的散点折线图如图 3.44 所示。

表 3.6　样本数据的 BP 神经网络预测结果、期望输出结果及误差

序号	期望输出结果 target	BP 神经网络预测结果 yn	误差 error	序号	期望输出结果 target	BP 神经网络预测结果 yn	误差 error
1	21	21.24	−0.24	40	26	26.24	−0.24
2	26.5	24.27	2.23	41	20.5	21.09	−0.59
3	27	29.11	−2.11	42	13.5	12.91	0.59
4	26.5	26.91	−0.41	43	10	4.83	5.17
5	20	20.52	−0.52	44	3.5	2.96	0.54
6	14	12.37	1.63	45	−0.5	−1.12	0.62
7	6.00	5.46	1.04	46	1	0.57	0.43
8	−1	0.26	−1.26	47	4.5	4.88	−0.38
9	−3.5	−3.16	−0.34	48	11.5	12.11	−0.61
10	−1	−0.44	−0.56	49	19	19.78	−0.78
11	6	7.31	−1.31	50	24	22.93	1.07
12	16	12.37	3.63	51	26	26.72	−0.72
13	23	21.69	1.31	52	27	27.1	−0.1
14	25	24.34	0.66	53	21	23.19	−2.19
15	27	27.02	−0.02	54	14.5	15.74	−1.24
16	26	24.94	1.06	55	4	6.05	−2.05
17	20.5	19.86	0.64	56	0	−1.58	1.58
18	14.5	13.69	0.81	57	−4	−2.03	−1.97
19	4	5.69	−1.69	58	1.5	1.17	0.33
20	−4.5	−2.48	−2.02	59	9	7.89	1.11
21	−4	−3.82	−0.18	60	17	16.87	0.13
22	−1	−0.58	−0.42	61	21	21.72	−0.72
23	6.5	6.61	−0.11	62	25.5	24.87	0.63
24	12	12.07	−0.07	63	27.5	28.04	−0.54
25	22	20.81	1.18	64	27	26.45	0.55
26	24	24.26	−0.26	65	22.5	21.63	0.87
27	27.5	26.81	0.69	66	13.5	15.05	−1.55
28	27.5	26.37	1.13	67	4	4.99	−0.99
29	21	22.07	−1.07	68	1	−0.25	1.25
30	14	15.32	−1.32	69	−1	−1.25	0.25
31	6.5	5.48	1.02	70	2.5	2.17	0.33
32	0.5	1.12	−0.62	71	8.5	9.70	−1.20
33	0	−2.72	2.72	72	17.5	16.86	0.64
34	−0.5	0.09	−0.59	73	23	21.95	1.05
35	10	8.73	1.22	74	25.5	25.44	0.06
36	17	16.22	0.78	75	28	27.28	0.72
37	22	21.84	0.16	76	26	25.01	0.99
38	25.5	25.21	0.29	77	22.5	20.11	2.39
39	28.5	28.08	0.42				

通过样本数据的 BP 神经网络预测结果、期望输出结果以及误差数据散点折线图可以

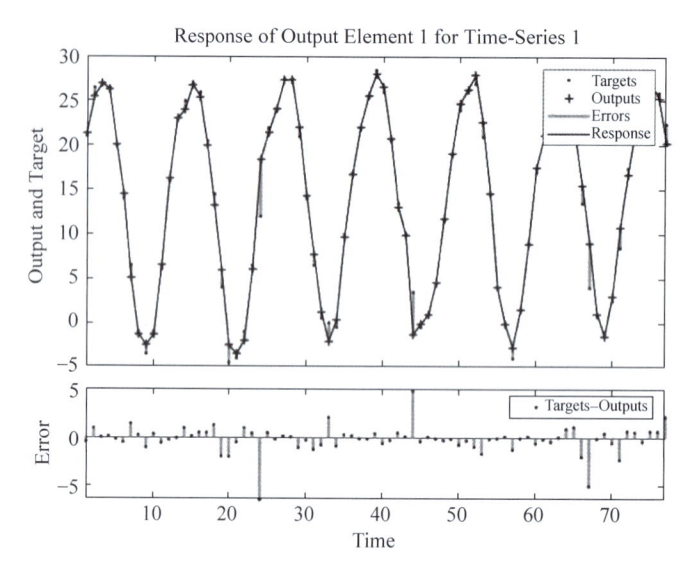

图 3.44　样本数据 BP 神经网络预测结果、期望输出结果及误差数据散点折线图

看出,77 组样本数据的 BP 神经网络北京市月平均气温预测结果整体误差较小,预测结果接近期望输出结果,BP 神经网络月平均气温预测模型数据拟合准确程度较高。

本案例中北京市月平均气温与 BP 神经网络预测模型预测未来 6 个月的北京市月平均气温的结果如图 3.45 所示,虚线为预测曲线。

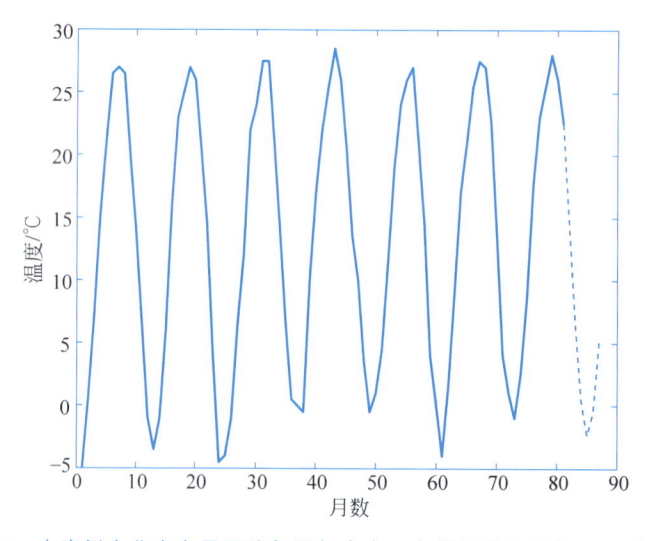

图 3.45　本案例中北京市月平均气温与未来 6 个月的月平均气温预测结果图

由图 3.45 可以看出,BP 神经网络月平均气温预测模型预测之后 6 个月的北京市月平均气温结果浮动趋势与原数据集的变化趋势一致,表明 BP 神经网络月平均气温预测模型预测结果具有一定的稳定性与可靠性,且 BP 神经网络月平均气温预测模型具有较强的数据泛化能力。

BP 神经网络月平均气温预测模型训练过程中的均方误差变化如图 3.46 所示。

由图 3.46 可知,当训练次数达到 10 时,各数据集样本数据均方误差达到最小,当训练次数达到 16 时,各数据集样本数据均方误差达到稳定值。

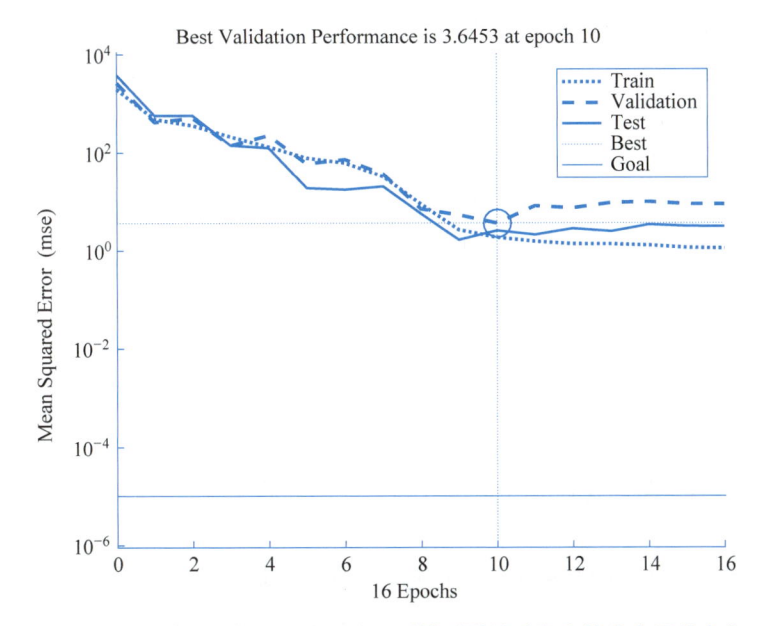

图 3.46　BP 神经网络月平均温度预测模型训练过程中的均方误差变化

训练集、测试集、验证集样本数据期望输出结果与神经网络预测输出结果之间的相关度如图 3.47 所示。

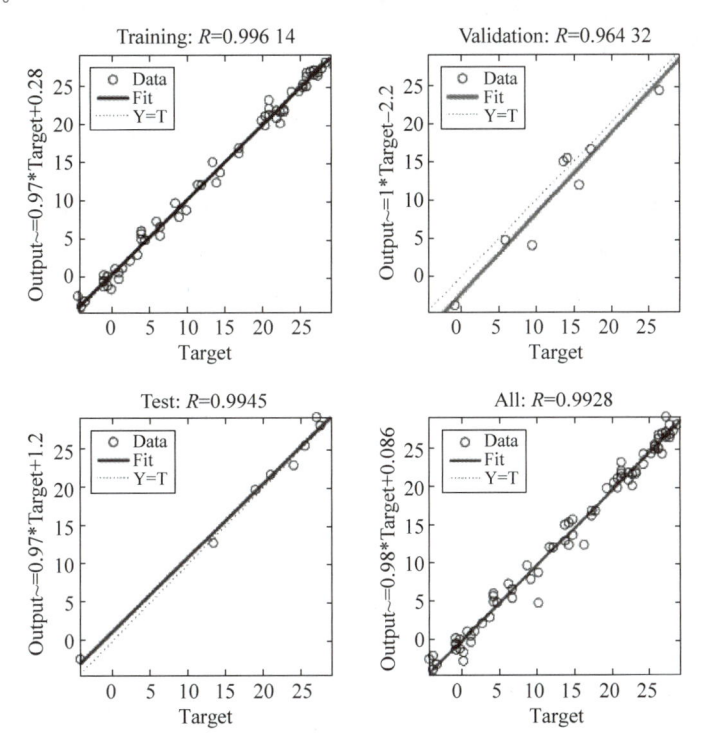

图 3.47　样本数据期望输出结果与神经网络预测输出结果之间的相关度

由图 3.47 可知，训练集、测试集和验证集的相关度系数 R 都接近 1，说明数据集样本数据的期望输出结果与神经网络预测输出结果之间具有的较高相关度。

BP 神经网络隐含层的神经元个数对网络整体性能具有较大影响,当设置的隐含层神经元个数过少时,网络会因为无法充分学习到输入/输出变量之间的关系而具有较差的性能;另一方面,如果设置过多的隐含层神经元,那么网络的学习时间会增长,同时也更容易出现过拟合问题。一般情况下可根据经验公式来确定隐含层节点个数范围,进而根据实际测试效果选取隐含层节点个数。适当增加训练次数也能提高 BP 神经网络模型的准确程度,在 BP 神经网络训练过程中,可不断调节网络参数,以提高神经网络模型的准确程度和泛化能力。

本章习题

1. 描述单层感知器的结构,并解释其为何在现代应用中较少被采用。
2. 解释单层感知器在处理非线性可分问题时的局限性。
3. 说明为什么引入隐含层可以解决单层感知器无法处理的非线性问题。
4. 描述 BP 神经网络的基本结构,并解释其如何通过信号正向传播和误差反向传播进行学习。
5. 解释标准 BP 算法中梯度下降法的基本原理及其在 BP 算法中的应用。
6. 编写一个 Python 或 MATLAB 函数,实现单层感知器的正向传播。使用该函数对简单的线性可分数据集进行分类,并打印分类结果。
7. 不使用 MATLAB 内置函数,手动实现一个 BP 神经网络。训练网络并测试其对简单数据集的分类能力。
8. 修改 BP 算法,实现自适应调整学习率的功能。观察不同学习率调整策略对网络训练速度和最终性能的影响。
9. 训练 BP 神经网络,并使用验证集和测试集评估网络的泛化能力。
10. 使用网格搜索或随机搜索方法等优化 BP 网络的超参数(如层数、每层的节点数、学习率等)。评估不同超参数配置下的网络性能,并选择最佳模型。

第4章 自组织竞争神经网络

CHAPTER 4

自组织竞争神经网络是一类模仿生物神经系统中竞争机制的计算模型,它们能够通过无监督学习过程来发现输入数据的内在结构和特征。这些网络在模式识别、数据聚类和特征提取等领域有着广泛的应用。竞争学习神经网络的典型结构如图 4.1 所示,通常由输入层和竞争层(或称为特征映射层)组成。其中,输入层负责接收外部信息并将输入模式传递给竞争层;而竞争层则负责对该模式进行"分析比较",找出规律以正确归类。网络通过竞争学习机制,使得竞争层中的神经元能够响应输入空间中的特定区域,从而实现对输入数据的聚类。

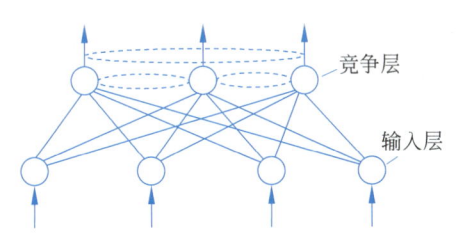

图 4.1 竞争学习神经网络的典型结构

4.1 竞争学习神经网络

竞争学习是指网络竞争层所有神经元相互竞争以获得对外界输入模式响应的权利。竞争获胜节点抑制了竞争失败节点对输入模式的响应,同时,竞争获胜节点的连接权向着当前输入模式竞争更有利的方向进行调整。这种自适应学习,使竞争层节点具有选择接受外界刺激模式的特性。竞争学习的更一般形式是不仅允许单个获胜节点出现,而且允许多个获胜节点出现,学习过程表现在所有获胜节点的连接权调整上。

4.1.1 相似度测量

在竞争学习过程中,输入模式之间的距离或者相似程度是其进行聚类判别的依据。图 4.2 所示为计算模式相似性的两个常用方法:欧氏距离法和余弦距离法。

欧氏距离计算公式如式(4-1)所示,两个模式向量的欧氏距离越小,两个向量越接近,因此当两个模式向量完全相同时其欧氏距离为零。采用欧氏距离聚类,易形成大小相似且紧密的圆形聚类。

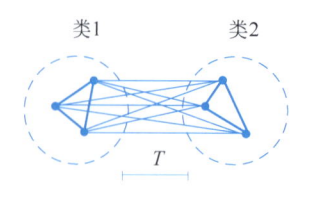

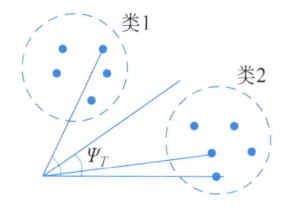

(a) 基于欧氏距离的相似性测量　　(b) 基于余弦距离的相似性测量

图 4.2　相似性测量

$$\|X - X_i\| = \sqrt{(X - X_i)^T(X - X_i)} \tag{4-1}$$

式中，X、X_i 为待测量相似性的两个样本。

余弦距离计算公式如式(4-2)所示，两个模式向量越接近，其夹角越小，余弦越大。其聚类特点是易形成大体同向的狭长形聚类，该方法适用于模式向量长度相同或模式特征值与向量方向有关的相似性测量。

$$\cos\psi = \frac{X^T X_i}{\|X\|\|X_i\|} \tag{4-2}$$

当式(4-2)中的 X、X_i 都是模为 1(或常数)的单位向量时，欧氏距离和余弦距离关系如下：

$$\|X - X_i\| = \sqrt{(X - X_i)^T(X - X_i)} = \sqrt{X^T X - 2X^T X_i + X^T X} = \sqrt{2 - 2\cos\psi} \tag{4-3}$$

欧氏距离等价于余弦距离(即欧氏距离越小，余弦距离越大，模式相似度越大)，余弦距离退化为向量内积。

4.1.2　竞争学习原理

竞争学习采用"胜者为王"的学习规则。当有样本输入时，网络的输出神经元之间相互竞争以求被激活，最终输出层只有一个神经元被激活，这个被激活的神经元被称为竞争获胜神经元，而输出层其他神经元的状态被抑制，故称为 Winner Take All，即"胜者为王"。

竞争学习过程主要包括以下 3 个步骤。

(1) 向量归一化。对网络当前输入模式向量 X 和竞争层中各神经元对应的内星权向量 $W_j(j=1,2,\cdots,m)$ 全部进行归一化，记为 $\hat{X}$、$\hat{W}_j$。

(2) 寻找获胜神经元。竞争层的所有神经元对应的内星权向量 $\hat{W}_j$ 与归一化后的输入模式向量 $\hat{X}$ 进行相似性比较，将与 $\hat{X}$ 最相似的内星权向量对应的神经元判为竞争获胜神经元，其权向量记为 $\hat{W}_{j^*}$。从式(4-4)~式(4-6)可知，获胜神经元本质上就是与输入模式内积最大的权值所对应的神经元。

$$\|\hat{X} - \hat{W}_{j^*}\| = \min_{j \in \{1,2,\cdots,m\}} \{\|\hat{X} - \hat{W}_j\|\} \tag{4-4}$$

$$\|\hat{X} - \hat{W}_{j^*}\| = \sqrt{(\hat{X} - \hat{W}_{j^*})^T(\hat{X} - \hat{W}_{j^*})} = \sqrt{2(1 - \hat{W}_{j^*}\hat{X}^T)} \tag{4-5}$$

所以

$$\hat{W}_{j^*}^T \hat{X} = \max_{j \in \{1,2,\cdots,m\}} (\hat{W}_j^T \hat{X}) \tag{4-6}$$

(3) 网络输出与权值调整。获胜神经元输出为 1，其他神经元输出为 0。

$$o_j(t+1) = \begin{cases} 1 & j = j^* \\ 0 & j \neq j^* \end{cases} \quad (4\text{-}7)$$

只有获胜神经元才有权调整其权向量，调整规则如式(4-8)所示，而竞争失败神经元的权值则无法进行调整。上述学习规则从原理上模拟了生物神经元的侧抑制与竞争现象。

$$\begin{cases} \boldsymbol{W}_{j^*}(t+1) = \hat{\boldsymbol{W}}_{j^*}(t) + \Delta \boldsymbol{W}_{j^*} = \hat{\boldsymbol{W}}_{j^*}(t) + \alpha(\hat{\boldsymbol{X}} - \hat{\boldsymbol{W}}_{j^*}), & j = j^* \\ \boldsymbol{W}_j(t+1) = \hat{\boldsymbol{W}}_j(t), & j \neq j^* \end{cases} \quad (4\text{-}8)$$

式中，$\alpha \in (0,1]$ 为学习率，一般其值随着学习的进展而减小。

步骤(3)完成后，注意此时更新后的权向量不是单位向量，需要再归一化，然后回到步骤(1)继续训练，直到学习率衰减到 0 或规定值。

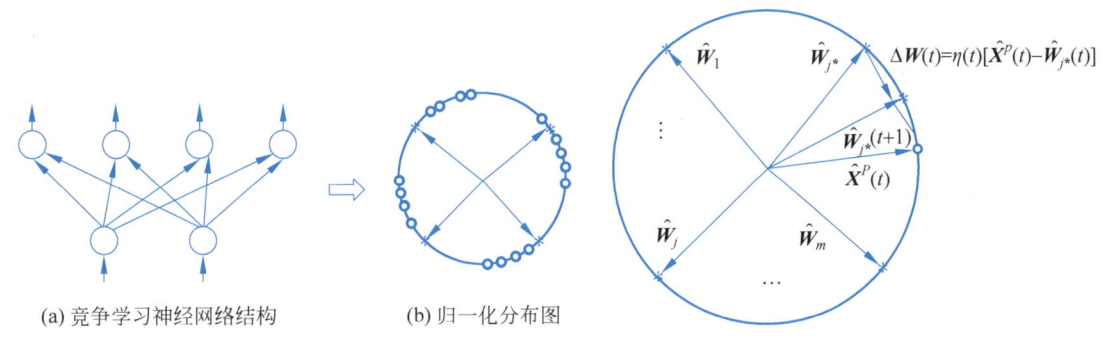

图 4.3 所示为竞争学习神经网络案例示意图。以图 4.3(a)所示的输入层有 2 个神经元、输出层有 4 个神经元的竞争学习神经网络来说明网络训练过程。从网络结构可知，网络输入模式为二维向量，因此输入模式归一化后可以看成分布在图 4.3(b)所示的单位圆上的点，用"○"表示；输出层上 4 个神经元的权向量经归一化后在图 4.3(b)所示的单位圆上用"*"表示。从图 4.3(b)单位圆上的样本分布可以看出，输入样本大体上聚集为 4 簇，因而可分为 4 类。然而竞争学习网络的训练样本中只提供了输入模式，而没有分类的指导信息，即为无监督学习。那么网络如何通过竞争学习进行自发聚类呢？

图 4.4 所示为竞争学习神经网络自组织权向量调整示意图。竞争学习网络在开始训练前先对竞争层的权向量进行随机初始化，因此初始状态时，单位圆上的"*"是随机分布的。当输入第 P 个模式向量 $\hat{\boldsymbol{X}}^P(t)$ 时（如图 4.4 中的"○"所示位置处），距离当前输入模式最近的神经元获胜。根据获胜神经元的权值调整式(4-8)得到 $\hat{\boldsymbol{W}}_{j^*}(t+1)$，调整的结果使得该"*"对应的神经元权值与当前输入模式进一步接近。同时，获胜神经元位置进一步移向输入模式及其所在的簇。显然，当下次出现与该输入模式相近的同簇内的输入模式时，上次获胜的星号更容易获胜。以此方式经过充分训练后，单位圆上的 4 个"*"会逐渐移入各个输入模式的簇中心，从而使竞争层每个神经元的权向量成为一类输入模式的聚类中心。网络训练完毕后，当向网络输入一个模式向量时，根据竞争层中输出为 1 的神经元，即可将当前输入模式归属为相应类。

(a) 竞争学习神经网络结构　　(b) 归一化分布图

图 4.3　竞争学习神经网络案例示意图　　图 4.4　竞争学习神经网络自组织权向量调整示意图

4.2 自组织特征映射神经网络

1981年芬兰Helsink大学的T.Kohonen教授提出了一种自组织特征映射(SOM)神经网络,又称Kohonen网。

脑神经科学研究表明:传递感觉的神经元排列是按某种规律有序进行的,这种排列往往反映所感受的外部刺激的某些物理特征。例如,在听觉系统中,神经细胞和纤维是按照其最敏感的频率分布而排列的。为此,Kohonen认为,神经网络在接收外界输入时,将会分成不同的区域,不同的区域对不同的模式具有不同的响应特征,即不同的神经元以最佳方式响应不同性质的信号激励,从而形成一种拓扑意义上的有序图。这种有序图也称为特征图,它实际上是一种非线性映射关系,它将信号空间中各模式的拓扑关系几乎不变地反映在这张图上,即各神经元的输出响应上。由于这种映射是通过无监督的自适应过程完成的,所以也称它为自组织特征图。

自组织特征映射神经网络是一种采用无监督竞争学习机制的人工神经网络,通过自组织地调整网络参数与结构去发现输入数据的内在规律,最终通过非线性映射达到聚类的目的。

4.2.1 网络结构

典型的SOM神经网络共有两层,输入层模拟感知外界输入信息的视网膜,输出层模拟做出响应的大脑皮层。图4.5为SOM神经网络输出典型阵列,有一维线阵与二维平面阵。

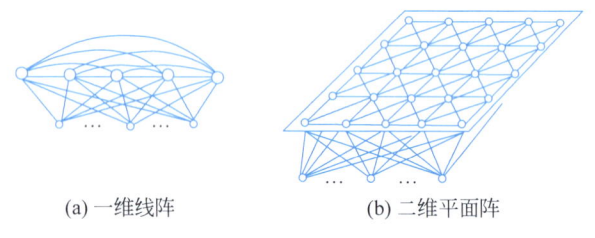

(a) 一维线阵　　(b) 二维平面阵

图4.5　SOM神经网络输出典型阵列

输入层神经元的数量是由输入向量的维度决定的,1个神经元对应输入向量的1个维度。SOM神经网络结构的区别主要在竞争层,如一维线阵、二维平面阵,也可以有更高的维度。但为了便于可视化,高维竞争层通常用得比较少。图4.6所示为常用的两种竞争层二维平面结构。竞争层神经元的数量决定了最终模型的粒度与规模,这对最终模型的准确性与泛化能力影响很大。

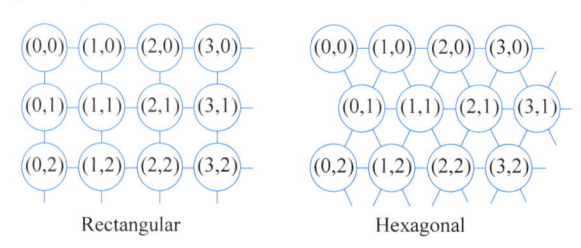

Rectangular　　Hexagonal

图4.6　竞争层二维平面结构

4.2.2 学习算法

1. 权值域调整

和 4.1 节介绍的"胜者为王"的学习规则不同,SOM 神经网络采用的学习算法称为 Kohonen 算法,是在"胜者为王"学习规则的基础上改进得到的。其主要区别在于调整权向量与侧抑制的方式不同。在 Kohonen 算法中,获胜神经元对其邻近神经元的影响是由近及远,由兴奋逐渐转变为抑制,因此其学习算法中不仅获胜神经元本身要调整权向量,它周围的神经元在其影响下也要不同程度地调整权向量。图 4.7 为常见的 3 种邻域权值调整函数。

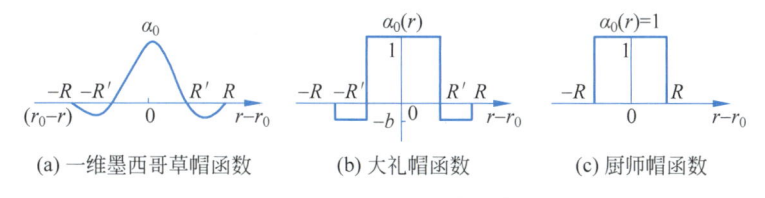

(a) 一维墨西哥草帽函数　　(b) 大礼帽函数　　(c) 厨师帽函数

图 4.7　邻域权值调整函数

其中,图 4.7(a)所示为一维墨西哥草帽函数,获胜节点有最大的权值调整量,与获胜节点临近的节点有稍小的调整量,与获胜节点距离越大,权值调整量越小,直到某一距离 R 时,权值调整量为零;当距离再远一些时,权值调整量稍负,再远又回到零。图 4.7(a)展示的是一维墨西哥草帽函数,也可以在两个或更多个维度上使用墨西哥草帽函数,图 4.8 是二维墨西哥草帽函数。

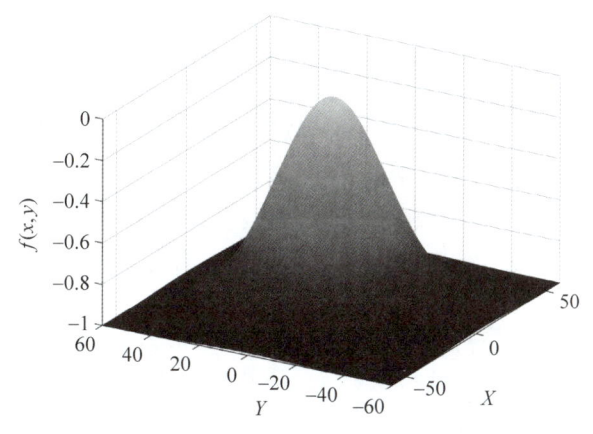

图 4.8　二维墨西哥草帽函数

图 4.7(b)所示为大礼帽函数,它是墨西哥草帽函数的一种简化。
图 4.7(c)所示为厨师帽函数,它是大礼帽函数的一种简化。
以获胜神经元为中心设定一个邻域半径 R,该半径圈定的范围称为优胜邻域。在 SOM 神经网络学习算法中,优胜邻域内的所有神经元均按其离开获胜神经元的距离远近不同程度地调整权值。优胜邻域开始可以定得较大,但其大小随着训练次数的增加不断收缩,最终收缩到半径为零。

2. 学习算法

Kohonen 学习算法流程图如图 4.9 所示。

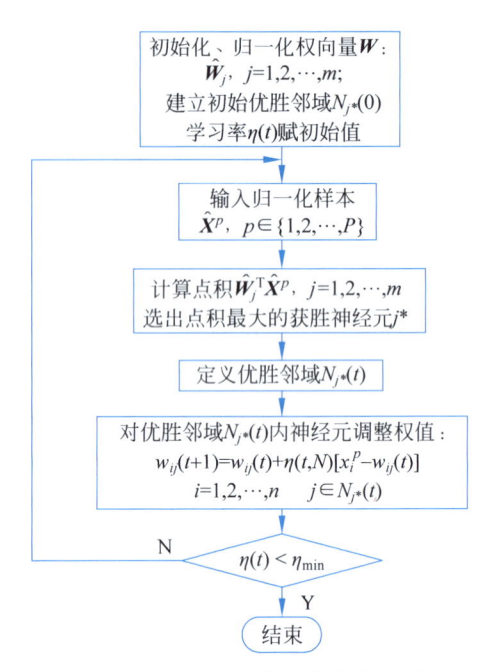

图 4.9 Kohonen 学习算法流程图

其主要步骤如下。

(1) 初始化、归一化：对竞争层各神经元权值赋小随机数初值，并进行归一化处理得到 $\hat{\boldsymbol{W}}_j$；建立初始优胜邻域 $N_{j^*}(0)$；学习率 η 初始化。

(2) 对输入数据进行归一化处理。

(3) 寻找获胜神经元，计算 $\hat{\boldsymbol{W}}_j^{\mathrm{T}} \hat{\boldsymbol{X}}^p$ 点积，并从中选出点积最大的获胜神经元 j^*。

(4) 定义优胜邻域 $N_{j^*}(t)$，以 j^* 为中心确定 t 时刻的权值调整域，一般初始邻域 $N_{j^*}(0)$ 较大，训练时 $N_{j^*}(t)$ 随训练时间逐渐收缩。

图 4.10 所示为邻域 $N_{j^*}(t)$ 收缩示例，其中 8 个邻点称为 Moore neighborhoods，6 个邻点的称为 Hexagonal grid。随着 t 的增大，邻域逐渐缩小。

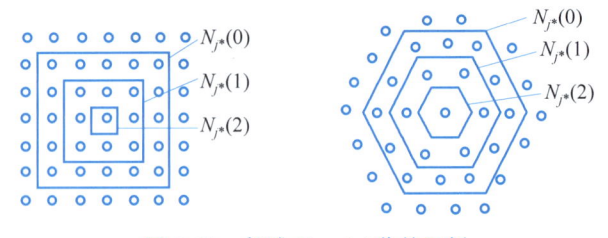

图 4.10 邻域 $N_{j^*}(t)$ 收缩示例

(5) 调整权值，对优胜邻域内的所有神经元调整权值：

$$w_{ij}(t+1) = w_{ij}(t) + \eta(t,N)[x_i^p - w_{ij}(t)], \quad i=1,2,\cdots,n, \quad j \in N_{j^*}(t) \qquad (4\text{-}9)$$

式中，$\eta(t,N)$ 是训练时间 t 和邻域内第 j 个神经元与获胜神经元 j^* 之间的拓扑距离 N 的函数，该函数一般有如下规律：

$$t \uparrow \rightarrow \eta \downarrow, \quad N \uparrow \rightarrow \eta \downarrow$$

(6) 结束检查,查看学习率是否减小到零,或者已小于阈值。

3. 运行原理

SOM 神经网络的运行分训练和工作两个阶段。

在训练阶段,对网络随机输入训练集中的样本,对某个特定的输入模式,输出层会有某个神经元产生最大响应而获胜,而在训练开始阶段,输出层哪个位置的神经元将对哪类输入模式产生最大响应是不确定的。当输入模式的类别发生变化时,二维平面的获胜神经元也会随之改变。获胜神经元周围的神经元因侧向相互兴奋作用产生较大响应,于是获胜神经元以及其优胜邻域内的所有神经元所连接的权向量均向输入向量的方向作程度不同的调整,调整力度依邻域内各神经元距获胜神经元的距离远近而逐渐衰减。网络通过自组织方式,用大量训练样本调整网络的权值,最后使输出层各神经元成为对特定模式类敏感的神经细胞,对应的内星权向量成为各输入模式类的中心向量。并且当两个模式类的特征接近时,代表这两类的神经元在位置上也接近,从而在输出层形成能够反映样本模式类分布情况的有序特征图。

SOM 神经网络训练结束后就进入了工作阶段,网络输出层各神经元与各输入模式类的特定关系就完全确定了,此时 SOM 神经网络可用作模式分类器。当输入一个模式时,网络输出层代表该模式类的特定神经元将产生最大响应,从而将该输入自动归类。应当指出的是,当向网络输入的模式不属于网络训练时见过的任何模式类时,SOM 神经网络只能将它归入最接近的模式类。

4.3 自组织神经网络应用案例

4.3.1 基于 SOM 神经网络的汽车竞品分析

汽车竞品分析是指对市场上与特定汽车品牌或车型形成竞争关系的其他品牌或车型进行系统的研究和评估。这种分析对于汽车制造商、销售商以及政策制定者都具有重要的意义。

对于汽车制造商而言,通过竞品分析,企业可以了解市场上的竞争格局,明确自身产品在市场中的定位,以及与竞争对手相比的优势和不足。制造商可以根据竞品分析的结果,调整产品设计、性能、配置等,以满足市场需求或突出差异化特点。了解竞品的定价策略有助于企业制定或调整自己的价格策略,以吸引消费者或提高竞争力。竞品分析可以揭示竞争对手的营销和促销手段,为制定有效的市场推广计划提供参考。分析竞品的技术特点和创新点,可以激发企业自身的创新思维,推动技术进步。通过长期跟踪竞品动态,企业可以把握市场趋势和消费者行为的变化,为长期战略规划提供依据。对于政府或行业组织来说,了解汽车行业的竞品情况有助于制定更有针对性的产业政策和监管措施。从消费者角度来说,竞品分析有助于理解消费者对竞争产品的看法和偏好,从而更好地满足消费者需求。

因此,汽车竞品分析是汽车行业市场研究的重要组成部分,对于企业制定战略规划、提升竞争力和实现可持续发展具有重要作用。

本案例基于 SOM 神经网络对汽车竞品进行聚类分析。

1. 数据集

1)数据集来源

数据集来源于阿里云天池网,具体网址见配套资源的"资源列表"文档。对于指定车型,可以通过数据集聚类分析找到其竞品车型。

2）数据集字段

数据集共有 205 个汽车样本，每个样本共有 26 条属性，表 4.1 是属性字段及其含义说明表。

表 4.1　属性字段及其含义说明表

序　号	属性字段	含义说明
1	Car_ID	唯一编号
2	symboling	保险风险评级，+3 表示汽车有风险，-3 表示相当安全
3	carCompany	汽车公司名称
4	fueltype	汽车燃料类型
5	aspiration	汽车中使用的抽吸
6	doornumber	汽车的门数
7	carbody	车体
8	drivewheel	驱动轮类型
9	enginelocation	汽车发动机的位置
10	wheelbase	轴距
11	carlength	车长
12	carwidth	车宽
13	carheight	车高
14	curbweight	车净重
15	enginetype	发动机类型
16	cylindernumber	发动机缸数
17	enginesize	发动机尺寸
18	fuelsystem	汽车燃油系统
19	boreratio	汽车孔径
20	stroke	油箱容量
21	compressionratio	汽车压缩比
22	horsepower	马力
23	peakrpm	发动机峰值转速
24	citympg	城市道路里程
25	highwaympg	高速公路里程
26	price	汽车价格

2. SOM 神经网络设计

1）输入层节点数

由于数据集中没有要求采用汽车的哪种属性作为特征聚类，因此本案例以 Volkswagen（大众）对汽车的性能要求为例，根据数据集找出（大众）汽车的相应竞品。

按照 Volkswagen（大众）汽车的性能要求，选出 14 个汽车属性作为 SMO 神经网络的输入，因此输入层个数为 14。这 14 个汽车属性为 symboling、drivewheel、wheelbase、carlength、carwidth、curbweight、cylindernumber、enginesize、stroke、horsepower、peakrpm、citympg、highwaympg、price。

2) 竞争层节点数

对输出种类没有先验经验的情况下,可以多设节点个数。本案例中设置竞争层个数为 1×10 的线阵。选取的竞争层节点个数不同,聚成同类的汽车种类与数目也会不同。

3. SOM 神经网络的训练和测试

本案例采用 MATLAB 代码实现 SOM 神经网络的训练和测试,具体代码如下。

```
clear;
clc;
data = readtable('car_price.csv');              % 读取汽车数据
data_mapping = data;
% 将字符串型变量转换为数值型变量
drivewheel_mapping = containers.Map({'rwd', 'fwd', '4wd'}, {1, 2, 3});
data_mapping.drivewheel = cellfun(@(x) drivewheel_mapping(x), data.drivewheel);
% 将字符串型变量转换为数值型变量
cylindernumber_mapping = containers.Map({'two', 'three', 'four', 'five', 'six', 'eight', 'twelve'}, {2, 3, 4, 5, 6, 8, 12});
data_mapping.cylindernumber = cellfun(@(x) cylindernumber_mapping(x), data.cylindernumber);
% 选择聚类特征
features = data_mapping{:, {'symboling', 'drivewheel', 'wheelbase', 'carlength', 'carwidth', 'curbweight', 'cylindernumber', 'enginesize', 'stroke', 'horsepower', 'peakrpm', 'citympg', 'highwaympg','price'}};
features_norm = zscore(features);                % 标准化特征
% 设置 SOM 神经网络参数
som_net = selforgmap([14 10]);                   % 设置 SOM 神经网络为 14×10 的网格
som_net.trainParam.epochs = 500;                 % 设置迭代次数为 500
som_net = train(som_net, features_norm);         % 训练 SOM 神经网络
% 计算每个样本在 SOM 神经网络中的最佳匹配单元
bmus = vec2ind(som_net(features_norm));
% 找到 Volkswagen 汽车的索引
VW_index = find(strncmp(data.CarName, 'volkswagen', 10));
VW_bmu = bmus(VW_index);                         % 找到 Volkswagen 汽车所属的最佳匹配单元
% 初始化一个空向量用来存储所有符合条件的索引
competitors_indices = [];
% 遍历 VW_bmu 中的每个元素
for i = 1:1:numel(VW_bmu)
% 找到与当前 VW_bmu 元素相匹配的索引,并将其添加到 competitors_indices 中
    competitors_indices = [competitors_indices, find(bmus == VW_bmu(i))];
end
competitors = data(competitors_indices, :);     % 输出 Volkswagen 汽车的竞品
disp(competitors);                              % 显示 Volkswagen 汽车的竞品
competitors = setdiff(competitors_indices, VW_index);
% 找出非 Volkswagen 汽车的竞品
competitors = data(competitors, :);
disp(competitors);
```

4. 运行结果

(1) 当代码运行到"som_net = train(som_net,features_norm')"时,会弹出 nntraintool 界面。在该界面中单击 SOM Sample Hits,可以得到如图 4.11 所示的 SOM 神经网络神经元激活情况。

(2) 程序运行完毕后,命令行窗口结果如图 4.12 所示,是和 Volkswagen 汽车聚成同类

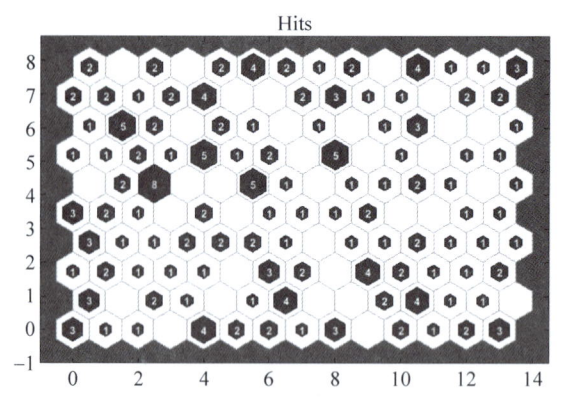

图 4.11　SOM 神经网络神经元激活情况

的所有汽车的信息。

图 4.12　和 Volkswagen 汽车聚成同类的所有汽车信息的命令行窗口结果

（3）从上述运行结果不难发现，和 Volkswagen 汽车聚成同类的汽车中仍然包含 Volkswagen 汽车。因为只需要找到 Volkswagen 汽车的竞品，因此应剔除 Volkswagen 汽车本身，执行"competitors = setdiff(competitors_indices, VW_index);"后，命令行窗口结果如图 4.13 所示，是 Volkswagen 汽车聚成同类但不包含它本身的所有汽车的信息。最终通过 SOM 聚类后得出，Volkswagen 汽车的竞品车型有三种。

图 4.13　Volkswagen 竞品汽车信息的命令行窗口结果

4.3.2　基于 SOM 神经网络的葡萄干聚类分析

葡萄干是一种常见的食品原料，在食品工业中有广泛的应用，如应用在烘焙、糕点、糖果和谷类产品中。葡萄干的质量因其种类、成熟度和处理方法等因素而异。通过对葡萄干进行分类,可以更好地监测和控制产品质量,保证产品符合标准和消费者期望。

传统的葡萄干分类方法通常基于人工观察和经验判断,如观察外观特征、颜色、大小和形状等。虽然这些方法简单易行,但受主观因素影响大,分类结果的准确性和一致性有限。近年来,随着机器视觉技术的发展,越来越多的研究采用图像处理和模式识别技术对葡萄干进行分类。这些方法利用计算机视觉系统自动提取葡萄干的特征,如纹理、形状和大小等,然后通过机器学习算法进行分类。相较于传统方法,机器视觉技术能够实现自动化和高效率的分类,提高分类的准确性和一致性。

本案例首先采用 SOM 神经网络对不同品种葡萄干进行聚类分析。针对已训练好的 SOM 神经网络,采用测试集来验证 SOM 神经网络的性能(测试集类别标签已知)。

1. 数据集

1)数据集来源

本案例中葡萄干数据集来源于加州大学欧文分校机器学习数据库,具体网址见配套资源的"资源列表"文档。数据集包含土耳其种植的 Kecimen 和 Besni 两个品种的葡萄干样本 900 粒,每个品种 450 粒。

2)数据集字段

图 4.14 所示为采集不同品种葡萄干的样本图像,采用特征提取获得如下 7 个形态特征,构成数据集。

(1)面积:葡萄干边界内像素的数量。

(2)周长:通过计算葡萄干边界与其周围像素之间的距离来测量周长。

(3)主轴长度:葡萄干上最长线条的主轴长度。

(4)副轴长度:葡萄干上最短线条的副轴长度。

(5)偏心率:与葡萄干具有相同矩的椭圆的偏心率量。

(6)凸包面积:葡萄干区域的最小凸壳的像素数量。

(7)范围:葡萄干区域与边界框内总像素的比例。

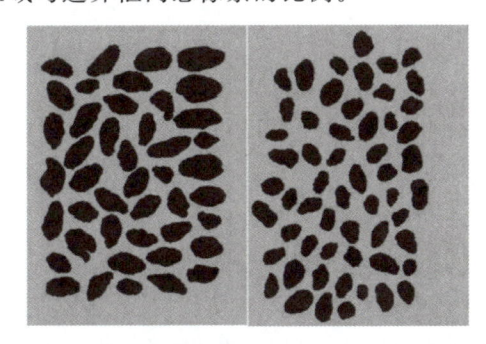

图 4.14 葡萄干样本图像(Besni(左),Kecimen(右))

2. SOM 神经网络设计

1)输入层节点数

根据数据集特征,将表征葡萄干形态特征的 7 维数据作为输入,因此输入层节点数设为 7。

2）竞争层节点数

本案例是为了验证 SOM 神经网络是否适用于葡萄干品种聚类分析，且对数据集已有先验知识，因此将竞争层设为 1×2 的线阵。

3. SOM 神经网络训练和测试

本案例采用 MATLAB 代码实现 SOM 神经网络的训练和测试，采用 newsom 函数建立 SOM 神经网络，具体代码如下。

```
clear;
clc;
%% 数据预处理
X = readtable('Raisin Dataset');
%% 根据特定条件划分数据集
% 创建交叉验证的分割,这里假设有 10 折交叉验证
cv = cvpartition(size(X, 1), 'HoldOut', 0.2);            % 80% 数据作为训练集
% 获取训练集和测试集的索引
trainIdx = cv.training;
testIdx = cv.test;
% 根据特定条件划分数据集
% 将表格数据转换为数组
X_train = table2array(RaisinDataset(trainIdx, 1:end-1));
X_test = table2array(RaisinDataset(testIdx, 1:end-1));
% 训练集标签:前 450 行是第一类葡萄干,后面是第二类葡萄干
y_train = [ones(sum(trainIdx(1:450)), 1); 2 * ones(sum(trainIdx(451:end)), 1)];
y_test = [ones(sum(testIdx(1:450)), 1); 2 * ones(sum(testIdx(451:end)), 1)];
%% SOM 神经网络建立和训练
% newsom 建立 SOM 神经网络。竞争层大小为 1×2
net = newsom(minmax(X_train'), [1 2]);
% 设置训练参数
epochs = 100;                                            % 训练次数为 100 次
% 训练网络
net.trainParam.epochs = epochs;
net = train(net, X_train');
%% 在测试集上进行测试
% 在测试集上获取分类结果
y_pred = vec2ind(net(X_test'));
% 计算准确率
accuracy = sum(y_pred' == y_test) / length(y_test);
% 显示预测结果和准确率
disp(['测试准确率为: ', num2str(accuracy)]);
```

4. 运行结果

设网络训练步数为 100，运行过程中会弹出如图 4.15 所示的 SOM-nntraintool 运行界面，主要显示网络运行过程中的相关参数，如网络结构、算法、进度及结果图等。

单击图 4.15 中 Plots 下的各按钮，可以观察得到输出的神经元的拓扑结构、邻近神经元之间的距离情况以及每个神经元的选中输出的频次等情况。采用已知类别的测试集验证 SOM 聚类效果，识别准确率仅为 80% 左右，因此 SOM 神经网络性能有待优化提升。

MATLAB 提供 SOM 运行的 GUI 界面。在 COMMAND 窗口调用 nctool 函数，可得如图 4.16 所示的 nctool 运行界面，按照提示单击按钮即可载入数据集，设定 SOM 神经网络结构和运行参数，方便不熟悉 MATLAB 代码书写的用户使用。

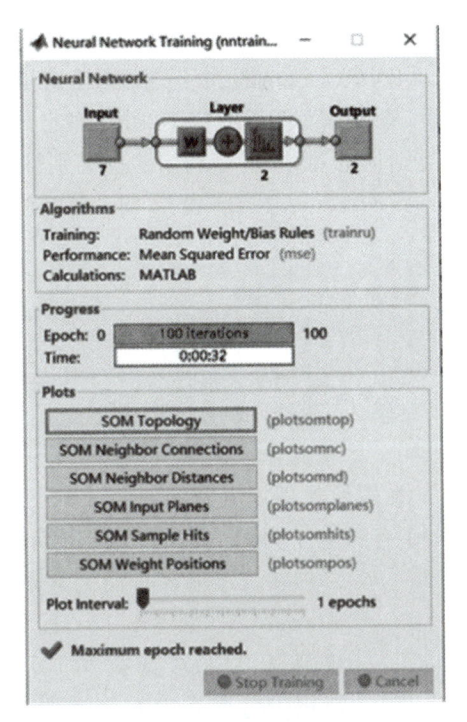

图 4.15　SOM-nntraintool 运行界面

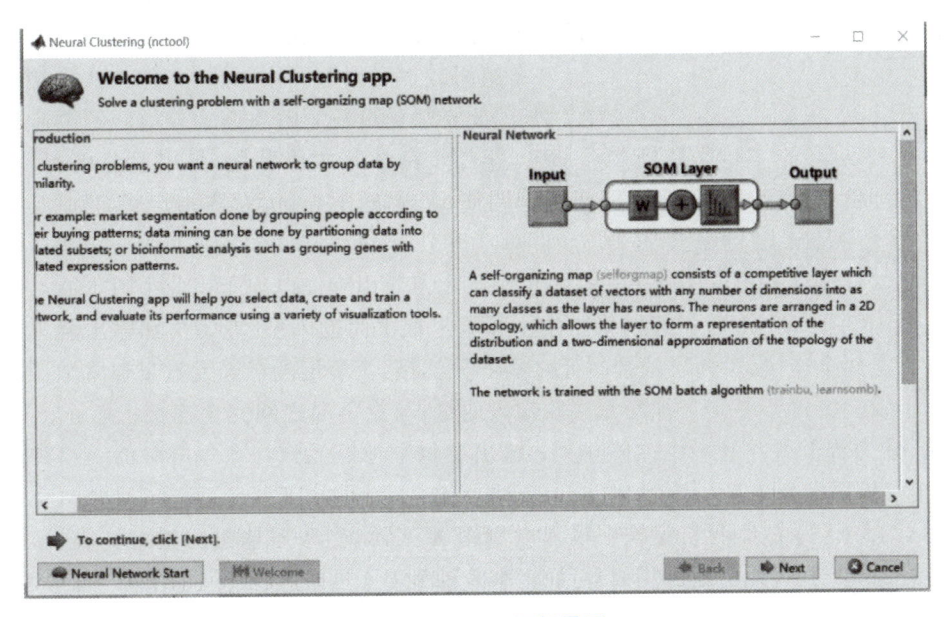

图 4.16　nctool 运行界面

4.4　学习向量量化神经网络

学习向量量化(Learning Vector Quantization,LVQ)是一种基于原型的监督学习统计学分类算法,属于原型聚类。在 LVQ 中,"原型"指的是一组预先定义的向量,这些向量代表了不同类别的典型特征。这些原型向量通常在训练过程中通过学习算法进行调整,以更好地捕捉数据中的关键特征。LVQ算法试图找到一组原型向量来聚类,每个原型向量代表一个簇,将空间划分为若干簇,从而对于任意的样本,可以将它划入距它最近的簇中,不同的是LVQ假设数据样本带有类别标记,因此可以利用这些类别标记来辅助聚类。

LVQ神经网络是由Teuvo Kohonen在20世纪80年代提出的,主要用于模式识别和分类任务。该神经网络是在竞争神经网络结构的基础上被提出来的,融合了竞争学习思想和有监督学习的特点。

4.4.1 向量量化

向量量化的思路是,将高维输入空间分成若干不同的区域,对每个区域确定一个中心向量作为聚类的中心,与其处于同一区域的输入向量可用该中心向量来代表,从而形成了以各中心向量为聚类中心的点集。在图像处理领域常用各区域中心点(向量)的编码代替区域内的点来存储或传输,从而提出了各种基于向量量化的有损压缩技术。

在二维输入平面上表示的中心向量分布称为二维Voronoi图(见图4.17),前面介绍的"胜者为王"的学习规则以及SOM竞争学习算法都是一种向量量化算法,能用少量聚类中心表示原始数据,以起到数据压缩作用。但SOM的各聚类中心对应的向量具有某种相似的特征,而一般向量量化的中心不具有这种相似性。

自组织映射可以起到聚类作用,但无法直接分类或识别,因此它只是自适应解决模式分类问题两步中的第一步。第二步是学习向量量化,采用监督机制,在训练中加入教师信号作为分类信息对权值进行调整,并对输出神经元预先指定其类别。

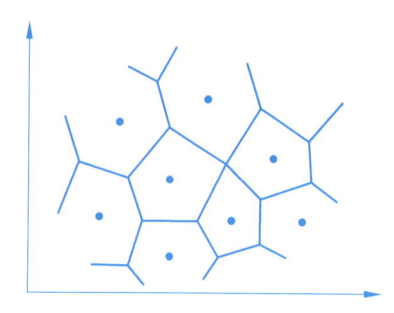

图 4.17 二维 Voronoi 图

4.4.2 网络结构

图4.18所示的LVQ神经网络结构由下至上依次为输入层、竞争层和输出层。前两层的神经元之间全连接,后两层的神经元之间部分连接,竞争层的神经元数量通常大于输出层神经元个数。输入层有n个神经元接收输入向量,与竞争层之间完全连接;竞争层有m个神经元,分为若干组并呈一维线阵排列;输出层每个神经元只与竞争层中的一组神经元连接,连接权值固定为1。

图4.18 LVQ神经网络结构中输入向量用X表示,竞争层输出向量用Y表示,输出层输出向量用O表示,期望输出用d表示。输入层到竞争层的权值矩阵用W^1表示,竞争层到输出层的权值矩阵用W^2表示。

4.4.3 运行原理

在LVQ神经网络的训练过程中输入层和竞争层之间的连接权值被逐渐调整为聚类中心,当一个输入样本被送至LVQ神经网络时,竞争层的神经元通过"胜者为王"的学习规则产生获胜神经元,容许其输出为"1",而其他输出均为"0",与获胜神经元所在组相连接的输出神经元输出为"1",而其他输出神经元输出为"0",从而给出当前输入样本的模式。通常将

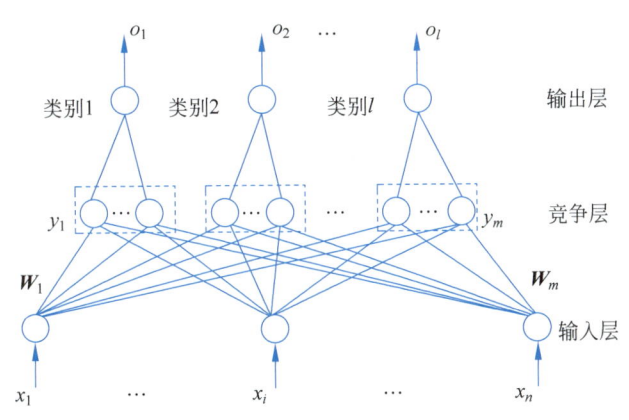

图 4.18　LVQ 神经网络结构

竞争学习得到的类称为子类。将输出层学习得到的类称为目标类。

4.4.4　学习算法

LVQ 神经网络的学习规则结合了竞争学习规则和有导师学习规则，所以需要一组具有教师信号的样本对网络进行训练。在 LVQ 神经网络中有两组权值需要确定：一是输入层到竞争层的权值矩阵 $\boldsymbol{W}^1$，二是竞争层到输出层的权值矩阵 $\boldsymbol{W}^2$。

（1）$\boldsymbol{W}^2$ 的确定。通常把竞争层的每个神经元指定给一个输出神经元，相应的权值为 1，从而得到输出层的权值矩阵 $\boldsymbol{W}^2$。例如，某 LVQ 神经网络竞争层有 6 个神经元，输出层有 3 个神经元，代表 3 类。若将竞争层的 1、3 指定为第一个输出神经元，2、5 指定为第二个输出神经元，4、6 指定为第三个输出神经元，则竞争层到输出层的权值矩阵为

$$\boldsymbol{W}^2 = \begin{pmatrix} 1 & 0 & 0 \\ 0 & 1 & 0 \\ 1 & 0 & 0 \\ 0 & 0 & 1 \\ 0 & 1 & 0 \\ 0 & 0 & 1 \end{pmatrix}$$

（2）$\boldsymbol{W}^1$ 的确定。训练前，需要预先定义好竞争层到输出层权值，从而指定了输出神经元类别，训练中不再改变。网络的学习通过改变输入层到竞争层的权值 $\boldsymbol{W}^1$ 来进行。根据输入样本类别和获胜神经元所属类别，可判断当前分类是否正确。若分类正确，则将获胜神经元的权向量向输入向量方向调整，反之则向相反方向调整。图 4.19 为 LVQ 神经网络权值调整示意图。

图 4.20 所示为 LVQ 神经网络学习算法。

（1）初始化。竞争层各神经元权值向量随机赋值小随机数 $W_j^1(0), j=1,2,\cdots,m$，确定初始学习率 $\eta(0)$ 和训练次数 t_m。

（2）输入样本向量 $\boldsymbol{X}$。

（3）寻找获胜神经元 j^*，按照欧氏距离最小寻找获胜神经元。

$$\|\boldsymbol{X} - \boldsymbol{W}_{j^*}^1\| = \min_j \|\boldsymbol{X} - \boldsymbol{W}_j^1\|, \quad j=1,2,\cdots,m \tag{4-10}$$

（4）根据分类是否正确按照不同规则调整获胜神经元的权值，当网络分类结果与教师

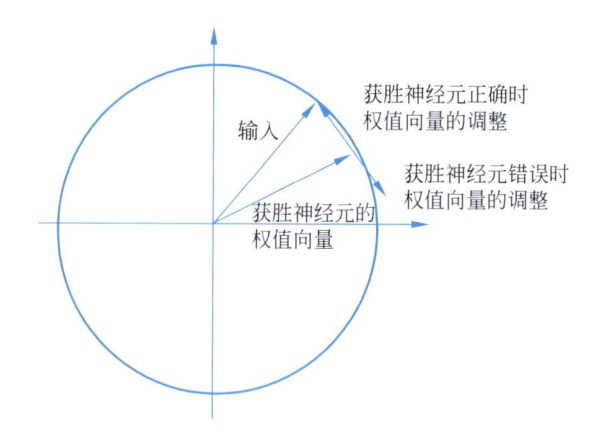

图 4.19　LVQ 神经网络权值调整示意图

图 4.20　LVQ 神经网络学习算法

信号一致时,向输入样本方向调整权值:

$$W_{j*}^1(t+1) = W_{j*}^1(t) + \eta(t)[X - W_{j*}^1(t)] \tag{4-11}$$

当网络分类结果与教师信号不一致时,向输入样本反方向调整权值:

$$W_{j*}^1(t+1) = W_{j*}^1(t) - \eta(t)[X - W_{j*}^1(t)] \tag{4-12}$$

其他非获胜神经元权值保持不变。

(5) 更新学习率。

$$\eta(t) = \eta(0)\left(1 - \frac{t}{t_m}\right) \tag{4-13}$$

(6) 当训练次数未达到设定的次数时,转到步骤(2)输入下一个样本,重复各步骤直到达到设定训练次数为止。

上述训练过程中,要保证 $\eta(t)$ 为单调下降函数。

4.5　学习向量量化神经网络应用案例

4.5.1　基于 LVQ 神经网络的红酒品种分类

本案例拟采用 LVQ 神经网络实现对红酒品种的分类。

1. 数据集

1) 数据集来源

本案例使用的红酒种类数据集与 3.5.3 节的数据集一致,来自 UCI 的机器学习数据库,具体网址见配套资源的"资源列表"文档。数据集包含 178 个样本,每个样本包含 1 个种类的标签值以及 13 个特征值。数据集共有 3 个品种的样本,其中第 1 类有 59 个样本,第 2 类有 71 个样本,第 3 类有 48 个样本。

2）数据集字段

每个样本有 13 个特征，包括酒精、苹果酸、灰、灰分的碱度、镁、总酚、黄酮类化合物、非黄烷类酚类、原花色素、颜色强度、色调、稀释葡萄酒的 OD280/OD315、脯氨酸。

2. LVQ 神经网络设计

LVQ 属于聚类算法，与 K-Means 不同的是，LVQ 使用样本真实类标记辅助聚类，首先 LVQ 根据样本的类标记，从各类中分别随机选出一个样本作为该类簇的原型，组成一个原型特征向量组，接着从样本集中随机挑选一个样本，计算其与原型向量组中每个向量的距离，并选取距离最小的原型向量所在的类簇作为它的划分结果，再与真实类标进行比较。

由于本次实验的输入特征共有 13 个，所以本次实验的输入层节点数为 13 个。LVQ 神经网络的竞争层节点数目应该等于或略大于分类的类别数，以保证每个类别都有至少一个竞争层节点与之对应。如果竞争层节点数目过多，会导致网络结构复杂，训练时间长，泛化能力差；如果竞争层节点数目过少，会导致网络不能有效地区分不同的类别，分类精度低。设本次实验使用的竞争层节点数为 12 个，所以模型从输入层到竞争层的权值矩阵大小为 12×13。

输出层节点根据样本目标种类数设定为 3。

3. LVQ 神经网络训练

本案例采用 Python 实现 LVQ 神经网络的训练和测试。

在训练过程中首先导入需要用到的模块，包括数据集导入模块 sklearn.datasets，广义学习向量量化网络模块 GlvqModel、数据预处理模块 sklearn.preprocessing、评估指标模块 sklearn.metrics 以及常见绘图模块 matplotlib.pyplot。为了增加数据量，首先将红酒数据集重复五次，以随机种子数 42 进行随机采样，然后把测试集以 0.3 的比例从数据集中抽离，最后对训练集和测试集进行标准化处理，即减去均值并除以标准差，以消除不同特征之间的量纲差异。广义学习向量量化神经网络的参数更新使用拟牛顿法的改进算法——L-BFGS（限制内存 BFGS）算法实现，设最大迭代次数为 2500，此处使用梯度范数 gtol 去限制 BFFS 的参数更新直至停止，gtol 默认为 1e-5。

具体代码如下。

```
from sklearn.datasets import load_wine
# 导入红酒数据集
from sklearn_lvq import GlvqModel
# 导入 lvq 训练模块
from sklearn.model_selection import train_test_split
# 导入数据预处理模块

wine = load_wine()
wine.data = wine.data.repeat(5, axis = 0)
wine.target = wine.target.repeat(5, axis = 0)
x_train, x_test, y_train, y_test = train_test_split(wine.data, wine.target, test_size = 0.3,
random_state = 42)
# 划分训练集和测试集，测试集比例为 0.3，随机种子数为 42

# 数据标准化
from sklearn.preprocessing import StandardScaler
scaler = StandardScaler()
```

```python
x_train = scaler.fit_transform(x_train)
x_test = scaler.transform(x_test)

#定义 LVQ 模型并进行训练
model = GlvqModel()
model.fit(x_train, y_train)
#限制内存 BFGS

#在测试集上预测并输出结果
from sklearn.metrics import accuracy_score
y_pred = model.predict(x_test)
accuracy = accuracy_score(y_test,y_pred)
print('Accuracy:',accuracy)

#数据可视化
import matplotlib.pyplot as plt

#画出分类图
plt.rcParams['font.sans-serif'] = ['SimHei']          #加入一行,解决中文不显示问题
plt.rcParams['axes.unicode_minus'] = False            #解决负号不显示问题
plt.figure()                                          #创建一个画布
plt.scatter(x_dr[y_test == 0,0],x_dr[y_test == 0,1],c = "red",marker = " * ",label = wine
.target_names[0])
plt.scatter(x_dr[y_test == 1,0],x_dr[y_test == 1,1],c = "black",marker = 'p',label = wine
.target_names[1])
plt.scatter(x_dr[y_test == 2,0],x_dr[y_test == 2,1],c = "orange",label = wine.target_names[2])
plt.legend()                                          #显示图例
plt.title('分类效果示意图')                            #显示标题
plt.show()
```

4. 测试结果

将 267 组测试集数据输入已训练好的 LVQ 神经网络考察网络的泛化能力,分类准确率可以达到 95.9%。将竞争层获胜节点的 13 维权值通过 PCA 主成分分析法进行降维,映射到二维平面的每一个点,根据网络输出打上不同的标签(颜色区分不同类别,本书为黑白印刷,具体效果以程序运行为准),如图 4.21 所示,由图可知 LVQ 神经网络的分类效果良好。

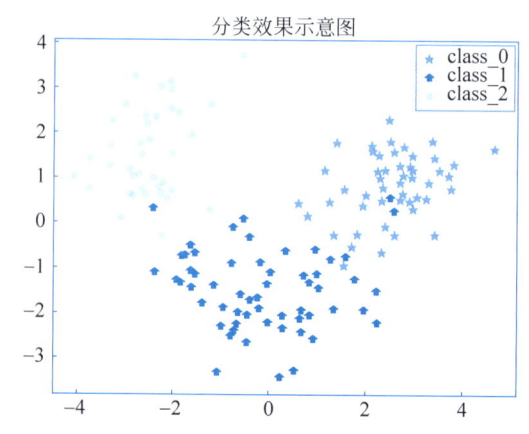

图 4.21 基于 LVQ 和 PCA 的红酒测试集预测结果分布图

4.5.2 基于LVQ神经网络的森林火灾预测

森林是陆地生态系统的重要组成部分,在维持全球生态平衡、调节气候、保持水土、减少洪涝等方面发挥着极其重要的作用。随着市场经济发展体系的不断健全,森林种植及经营范围不断扩大。在这个过程中,受到森林工作环境内外因素的影响,森林火灾事故层出不穷,不利于森林资源管理及维护工作的稳定开展。比较常见的火灾隐患因素包括温度因素、地形因素、风力因素等。比如,在高温季节,树木、树叶、树枝等比较干燥,可燃物较多,即使是极微小的火花,也可能导致森林火灾的出现。另外,受到地形、树种含油性及风力状况等因素的影响,森林火灾范围不断扩大,从而造成大规模的森林火灾事故。火灾事故不利于森林资源的有效性维护,并且会破坏森林生态系统的平衡性,不利于森林动植物的正常生存及发展。

因此,本案例基于可能引起火灾的各个因素和当前因素,采用LVQ神经网络构建森林火灾预测模型,针对森林火灾及时起到相关警示作用,希望能为保护森林资源、维护生态平衡、深入践行"绿水青山就是金山银山"的发展理念提供助力。

1. 数据集

1) 数据集来源

本案例中阿尔及利亚森林火灾数据集来源于阿里云天池网,具体网址见配套资源的"资源列表"文档。这些数据来自阿尔及利亚的两个地区:位于阿尔及利亚东北部的贝贾亚地区和位于阿尔及利亚西北部的西迪贝拉贝斯地区。时间跨度从2012年6月到2012年9月。该数据集包含除了年月日之外的10个属性和1个输出属性(0代表非火灾,1代表火灾)。其中,"火灾"样本137个,"非火灾"样本106个。

2) 数据集字段

本案例选取10个代表性因素作为网络输入字段,如表4.2所示。

表 4.2 影响火灾因素指标说明

因 素	说 明
Temp(温度)	摄氏度(℃):22~42
RH(湿度)	相对湿度(%):21~90
WS(风速)	风速(km/h):6~29
Rain(雨)	日累计降雨量(mm):0~16.8
FFMC(细小可燃物湿度码)	森林细小可燃物的含水率:28.6%~92.5%
DMC(粗腐殖质湿度码)	森林腐殖质上层的地表可燃物的含水率:1.1%~65.9%
DC(干旱码)	长期干旱对森林可燃物的影响的指数:7~220.4
ISI(初始蔓延指数)	火势蔓延的等级:0~18.5
BUI(累积指数)	可燃物的湿度等级:1.1~68
FWI(火灾天气指数)	0~31.1

2. LVQ神经网络设计

由于每个样本只保留了10个属性,因此LVQ神经网络的输入层节点数设为10。根据是否发生火灾,输出层节点数设为2。竞争层节点数大于2,设为10。

3. LVQ神经网络训练

本案例使用MATLAB中的LVQ神经网络生成函数,即采用newlvq函数创建一个学习向量量化神经网络，其调用格式为 net = newlvq(P,S1,PC,LR,LF)，参数说明如表 4.3 所示。

表 4.3　newlvq 函数参数说明

参　　数	说　　明
P	训练的输入数据，每列代表一个样本，有多少样本就有多少列
S1	隐节点个数
PC	各个输出节点连接隐节点的个数占比。元素个数必须与输出节点个数一致，并且总和为 1
LR	学习率，默认为 0.01
LF	学习函数

具体代码如下。

```
% 数据准备
close all;clear;clc;
[X] = readtable('All_fire_data.xlsx');    % 读取文件
rowrank = randperm(size(X, 1));           % size 获得 X 的行数，randperm 打乱各行的顺序
X = X(rowrank,:); % 按照 rowrank 重新排列各行，注意 rowrank 的位置
%% 测试集和训练集划分
number_of_train = round(size(X,1) * 0.7);
number_of_pridict = size(X,1) - number_of_train;
% 输入数据
P = X(:,4:end-1)';
p_train = P(:,1:number_of_train);
P_predict = P(:,number_of_train+1:end);
% 输出类别
Tc = X(:,end)' + 1;
TC_train = Tc(:,1:number_of_train);
TC_predict = Tc(:,number_of_train+1:end);
T = ind2vec(TC_train);                    % 将输出转为 one-hot 编码(代表类别的 01 向量)
% 网络训练
net = newlvq(p_train,10,[0.5 0.5],0.01,'learnlv1');  % 建立一个 LVQ 神经网络
% 设定 epochs
net.trainparam.epochs = 100;
Net = train(net,p_train,T);               % 训练神经网络
% 预测
Y = sim(Net,P_predict);                   % 预测(one-hot 形式)
Yc = vec2ind(Y);                          % 将 one-hot 编码形式转回类别编号形式
t = 1:number_of_predict;
plot(t,TC_predict,'r*')
hold on
plot(t,Yc,'bo')
legend('实际', '预测');
title('(1:非火灾 2:火灾)');
xlabel('测试样本')
ylabel('测试结果')
axis([0,40,0,3])
% 准确率
Acc1 = 1 - sum(abs(Yc - TC_predict))/number_of_predict
```

4. 运行结果

代码运行过程中，会弹出 LVQ 神经网络 nntraintool 运行界面，如图 4.22 所示，主要显

示了网络运行过程中的相关参数,如网络结构、算法、进度及结果图等。

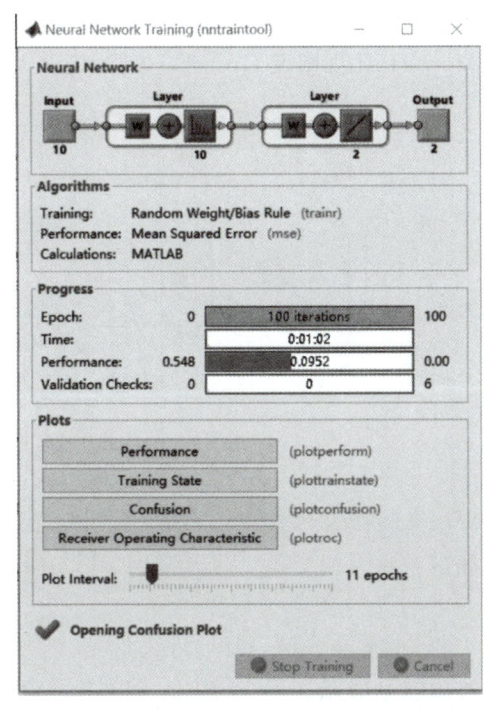

图 4.22　LVQ 神经网络 nntraintool 运行界面

根据图 4.23 森林火灾测试集预测结果可知,测试集识别准确率达 93.94%。因此本案例中采用 LVQ 神经网络可以较为准确地预测森林是否发生火灾。

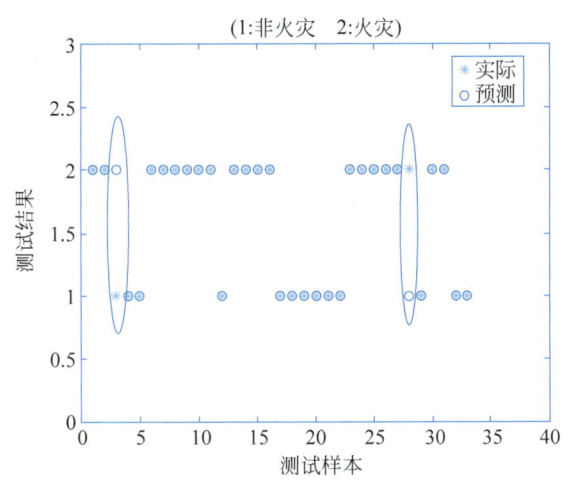

图 4.23　森林火灾测试集预测结果

4.6　对偶传播神经网络

对偶传播神经网络(Counter Propagation Network,CPN)的拓扑结构如图 4.24 所示。各层之间的神经元全互连。从拓扑结构看,CPN 神经网络与三层 BP 神经网络没有什么区别,但实际上它是由自组织网和 Grossberg 的外星网组合而成的。其中隐含层为竞争层,该层的竞争神经元采用无导师的竞争学习规则进行学习,输出层为 Grossberg 层,它与隐含层全互连,采用有导师的 Widrow-Hoff 规则或 Grossberg 规则进行学习。

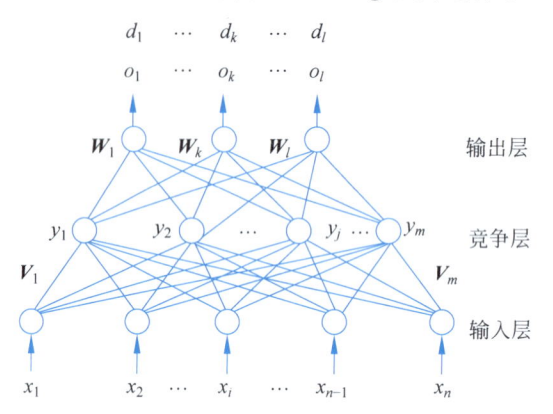

图 4.24 CPN 神经网络的拓扑结构

网络各层的数学描述如下。

设输入向量用 X 表示:
$$X = (x_1, x_2, \cdots, x_n)^T \tag{4-14}$$

竞争结束后竞争层的输出用 Y 表示:
$$Y = (y_1, y_2, \cdots, y_m)^T, \quad y_i \in \{0, 1\}, \quad i = 1, 2, \cdots, m \tag{4-15}$$

网络的输出用 O 表示:
$$O = (o_1, o_2, \cdots, o_l)^T \tag{4-16}$$

网络的期望输出用 d 表示:
$$d = (d_1, d_2, \cdots, d_l)^T \tag{4-17}$$

输入层到竞争层之间的权值矩阵用 V 表示:
$$V = (V_1, V_2, \cdots, V_j, \cdots, V_m) \tag{4-18}$$

式中,列向量 V_j 为隐含层第 j 个神经元对应的内星权向量。竞争层到输出层之间的权值矩阵用 W 表示:
$$W = (W_1, W_2, \cdots, W_k, \cdots, W_l) \tag{4-19}$$

式中,列向量 W_k 为输出层第 k 个神经元对应的权向量。

网络的学习规则由无导师学习和有导师学习组合而成,因此训练样本集中输入向量与期望输出向量应成对出现,即 $\{X^p, d^p\}, p = 1, 2, \cdots, P, P$ 为训练集中的模式总数。

训练分为两个阶段进行,每个阶段采用一种学习规则。第一阶段用竞争学习算法对输入层至隐含层的内星权向量进行训练,步骤如下。

(1) 将所有内星权值随机地赋以 0~1 的初始值,并归一化为单位长度,得 $\hat{V}$;训练集内的所有输入模式也要进行归一化,得 $\hat{X}$。

(2) 输入一个模式 X^p,计算隐含层节点净输入 $\text{net}_j = \hat{V}_j^T \hat{X}, j = 1, 2, \cdots, m$。

(3) 确定竞争获胜神经元 $\text{net}_{j^*} = \max_j \{\text{net}_j\}$,使 $y_{j^*} = 1, y_j = 0, j \neq j^*$。

(4) CPN 神经网络的竞争算法不设优胜邻域,因此只调整获胜神经元的内星权向量,

调整规则为

$$V_{j^*}(t+1) = \hat{V}_{j^*}(t) + \eta(t)[\hat{X} - \hat{V}_{j^*}(t)] \tag{4-20}$$

式中,$\eta(t)$为学习率,是随时间下降的退火函数。由以上规则可知,调整的目的是使权向量不断靠近当前输入模式类,从而将该模式类的典型向量编码到获胜神经元的内星权向量中。

(5) 重复步骤(2)~步骤(4)直到$\eta(t)$下降至0。需要注意的是,权向量经过调整后必须重新作归一化处理。

第二阶段采用外星学习算法对隐含层至输出层的外星权向量进行训练,步骤如下。

(1) 输入一个模式对$\{X^p, d^p\}$,计算净输入 $\text{net}_j = \hat{V}_j^T \hat{X}, j=1,2,\cdots,m$,其中输入层到隐含层的权值矩阵保持第一阶段的训练结果。

(2) 确定竞争获胜神经元 $\text{net}_{j^*} = \max_j \{\text{net}_j\}$,使

$$y_j = \begin{cases} 0, & j \neq j^* \\ 1, & j = j^* \end{cases} \tag{4-21}$$

(3) 调整获胜神经元隐含层到输出层的外星权向量,调整规则为

$$W_{j^*}(t+1) = W_{j^*}(t) + \beta(t)[d - O(t)] \tag{4-22}$$

式中,$\beta(t)$为外星规则的学习率,也是随时间下降的退火函数;$O = (o_1, o_2, \cdots, o_l)$是输出层神经元的输出值,由下式计算:

$$o_k(t) = \sum_{j=1}^{m} w_{jk} y_j, \quad k=1,2,\cdots,l \tag{4-23}$$

由式(4-21),式(4-23)应简化为

$$o_k(t) = w_{j^*k} y_{j^*} = w_{j^*k} \tag{4-24}$$

将式(4-24)代入式(4-22),得外星权向量调整规则如下:

$$W_{j^*}(t+1) = W_{j^*}(t) + \beta(t)[d - W_{j^*}(t)] \tag{4-25}$$

或写成以下分量式:

$$w_{jk}(t+1) = \begin{cases} w_{jk}(t), & j \neq j^* \\ w_{jk}(t) + \beta(t)[d_k - w_{jk}(t)], & j = j^* \end{cases} \tag{4-26}$$

由以上规则可知,只有获胜神经元的外星权向量得到调整,调整的目的是使外星权向量不断靠近并等于期望输出,从而将该输出编码到外星权向量中。

(4) 重复步骤(1)~步骤(3)直到$\beta(t)$下降至0。

4.7 对偶传播神经网络应用案例

4.7.1 基于CPN神经网络的博士论文质量评价及Python实现

1. 案例分析

博士论文的评价包括若干指标:文献综述、论文选题、基础理论和专业知识、创新性、论文工作期间科研成果、论文所体现出的作者的学风、作者的中英文表达水平,根据这些指标最终给出论文的成绩如"优""良""中""差"。这实际上是一个分类问题,可以设计神经网

络模型建立输入与输出之间的映射关系。通过对评估指标的分析,首先划定"文献综述""论文所体现出的作者的学风""中英文表达水平"为必达指标,即任一为"差"则评估结果为不合格。这样,对必达指标进行判断后,只需对余下的指标进行综合评价。

本案例设计基于 CPN 神经网络的博士论文质量评价模型,通过 CPN 神经网络确定"论文选题""基础理论和专门知识""创新性""论文工作期间科研成果"与论文成绩"优""良""中"的非线性映射关系。以数据集中一部分样本作为训练样本,进行网络模型的训练,另一部分样本作为测试样本,实现模型性能的测试。

2. 数据集分析

本案例采用中国科学技术大学 2003 年有关学科博士学位论文进行抽样评估的数据集,共包含 31 组数据,每组数据中包含"论文选题""基础理论和专门知识""创新性""论文工作期间科研成果"四个指标的"优""良""中""差"模糊等级评价方式打分结果(将该分值做数值化处理,优对应 1.0,良对应 0.8,中对应 0.6,差对应 0.4),以及专家对论文质量的定性评价结果,包含"优""良""中"三个档次,如表 4.4 所示。

表 4.4 中国科学技术大学 2003 年有关学科博士学位论文进行抽样评估的数据

论 文 选 题	基础理论和专门知识	创 新 性	论文工作期间科研成果	实际评估结果
1.0	1.0	1.0	1.0	优
1.0	1.0	1.0	0.6	优
1.0	1.0	0.8	0.8	良
1.0	1.0	0.6	1.0	中
1.0	0.8	1.0	0.8	良
1.0	0.8	1.0	0.6	良
1.0	0.8	0.6	0.6	中
1.0	0.6	1.0	1.0	优
1.0	0.6	1.0	0.6	良
1.0	0.6	0.6	0.6	中
0.8	1.0	1.0	0.8	优
0.8	1.0	0.8	0.6	良
0.8	1.0	0.6	0.6	中
0.8	0.8	0.8	0.8	良
0.8	0.8	0.6	1.0	中
0.8	0.6	1.0	1.0	良
0.6	0.6	1.0	0.6	良
0.6	1.0	1.0	1.0	优
0.6	1.0	1.0	0.6	良
0.6	1.0	0.6	1.0	中
0.6	0.8	1.0	1.0	良
0.6	0.8	0.8	0.6	中
0.6	0.6	1.0	1.0	良
0.6	0.6	0.8	1.0	中
0.6	0.6	0.6	1.0	中
1.0	1.0	0.6	0.6	中
1.0	0.8	0.6	1.0	中

续表

论文选题	基础理论和专门知识	创 新 性	论文工作期间科研成果	实际评估结果
1.0	1.0	0.8	0.6	良
0.8	0.8	1.0	0.8	良
0.8	0.6	0.8	0.6	中
0.6	1.0	0.6	0.6	中

3. 博士论文质量评价模型 CPN 神经网络结构设计

CPN 神经网络是标准三层结构,包含输入层、竞争层和输出层,各层之间的神经元全互连。博士论文质量评价模型的设计主要为 CPN 神经网络的结构设计,主要是设计 CPN 神经网络各层神经元数。

在 CPN 神经网络中,输入层神经元数取决于数据集每个样本的输入特征参数个数,即输入向量的维数。输出层节点数取决于数据集每个样本输出向量的维数。

在本案例中以四个指标结果作为 CPN 神经网络的输入,故输入层神经元为 4 个;以专家的博士论文质量定性评价结果作为 CPN 神经网络输出,输出的"优""良""中"三个档次分别编码为(1,0,0)、(0,1,0)、(0,0,1)三种输出模式,则相应的输出层神经元为 3 个;竞争层根据本例情况选取 16 个神经元。

4. 博士论文质量评价模型 CPN 神经网络实现

本案例基于 Python 3.9.13、numpy 1.23.1、scikit-learn 1.1.2 库实现对 CPN 神经网络的设计。

1) 导入数据集及数据预处理

(1) 导入本案例数据集。

导入本案例数据集,数据集中包含了 31 组数据样本,将前 25 组数据样本作为 CPN 神经网络的训练集,将剩余 6 组数据样本作为网络模型的测试集,分离出训练集、测试集样本数据的期望输出标签。

```
x = np.array([[1,1,1,1],[1,1,1,0.6],[1,1,0.8,0.8],[1,1,0.6,1],[1,0.8,1,0.8],[1,0.8,1,
0.6],[1,0.8,0.6,0.6],[1,0.6,1,1],[1,0.6,1,0.6],[1,0.6,0.6,0.6],[0.8,1,1,0.8],[0.8,1,
0.8,0.6],[0.8,1,0.6,0.6],[0.8,0.8,0.8,0.8],[0.8,0.8,0.6,1],[0.8,0.6,1,1],[0.6,0.6,1,
0.6],[0.6,1,1,1],[0.6,1,1,0.6],[0.6,1,0.6,1],[0.6,0.8,1,1],[0.6,0.8,0.8,0.6],[0.6,0.6,
1,1],[0.6,0.6,0.8,1],[0.6,0.6,0.6,1]])
y = np.array([[1,0,0],[1,0,0],[0,1,0],[0,0,1],[0,1,0],[0,1,0],[0,0,1],[1,0,0],[0,1,0],
[0,0,1],[1,0,0],[0,1,0],[0,0,1],[0,1,0],[0,0,1],[1,0,0],[0,1,0],[1,0,0],[0,1,0],[0,0,
1],[0,1,0],[0,0,1],[0,1,0],[0,0,1],[0,0,1]])
x_test = np.array([[1,1,0.6,0.6],[1,0.8,0.6,1],[1,1,0.8,0.6],[0.8,0.8,1,0.8],[0.8,0.6,
0.8,0.6],[0.6,1,0.6,0.6]])
y_test = np.array([[0,0,1],[0,0,1],[0,1,0],[0,1,0],[0,0,1],[0,0,1]])
```

(2) 数据预处理。

为了增大输入数据的区分度,使用 Z-score 标准化方法进行数据预处理。Z-score 标准化也叫标准差标准化,这种方法使用原始数据的均值(mean)和标准差(standard deviation)进行数据标准化。经过处理的数据符合标准正态分布,即均值为 0,标准差为 1。

```
# use StandardScaler
scaler = StandardScaler()
scaler.fit(x)
```

```python
print("data mean for each feature = ",scaler.mean_)
print("data u for each feature = ",scaler.scale_)
print("\r")
x_norm = scaler.transform(x)
x_test_norm = scaler.transform(x_test)
```

2) 搭建 CPN 神经网络

初始化 CPN 神经网络参数，设定输入层节点个数 input_neurons 为 4、竞争层节点个数 kohonen_neurons 为 16、输出层节点个数 grossberg_neurons 为 3，初始化输入层至竞争层之间的内星权向量矩阵 kohonen_weights 和竞争层至输出层之间的外星权向量矩阵 grossberg_weights，并将输入向量矩阵、内星权向量矩阵归一化至单位圆。

```python
class Counter_Propagation:
    def __init__(self, X_values, y_values, kohonen_neurons = 8, grossberg_neurons = 3, input_neurons = 4):
        X_values_norm = normalization(X_values)
    # initialization the weights 初始化权值
        self.kohonen_weights = self.generate_weights(kohonen_neurons, input_neurons)
        self.grossberg_weights = self.generate_weights(kohonen_neurons, grossberg_neurons)
        self.kohonen_weights = normalization(self.kohonen_weights)
    def generate_weights(self, m , n):
        result = np.asarray(np.random.randn(m, n))
        if len(result) == 1:
            return result[0]
        return result
    def compute_distance(self, w_vector, x_vector):
        distance = np.dot(w_vector, x_vector)
        return distance
    def fit(self, lr_kohonen = 0.7, lr_grossberg = 0.1, epochs = 2):
        kohonen_neurons_output = [0 for i in range(self.kohonen_neurons_number)]
        final_som_output = []
        for i in range(epochs):
            if i % 300 == 0 and lr_kohonen > 0.1:
                lr_kohonen -= 0.05
            for x_vector in self.X_values:
                distance = []
                for w_vector in self.kohonen_weights:
                    distance.append(self.compute_distance(w_vector, x_vector))
                distance = np.array(distance)
                win_neurons = np.argmax(distance)
                for i in range(self.kohonen_neurons_number):
                    if i == win_neurons:
                        kohonen_neurons_output[i] = 1
                    else:
                        kohonen_neurons_output[i] = 0
                self.kohonen_weights[win_neurons] = self.update_kohonen_weights(x_vector, self.kohonen_weights[win_neurons], learning_rate = lr_kohonen)
                self.kohonen_weights = normalization(self.kohonen_weights)
            pass
        final_som_output = self.predict(self.X_values,norm = False)
```

```python
                final_som_output = np.array(final_som_output)
                for i in range(epochs):
                    k = 0;
                    if i % 300 == 0 and lr_grossberg > 0.01:
                        lr_grossberg -= 0.005
                    for x_vector in final_som_output:
                        out = np.matmul(x_vector.reshape(1, -1), self.grossberg_weights)
                        for j in range(len(self.grossberg_weights)):
                            if (self.grossberg_weights[j] == np.array(out)).all():
                                #print(j)
                                #print("out weights need update ",self.grossberg_weights[j])
                                self.grossberg_weights[j] = self.update_grossberg_weights(self.y_values[k], self.grossberg_weights[j], learning_rate = lr_grossberg)
                                self.grossberg_weights = normalization(self.grossberg_weights)
                        k += 1;
                    pass
        def predict_cpn(self, x_vector, norm = False):
            x_id = 0
            kohonen_neurons_output = [0 for I in range(self.kohonen_neurons_number)]
            output_list = []
            if norm == True:
                x_vector_norm = normalization(x_vector)
            else:
                x_vector_norm = x_vector
            for x_vector in x_vector_norm:
                distance = []
                for w_vector in self.kohonen_weights:
                    distance.append(self.compute_distance(w_vector, x_vector))
                distance = np.array(distance)
                win_neurons = np.argmax(distance)
                for I in range(self.kohonen_neurons_number):
                    if I == win_neurons:
                        kohonen_neurons_output[i] = 1
                    else:
                        kohonen_neurons_output[i] = 0
                print("id = ", x_id)
                print("som output is ", kohonen_neurons_output)
                out = np.matmul(np.array(kohonen_neurons_output).reshape(1, -1), self.grossberg_weights)
                print("cpn output is ",np.around(out,2))
                output_list.append(copy.deepcopy(abs(np.around(out[0]))))
                x_id += 1
            return np.array(output_list)
model = Counter_Propagation(x_norm,y, kohonen_neurons = 16,
grossberg_neurons = 3,input_neurons = 4)
```

3) CPN 神经网络分类模型训练

CPN 神经网络分类模型训练过程包含两个阶段。

第一个阶段是训练输入层至竞争层的内星权向量阶段。其中包含两个循环体,首先是训练次数的循环,设定训练集数据循环次数 epochs,适当地进行多次循环能够更好地调节输入层至竞争层之间的内星权向量,提高竞争层分类的准确性。在训练次数循环内嵌套一个训练集数据样本个数循环,使用竞争学习算法,根据样本与每个竞争层神经元之间的欧氏距离判断获胜神经元,并针对该神经元调整其内星权向量,使其更贴合输入样本的类别特征。

第二个阶段是训练竞争层至输出层的外星权向量阶段。其中同样包含两个循环体。首先是训练次数的循环,设定训练集数据循环次数 epoch,适当地进行多次循环能够更好地调节竞争层至输出层之间的外星权向量,提高输出层分类的准确性。在训练次数循环内嵌套一个训练集数据样本个数循环,应用第一阶段训练完成的内星权向量判断每个样本的获胜神经元,调整竞争层节点与输出节点之间的权值,使输出层分类尽可能贴合期望输出。

CPN 神经网络分类模型训练的函数如下所示。

```
model.fit(lr_kohonen = 0.75,lr_grossberg = 0.85,epochs = 550)
```

4) 测试集数据样本验证 CPN 神经网络模型分类效果

(1) 训练样本网络输出结果。

经过 550 次的学习运算后,在训练集中网络实际输出已和期望输出相当吻合,正确率可达 88%。

```
output_list = model.predict_cpn(x_norm, norm = True)
```

训练样本及 CPN 神经网络的输出结果如表 4.5 所示,由表可以看出,该网络已有较好的学习能力,能对输入模式对产生较好的输出,适用于评估。

表 4.5 训练样本及 CPN 神经网络的输出结果

网络输入				实际评估结果	期望输出			网络输出			网络预测等级
x_1	x_2	x_3	x_4								
1	1	1	1	优	1	0	0	1	0	0	优
1	1	1	0.6	优	1	0	0	0.18	0.98	0	良
1	1	0.8	0.8	良	0	1	0	0.16	0.98	0	良
1	1	0.6	1	中	0	0	1	0	0	1	中
1	0.8	1	0.8	良	0	1	0	0	1	0	良
1	0.8	1	0.6	良	0	1	0	0	1	0	良
1	0.8	0.6	0.6	中	0	0	1	0	0	1	中
1	0.6	1	1	优	1	0	0	0.36	0.88	0	良
1	0.6	1	0.6	良	0	1	0	0	1	0	良
1	0.6	0.6	0.6	中	0	0	1	0	0	1	中
0.8	1	1	0.8	优	1	0	0	1	0	0	优
0.8	1	0.8	0.6	良	0	1	0	0	1	0	良
0.8	1	0.6	0.6	中	0	0	1	0	0	1	中
0.8	0.8	0.8	0.8	良	0	1	0	0	1	0	良
0.8	0.8	0.6	1	中	0	0	1	0	0	1	中
0.8	0.6	1	1	良	0	1	0	0.18	0.98	0	良
0.6	0.6	1	0.6	良	0	1	0	0	0.58	0.88	中
0.6	1	1	1	优	1	0	0	1	0	0	优
0.6	1	1	0.6	良	0	1	0	0	1	0	良
0.6	1	0.6	1	中	0	0	1	0	0	1	中

续表

网络输入				实际评估结果	期望输出			网络输出			网络预测等级
x_1	x_2	x_3	x_4								
0.6	0.8	1	1	良	0	1	0	0	1	0	良
0.6	0.8	0.8	1	中	0	0	1	0	0.18	0.98	中
0.6	0.6	1	1	良	0	1	0	0	1	0	良
0.6	0.6	0.8	1	中	0	0	1	0	0	1	中
0.6	0.6	0.6	1	中	0	0	1	0	0	1	中

（2）测试样本网络输出结果。

将6组测试数据输入网络，得到的输出与专家期望的相符合，说明网络已具有了自评估的能力。

output_list = model.predict_cpn(x_test_norm, norm = True)

测试样本及CPN神经网络预测结果如表4.6所示。

表 4.6 测试样本及 CPN 神经网络预测结果

输 入				输 出			网络预测结果
1	1	0.6	0.6	0	0	1	中
1	0.8	0.6	1	0	0	1	中
1	1	0.8	0.6	0	0.98	0	良
0.8	0.8	1	0.8	1	0	0	优
0.8	0.6	0.8	0.6	0	0	1	中
0.6	1	0.6	0.6	0	0	1	中

5. 案例分析与小结

该评估问题实际上是一个分类问题，评价指标作为网络的输入，评估等级是网络的输出，CPN神经网络的竞争层能够进行聚类，再通过有导师学习就可以精确划分类型，CPN神经网络在本例中获得了成功的应用。从本例中也可以发现，随着样本数的增多，网络的训练次数也随之增加，另外，本例中竞争层节点数的选择还主要依靠经验和试验。

4.7.2 基于 CPN 神经网络的 C 形数据簇分类

1. 案例分析

本案例数据包含两个C形数据簇，每个数据簇包含相应的数据点坐标位置以及数据点所属的数据簇类别，数据较为复杂和混乱。为了实现数据点所属数据簇的分类，本案例设计基于CPN神经网络的分类器，通过CPN神经网络确定C形数据簇中数据点坐标位置与分类标签之间的非线性映射关系，以数据集的部分样本作为训练样本，实现网络模型的训练，将数据点的位置坐标进行数据簇二分类，并进一步利用数据集中的测试样本测试模型的泛化能力。

2. 数据集分析

本案例数据集中的两个C形数据簇共包含3000个数据点，每个数据点信息包含X轴坐标、Y轴坐标以及所属数据簇标签三个特征属性，数据集为一个3×3000的矩阵形式，数据集中所有数据点的分布情况如图4.25所示，"o"数据点为一类C形数据簇，"+"数据点为一类C形数据簇,两类C形数据簇轮廓界限分明,数据点所在坐标位置所属的C形数据簇类别能很明确区分。

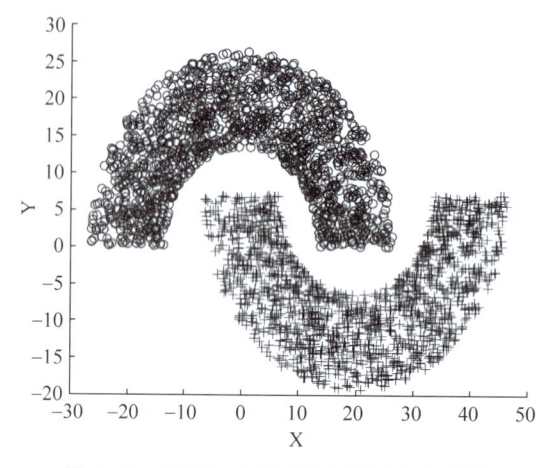

图 4.25 数据集中所有数据点网分布情况

3. CPN 神经网络 C 形数据簇分类模型设计

CPN 神经网络是标准三层结构,包含输入层、竞争层和输出层,各层之间的神经元全互连。基于 CPN 神经网络的 C 形数据簇分类模型设计主要为 CPN 神经网络的结构设计,具体来说即 CPN 神经网络的各层神经元数。

在 CPN 神经网络中,输入层的神经元数是根据数据集每个样本的输入特征的维度来确定的。同样地,输出层的神经元数也是根据数据集每个样本输出的维度来确定的。

将 CPN 神经网络的输入设置为 C 形数据簇每个数据点 X 轴和 Y 轴的坐标位置,则输入节点数为 2。在数据集中,两类 C 形数据簇的标签分别为"1"和"-1",则根据两位编码格式重写标签后,初始为"1"类别的标签编码表示为"01",初始为"-1"类别的标签编码表示为"10",因此神经网络的输出节点数为 2。

隐含层节点数在一定范围内选取具有最佳映射效果时的数值。本案例按照式(4-27)所示的隐含层节点选取经验公式确定可选取的隐含层节点个数范围为[3,12]。

$$m = \sqrt{n+l} + \alpha \tag{4-27}$$

式中,m 表示隐含层节点数;n 表示输入节点数;l 表示输出节点数;α 表示[1,10]区间内的常数。

在 CPN 神经网络训练过程中,第一阶段用竞争学习算法对输入层至隐含层的内星权向量进行训练,第二阶段采用外星学习算法对隐含层至输出层之间的外星权向量进行训练。

4. CPN 神经网络 C 形数据簇分类模型学习过程

本案例通过 MATLAB 软件逻辑编程实现,通过代码实现 CPN 神经网络内星权向量和外星权向量调节过程,完成模型学习。

1) 导入数据集及数据预处理

(1) 导入本案例数据集。

数据集中包含了 3000 组数据样本,将前 2000 组数据样本作为 CPN 神经网络的训练集,将剩余 1000 组数据样本作为网络模型的测试集,分离出训练集、测试集样本数据的期望输出标签。

```
load('Data - Ass2.mat');
Data = data(1:2,1:3000);
testdata = data(1:2,2001:3000);            % 测试集数据 1000 组
trainlabel = data(3,1:2000)';              % 训练集样本数据期望标签
testlabel = data(3,2001:3000)';            % 测试集样本数据期望标签
```

（2）数据预处理。在数据集中每个数据点以"1"和"−1"作为预期标签区别所属的 C 形数据簇类型，将训练集数据的数据簇类别以两位编码形式重新打标签，"1"类别编码为"10"，"−1"类别编码为"01"，生成训练集、测试集样本数据新的标签矩阵，将训练集、测试集样本输入数据进行归一化处理。

```
Y = zeros(2,3000);
for i = 1:3000
    y = zeros(2,1);
    if data(3,i) == 1
        y = [1;0];
    else
        y = [0;1];
    end
    Y(:,i) = y;
end
Y_train = Y(:,1:2000);                     % 训练集样本数据标签矩阵
Y_test = Y(:,2001:3000);                   % 测试集样本数据标签矩阵

[X_train, ~] = mapminmax(data(1:2,1:2000),0,1);       % 训练集样本数据归一化处理
[X_test, x_input] = mapminmax(data(1:2,2001:3000),0,1); % 测试集样本数据归一化处理
X_train = X_train';                        % 训练集矩阵转置，一行为一个样本特征
X_test = X_test';                          % 测试集矩阵转置，一行为一个样本特征
```

2）搭建 CPN 神经网络

初始化 CPN 神经网络参数，设定输入层节点个数 insize 为 2、隐含层节点个数 hidesize 为 12、输出层节点个数 outsize 为 2，初始化输入层至隐含层之间的内星权向量 W_1 和隐含层至输出层之间的外星权向量 W_2。

```
insize = 2;
hidesize = 12;
outsize = 2;
W1 = rand(hidesize,insize);                % 内星权向量
W2 = rand(outsize,hidesize);               % 外星权向量
```

3）CPN 神经网络分类模型训练

CPN 神经网络分类模型的训练过程分为两个阶段。

第一个阶段是训练输入层到竞争层的权值（即内星权向量）。在此阶段，设置训练次数（epochs），每次循环将训练集中的每个样本依次输入神经网络，调整输入层到竞争层的权值，以提高竞争层的分类精度。使用竞争学习算法，根据样本与每个竞争层神经元之间的欧氏距离判断获胜神经元，并针对该神经元调整其权重，使其更贴合输入样本的类别特征。

第二个阶段是训练竞争层到输出层的权值（即外星权向量）。在此阶段，逐个将样本数据输入神经网络，利用第一阶段的训练好的内星权向量，通过多次 epoch 循环，调整竞争层到输出层的权值，使输出层的分类结果尽可能符合期望输出。

```
epochs = 100;
```

```matlab
for epoch = 1:epochs
    for i = 1:2000
        % 计算每个内星权向量与输入样本的欧氏距离
        distances = vecnorm(W1 - X_train(i,:), 2, 2);
        % 找到距离最小的获胜神经元
        [~, winner] = min(distances);
        % 更新获胜神经元的内星权向量
        W1(winner,:) = W1(winner,:) + exp(-epoch) * (X_train(i,:) - W1(winner,:));
    end
end
for epoch = 1:epochs
    for i = 1:2000
        % 使用训练好的 W1 找到获胜神经元
        distances = vecnorm(W1 - X_train(i,:), 2, 2);
        [~, winner] = min(distances);
        % 更新获胜神经元的外星权向量
        W2(:,winner) = W2(:,winner) + exp(-epoch) * (Y_train(:,i) - W2(:,winner));
    end
end
```

4) 测试集数据样本验证 CPN 神经网络模型分类效果

(1) 将 1000 组测试集数据样本循环输入已经训练好的 CPN 神经网络分类模型,计算测试集样本输入数据与竞争层神经元之间的欧氏距离,测试集样本输入数据与竞争层神经元之间欧氏距离最小的竞争层神经元确定为获胜神经元,获胜神经元相应的外星权向量值即该样本数据的 CPN 神经网络分类模型输出,计算 1000 组样本数据正确分类的准确率。

(2) 根据 CPN 神经网络输出结果在坐标系下画出该样本数据的坐标点位置,同时通过 "○" "+" 两种符号显示出通过 CPN 神经网络分类模型得到的所属 C 形数据簇结果,"○" 是网络输出标签为"1"的数据簇,"+" 是网络输出标签为"-1"的数据簇,同时以"◇"显示训练后模型的竞争层神经元内星权向量值,以"*"显示训练后模型的竞争层神经元外星权向量值。

```matlab
y_result = zeros(2, 1000);              % 初始化测试结果矩阵
Yo = zeros(1000,1);                     % 初始化测试集输出结果
for i = 1:1000                          % 测试集样本
    distances = vecnorm(W1 - X_test(i,:), 2, 2);
    [~, winner] = min(distances);
    % 获胜神经元的输出作为该样本的分类结果
    y_result(:,i) = W2(:,winner);
    % 根据分类结果确定类别
    if y_result(1,i) > y_result(2,i)
        Yo(i) = 1;
    else
        Yo(i) = -1;
    end
end
same_n = sum(Yo == testlabel);
acc = same_n / 1000                     % 计算正确分类的准确率
% 显示测试集样本数据经过 CPN 神经网络分类模型分类情况,样本数据网络输出标签为"1"的数据簇
% 为"o",输出标签为"-1"的数据簇为"+"
figure('Name', 'Test Data Classification');
for i = 1:1000
```

```
        if Yo(i) == 1
            scatter(X_test(i,1),X_test(i,2),'r')
            hold on;
        else
            scatter(X_test(i,1),X_test(i,2),'r','+')
            hold on;
        end
    end
    % 显示训练后模型的竞争层神经元内星权向量、外星权向量
    for i = 1:hidesize
        scatter(W1(i,1),W1(i,2),200,'k','d','LineWidth',2)
        scatter(W2(1,i),W2(2,i),200,'k','*','LineWidth',2)
    hold on;
    end
    title({['分类准确率 = ',num2str(acc)];['竞争层神经元个数 = ',num2str(hidesize)]});
```

5. 实验结果分析

为了使 CPN 神经网络模型具有更好的分类结果,本案例通过一系列对比实验来确定竞争层中最佳的神经元个数和训练集数据的最佳训练次数,在实验过程中生成测试集数据分类结果散点图,其中"○"表示网络输出标签为"1"的数据簇,而"＋"表示网络输出标签为"－1"的数据簇,因此在散点图中,上方和下方的 C 形数据簇期望标签分别为"1"和"－1"。

第一组实验,当竞争层神经元个数 hidesize＝4、训练次数 epochs＝100 时,测试集数据经过 CPN 神经网络分类模型分类的结果如图 4.26 所示。

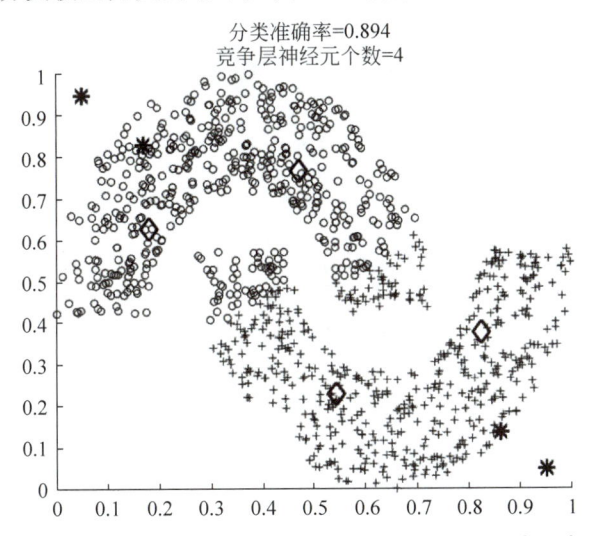

图 4.26　hidesize＝4,epochs＝100 时,测试集数据分类散点图

第二组实验,当竞争层神经元个数 hidesize＝8、训练次数 epochs＝100 时,测试集数据经过 CPN 神经网络分类模型分类的结果如图 4.27 所示。

第三组实验,当竞争层神经元个数 hidesize＝12、训练次数 epochs＝100 时,测试集数据经过 CPN 神经网络分类模型分类的结果如图 4.28 所示。

第四组实验,当竞争层神经元个数 hidesize＝8、训练次数 epochs＝500 时,测试集数据经过 CPN 神经网络分类模型分类的结果如图 4.29 所示。

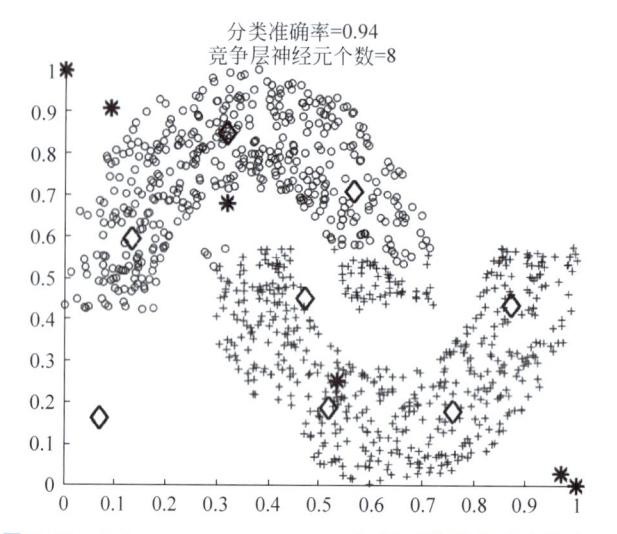

图 4.27　hidesize＝8，epochs＝100 时，测试集数据分类散点图

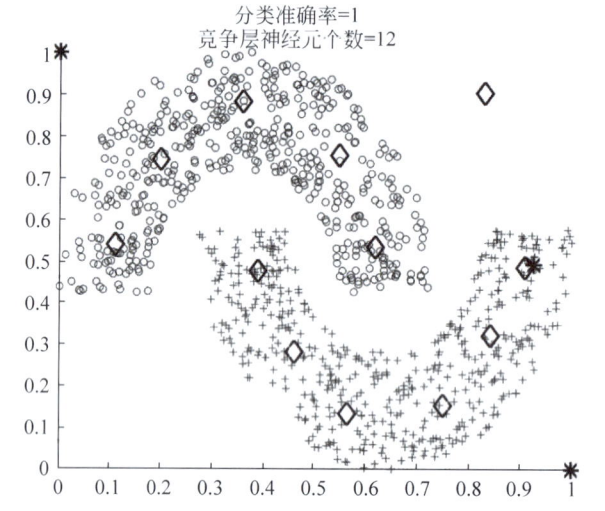

图 4.28　hidesize＝12，epochs＝100 时，测试集数据分类散点图

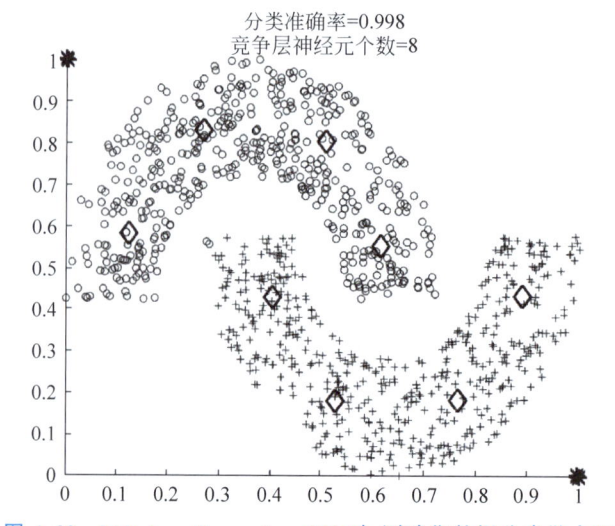

图 4.29　hidesize＝8，epochs＝500 时，测试集数据分类散点图

前三组实验通过固定训练次数、逐渐增加隐含层节点个数,对比分析不同情况下 CPN 神经网络对测试集数据的分类效果。通过观察图 4.26、图 4.27、图 4.28 中的训练集数据分类散点图,可以发现随着隐含层节点数的增加,训练集数据的分类准确率逐渐提高,最终实现了完全正确的分类。第二组与第四组形成对比实验,选取了分类效果较好的情况,即竞争层神经元个数为 8 时,增加训练次数,CPN 神经网络模型的分类准确率得到了有效提升。

本章习题

1. 什么是自组织映射(SOM)神经网络?它的主要应用场景有哪些?解释 SOM 神经网络中的"竞争"机制是什么?如何通过该机制实现网络自组织?描述 SOM 训练的基本步骤,如何通过更新权值向量来实现数据的自组织?

2. 假设一组二维数据点集包含 1000 个二维数据点,分布在一个二维空间中。请使用一个 3×3 的 SOM 神经网络来训练这些数据,训练过程结束后,网络会将这些数据映射到一个 3×3 的二维网格中。请问如何将这个 SOM 神经网络训练出来的结果进行可视化?描述可视化的步骤。在可视化过程中,如何评估 SOM 神经网络的聚类效果?从训练后的 SOM 神经网格中得到哪些有意义的信息?

3. 如果一个 SOM 神经网络包含 100 个输入特征和 100 个竞争层神经元。假如训练后得到的网络性能表现较差,聚类效果不明显。请回答以下问题:

(1) 可能导致性能差的因素有哪些?

(2) 讨论学习率和邻域函数在 SOM 训练中的作用,如何选择合适的学习率和邻域函数形状?

4. 简述 CPN 神经网络的原理及学习算法。

5. CPN 网络中的内星权向量和外星权向量各起到什么作用?

6. LVQ 网络和 CPN 神经网络的主要区别在哪?

7. 请对 4.7.2 节的 CPN 神经网络案例结果图 4.26~图 4.29 进行分析,解释内星权向量"◇"的和外星权向量"＊"的含义。

第 5 章 径向基函数神经网络

CHAPTER 5

神经网络根据函数逼近方式可分为全局逼近网络和局部逼近网络,对于全局逼近网络,其任意可调参数的变化都会引起网络所有输出节点的变化,例如,BP 神经网络。而对于局部逼近网络,网络输入空间的某个局部区域只有少数几个连接权值影响网络的输出,例如径向基函数(Radial Basis Function,RBF)神经网络。因此,根据以上网络结构可知,局部逼近网络在学习效率和实时性方面显著优于全局逼近网络。本章将以 RBF 神经网络为例,分别从插值和分类的角度介绍正则化 RBF 神经网络和广义 RBF 神经网络。

5.1 正则化 RBF 神经网络

当用 RBF 神经网络解决非线性映射问题时,通常采用插值的观点来理解,因此本节将对插值问题进行描述,并给出通过径向基函数解决插值问题的方法,由此引出正则化 RBF 神经网络的结构。

5.1.1 插值问题

设 N 维空间有 P 个输入向量 $\boldsymbol{X}^p$,它们在输出空间相应的目标值为 d^p,$p=1,2,\cdots,P$,P 对输入-输出样本构成了训练样本集。插值的目的是寻找一个非线性映射函数 $F(\boldsymbol{X})$,使其满足下述插值条件:

$$F(\boldsymbol{X}^p) = d^p, \quad p=1,2,\cdots,P \tag{5-1}$$

式中,函数 F 表示插值曲面,该插值曲面必须通过所有训练数据点。

5.1.2 径向基函数解决插值问题

采用径向基函数解决插值问题的方法是,选择 P 个基函数,每一个基函数对应一个训练数据,各基函数的形式为

$$\varphi(\|\boldsymbol{X}-\boldsymbol{X}^p\|), \quad p=1,2,\cdots,P \tag{5-2}$$

式中,基函数 φ 为非线性函数,训练数据点 $\boldsymbol{X}^p$ 是 φ 的数据中心。基函数以输入空间的点 $\boldsymbol{X}$ 与中心 $\boldsymbol{X}^p$ 的距离作为函数的自变量。由于距离是径向同性的,故函数 φ 被称为径向基函数。基于径向基函数技术的插值函数定义为基函数的线性组合,即

$$\boldsymbol{F}(\boldsymbol{X}) = \sum_{p=1}^{P} \omega_p \varphi(\|\boldsymbol{X}-\boldsymbol{X}^p\|) \tag{5-3}$$

由于所有的数据点均位于插值函数上,因此将式(5-1)的插值条件代入式(5-3),可得到如下 P 个关于未知系数 ω_p 的线性方程组：

$$\begin{cases} \sum_{p=1}^{P} \omega_p \varphi(\|\boldsymbol{X}^1 - \boldsymbol{X}^p\|) = d^1 \\ \sum_{p=1}^{P} \omega_p \varphi(\|\boldsymbol{X}^2 - \boldsymbol{X}^p\|) = d^2 \\ \vdots \\ \sum_{p=1}^{P} \omega_p \varphi(\|\boldsymbol{X}^P - \boldsymbol{X}^p\|) = d^P \end{cases} \tag{5-4}$$

令 $\varphi_{ip} = \varphi(\|\boldsymbol{X}^i - \boldsymbol{X}^p\|), i=1,2,\cdots,P, p=1,2,\cdots,P$,则上述方程组可改写为

$$\begin{bmatrix} \varphi_{11} & \varphi_{12} & \cdots & \varphi_{1P} \\ \varphi_{21} & \varphi_{22} & \cdots & \varphi_{2P} \\ \vdots & \vdots & \ddots & \vdots \\ \varphi_{P1} & \varphi_{P2} & \cdots & \varphi_{PP} \end{bmatrix} \begin{bmatrix} \omega_1 \\ \omega_2 \\ \vdots \\ \omega_P \end{bmatrix} = \begin{bmatrix} d_1 \\ d_2 \\ \vdots \\ d_P \end{bmatrix} \tag{5-5}$$

记式(5-5)为

$$\boldsymbol{\Phi W} = \boldsymbol{d} \tag{5-6}$$

式中,$\boldsymbol{\Phi}$ 表示元素为 φ_{ip} 的 $P \times P$ 矩阵；$\boldsymbol{W}$ 和 $\boldsymbol{d}$ 分别表示系数向量和期望输出向量。若 $\boldsymbol{\Phi}$ 为可逆矩阵,则可通过式(5-6)计算出系数向量 $\boldsymbol{W}$,即

$$\boldsymbol{W} = \boldsymbol{\Phi}^{-1} \boldsymbol{d} \tag{5-7}$$

Micchelli 定理给出了插值矩阵 $\boldsymbol{\Phi}$ 为可逆矩阵的条件：对于一大类函数,如果 $\boldsymbol{X}^1$,$\boldsymbol{X}^2,\cdots,\boldsymbol{X}^P$ 各不相同,则插值矩阵 $\boldsymbol{\Phi}$ 为可逆矩阵。满足上述条件的径向基函数通常有如下几种。

(1) 高斯(Gauss)函数。

$$\varphi(r) = \exp\left(-\frac{r^2}{2\sigma^2}\right) \tag{5-8}$$

(2) 反演 S 型(Reflected Sigmoidal)函数。

$$\varphi(r) = \frac{1}{1 + \exp\left(\frac{r^2}{\sigma^2}\right)} \tag{5-9}$$

(3) 逆多二次(Inverse Multiquadrics)函数。

$$\varphi(r) = \frac{1}{(r^2 + \sigma^2)^{1/2}} \tag{5-10}$$

式中,σ 表示基函数的扩展常数或宽度,基函数的宽度越小,则对应的选择性就越高。

5.1.3 正则化 RBF 神经网络结构

通过径向基函数解决插值问题的过程中,式(5-7)给出的计算方式存在不适定问题。由于径向基函数的数量与训练样本数量相等,当训练样本数远远大于物理过程中固有的自由度时,问题就称为不适定的,此时求解插值矩阵的逆矩阵时会不稳定。

正则化理论(Regularization Theory)是 Tikhonov 于 1963 年提出的一种解决不适定问题的方法,其基本思想是通过某些含有解的先验知识的非负的辅助泛函使解稳定。由于正则化理论的推理涉及大量泛函运算,因此不对其展开描述,在此直接给出正则化 RBF 神经网络的结构。

正则化 RBF 神经网络的结构如图 5.1 所示。其特征在于隐含层节点数等于输入样本数,隐含层节点的激活函数为 Green 函数,通常采用式(5-8)所示的 Gauss 函数,径向基函数的中心为所有的输入样本,各径向基函数采用统一的扩展常数。

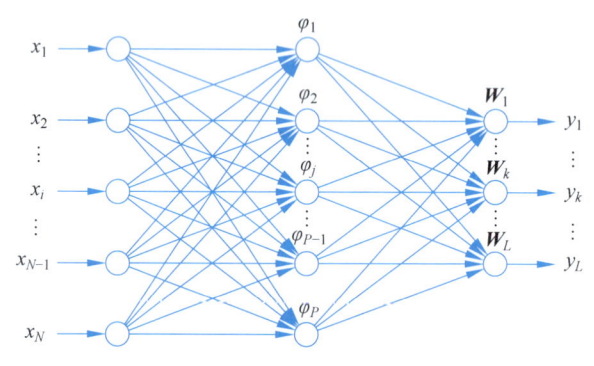

图 5.1 正则化 RBF 神经网络的结构

在图 5.1 所示的正则化 RBF 神经网络中,输入层节点数量为 N,隐含层节点数量为 P,输出层节点数量为 L。$\boldsymbol{X}=(x_1,x_2,\cdots,x_N)^\mathrm{T}$ 为网络的输入向量;$\varphi_j(\boldsymbol{X})(j=1,2,\cdots,P)$ 表示任意隐含层节点的激活函数,也称为基函数;$\boldsymbol{W}$ 为输出权值矩阵,其中 $\omega_{jk}(j=1,2,\cdots,P,k=1,2,\cdots,L)$,表示隐含层第 j 个节点与输出层第 k 个节点之间的权值;$\boldsymbol{Y}=(y_1,y_2,\cdots,y_L)^\mathrm{T}$ 为网络输出,输出层节点采用线性激活函数。

正则化 RBF 神经网络具有以下 3 个特点。①正则化网络是一种通用逼近器,只要有足够的隐节点,它就能以任意精度逼近紧集上的任意多元连续函数。②正则化网络具有最佳逼近特性,即任意给一个未知的非线性函数 f,总可以找到一组权值使得正则化网络对于 f 的逼近优于所有其他可能的选择。③正则化网络得到的解是最佳的,所谓"最佳"体现在同时满足对样本的逼近误差和逼近曲线的平滑性。

5.1.4 正则化 RBF 神经网络学习算法

正则化 RBF 神经网络的隐含层节点数即为样本数,基函数的数据中心即为样本自身,当采用正则化 RBF 神经网络进行训练时,只需要考虑扩展常数和输出节点的权值。

径向基函数的扩展常数可根据数据中心的分布而定,为了避免每一个径向基函数太尖或太平,可以将全部径向基函数的扩展常数设为

$$\sigma = \frac{d_{\max}}{\sqrt{2P}} \tag{5-11}$$

式中,$d_{\max}$ 为所选数据中心之间的最大距离;P 是样本数量。

网络输出节点的权值可以通过最小均方偏差算法(Least Mean Square,LMS)计算,LMS 的输入向量即为隐含层节点的输出向量 $\boldsymbol{\Phi}$,权值调整公式为

$$\Delta \boldsymbol{W}_k = \eta(d_k - \boldsymbol{W}_k^\mathrm{T}\boldsymbol{\Phi})\boldsymbol{\Phi} \tag{5-12}$$

$\Delta \boldsymbol{W}_k$ 的各分量为

$$\Delta w_{jk} = \eta(d_k - \boldsymbol{W}_k^{\mathrm{T}} \boldsymbol{\Phi})\varphi_j \tag{5-13}$$

式中，$k=1,2,\cdots,L$；$j=1,2,\cdots,P$。

5.1.5 正则化 RBF 神经网络局限性

正则化 RBF 神经网络要求隐含层神经元个数为样本数，如果训练样本数量过大，则网络计算量也将大幅增加，从而导致计算效率过低。同时，当样本数量过大时，插值矩阵 $\boldsymbol{\Phi}$ 是病态矩阵的概率也会提高，即 $\boldsymbol{\Phi}$ 中的一个微小扰动将对计算结果 $\boldsymbol{W}$ 产生很大影响。

解决以上问题的方案是减少隐含层神经元的个数，同时优化网络参数的学习方法，以此实现对正则化 RBF 神经网络的改进，改进后的网络称之为广义 RBF 神经网络。

5.2 广义 RBF 神经网络

广义 RBF 神经网络与正则化 RBF 神经网络的区别主要在于隐含层节点的数量和网络参数的学习方法，本节将从模式可分性的角度阐述广义 RBF 神经网络的设计思想，并给出网络参数的学习方法。

5.2.1 模式可分性

根据感知器的基本特性可知，如果 N 维空间下的输入模式是线性可分的，那么总存在一个能用线性方程描述的超平面将输入模式进行划分；反之，如果输入模式不是线性可分的，则不存在相应的超平面将输入模式进行划分，此时需要将线性不可分问题转换为线性可分问题，这便是 Cover 定理。

Cover 定理可以定性地描述为：将复杂的模式分类问题非线性地投射到高维空间比投射到低维空间更可能是线性可分的。

设 $\boldsymbol{F}$ 为输入模式 $\boldsymbol{X}^p(p=1,2,\cdots,P)$ 的集合，该集合内的所有模式可分为两类，分别属于集合 $\boldsymbol{F}_1$ 和 $\boldsymbol{F}_2$，集合 $\boldsymbol{F}$、$\boldsymbol{F}_1$ 和 $\boldsymbol{F}_2$ 满足关系：

$$\begin{cases} \boldsymbol{F}_1 \cup \boldsymbol{F}_2 = \boldsymbol{F} \\ \boldsymbol{F}_1 \cap \boldsymbol{F}_2 = \varnothing \end{cases} \tag{5-14}$$

若输入模式所在的空间内存在一个超曲面，使得分别属于 $\boldsymbol{F}_1$ 和 $\boldsymbol{F}_2$ 的模式能够分开，则称这些模式的二元划分关于该曲面是可分的。若该曲面为线性方程 $\boldsymbol{W}^{\mathrm{T}}\boldsymbol{X}=0$ 确定的超平面，则称这些模式的二元划分关于该平面是线性可分的；反之，则称这些模式的二元划分是线性不可分的。

设有由一组函数构成的向量 $\varphi(\boldsymbol{X})=[\varphi_1(\boldsymbol{X}),\varphi_2(\boldsymbol{X}),\cdots,\varphi_M(\boldsymbol{X})]$，将原来 N 维空间的 P 个模式映射到新的 M 维空间($M>N$)，如果在 M 维空间存在 M 维向量 $\boldsymbol{W}$，使得

$$\begin{cases} \boldsymbol{W}^{\mathrm{T}}\varphi(\boldsymbol{X}) > 0, & \boldsymbol{X} \in \boldsymbol{F}_1 \\ \boldsymbol{W}^{\mathrm{T}}\varphi(\boldsymbol{X}) < 0, & \boldsymbol{X} \in \boldsymbol{F}_2 \end{cases} \tag{5-15}$$

则由线性方程 $\boldsymbol{W}^{\mathrm{T}}\varphi(\boldsymbol{X})=0$ 确定了 M 维空间中的一个分界超平面，这个超平面使得映射到

M 维空间中的 P 个点能够线性可分；而在 N 维空间下，则是存在一个超曲面使得原来在 N 维空间下非线性可分的 P 个模式分为两类，此时称原空间的 P 个模式是可分的。

在 RBF 神经网络中，将输入空间的模式非线性地映射到一个高维空间的方法是，设置一个隐含层，令 $\varphi(\boldsymbol{X})$ 为隐含层节点的激活函数，并使得隐含层节点数 M 大于输入节点数 N，使得在输入层 N 维空间下的线性不可分问题转换为隐含层 M 维空间下的线性可分问题。

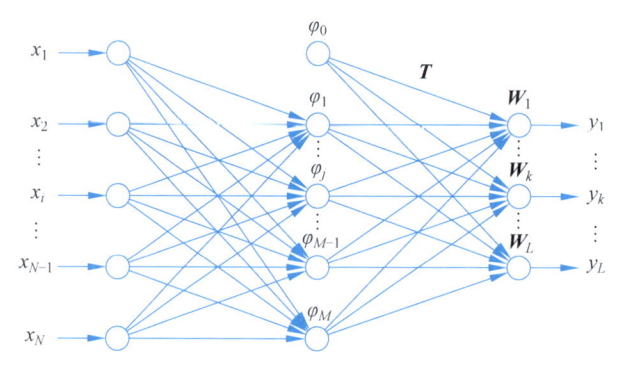

5.2.2 广义 RBF 神经网络结构

广义 RBF 神经网络的基本思想是，用径向基函数作为隐含层神经元的"基"构成隐含层空间，隐含层空间的 M 个神经元对 P 个输入模式对应的向量进行变换，将低维的模式变换到高维的空间，使得低维空间的线性不可分问题转换为高维空间的线性可分问题。广义 RBF 神经网络结构如图 5.2 所示。

图 5.2 广义 RBF 神经网络结构

图 5.2 所示为 N-M-L 结构的广义 RBF 神经网络，网络具有 N 个输入节点，M 个隐含层节点，L 个输出节点，且 $N<M<P$。$\boldsymbol{X}=(x_1,x_2,\cdots,x_N)^{\mathrm{T}}$ 为网络的输入向量；$\varphi_j(\boldsymbol{X})$ ($j=1,2,\cdots,M$) 表示任意隐含层节点的激活函数，也称为基函数，这里 φ_0 为 -1；$\boldsymbol{W}$ 为输出权值矩阵，$\boldsymbol{W}=(\boldsymbol{W}_1,\boldsymbol{W}_2,\cdots,\boldsymbol{W}_L)^{\mathrm{T}}$，其中，$\boldsymbol{W}_k=(\omega_{1k},\omega_{2k},\cdots,\omega_{Mk})$ 为隐含层 M 个节点到输出层第 k 个节点的权值组成的权向量，ω_{jk} ($j=1,2,\cdots,M,k=1,2,\cdots,L$) 表示隐含层第 j 个节点与输出层第 k 个节点之间的权值；$\boldsymbol{T}=(T_1,T_2,\cdots,T_L)^{\mathrm{T}}$ 为输出层的阈值向量，其中，T_k ($k=1,2,\cdots,L$) 表示输出层第 k 个节点的阈值；$\boldsymbol{Y}=(y_1,y_2,\cdots,y_L)^{\mathrm{T}}$ 为网络输出，输出层节点采用线性激活函数。

相比于正则化 RBF 神经网络，广义 RBF 神经网络的径向基函数中心不再限制在数据点上，各径向基函数的扩展常数也不再统一，均由训练算法决定；广义 RBF 神经网络的输出包含阈值参数，用于补偿基函数在样本集上的平均值与目标值平均值之间的差别。

在应用广义 RBF 神经网络解决实际问题时，有时隐含层节点的个数与网络输入模式对应的维数相同，换言之，就是将低维的模式变换到同维的空间内，也可将原来低维空间下的线性不可分问题转换为同维空间下的线性可分问题。下面以用广义 RBF 神经网络解决异或问题的例子来说明。

【例 5.1】 "异或"的真值表如表 5.1 所示,试用广义 RBF 神经网络实现"异或"功能。

表 5.1 "异或"的真值表

x_1	x_2	y
1	1	0
0	0	0
1	0	1
0	1	1

解:

1) 问题分析

表 5.1 中的 4 个样本的输入分别为 $\boldsymbol{X}^1 = \begin{pmatrix} 1 \\ 1 \end{pmatrix}$、$\boldsymbol{X}^2 = \begin{pmatrix} 0 \\ 0 \end{pmatrix}$、$\boldsymbol{X}^3 = \begin{pmatrix} 1 \\ 0 \end{pmatrix}$、$\boldsymbol{X}^4 = \begin{pmatrix} 0 \\ 1 \end{pmatrix}$,输出分别为 $\boldsymbol{Y}^1 = (0)$、$\boldsymbol{Y}^2 = (0)$、$\boldsymbol{Y}^3 = (1)$、$\boldsymbol{Y}^4 = (1)$。"异或"问题是需要将上述 4 个样本分成两类,4 个样本在二维平面中的位置如图 5.3 所示。我们会发现,平面中的任何一条直线都不能将这两类样本分开,这是一个在原始二维空间下的线性不可分问题。

2) 建立 RBF 神经网络

由于样本有 2 个分量,因此输入节点设为 2。这里隐含层节点也设为 2,两个隐含层节点的径向基函数 $\varphi_1(x)$、$\varphi_2(x)$ 分别如式(5-16)、式(5-17)所示,两个基函数的数据中心分别是样本点 $\boldsymbol{X}^1$、$\boldsymbol{X}^2$。输出层节点设为 1 个,输出 0、1 代表两类样本。

图 5.3 "异或"问题的线性不可分性示意图

$$\varphi_1(\boldsymbol{X}) = \varphi(\boldsymbol{X} - \boldsymbol{X}^1) = \mathrm{e}^{-\|\boldsymbol{X}-\boldsymbol{X}^1\|^2} \tag{5-16}$$

$$\varphi_2(\boldsymbol{X}) = \varphi(\boldsymbol{X} - \boldsymbol{X}^2) = \mathrm{e}^{-\|\boldsymbol{X}-\boldsymbol{X}^2\|^2} \tag{5-17}$$

构建的 RBF 神经网络如图 5.4 所示。4 个数据样本点输入 RBF 神经网络后,隐含层节点及输出层节点的输出如表 5.2 所示。将 4 个数据样本相应隐含层节点的输出标在隐含层空间如图 5.5 所示,我们可以看到 4 个数据样本在原来输入空间内线性不可分,通过变换到隐空间就变成了线性可分。

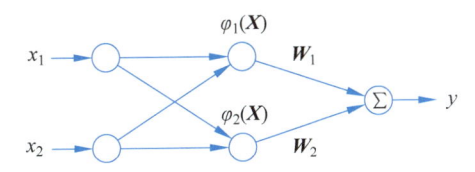

图 5.4 构建的 RBF 神经网络

表 5.2 "异或"问题 RBF 神经网络的隐含层节点及输出层节点的输出

x_1	x_2	$\varphi_1(\boldsymbol{X})$	$\varphi_2(\boldsymbol{X})$	y
1	1	1	0.1353	0
0	0	0.1353	1	0
1	0	0.3678	0.3678	1
0	1	0.3678	0.3678	1

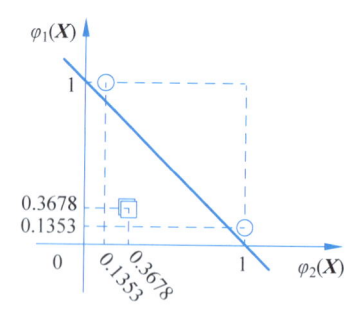

图 5.5　输入空间 4 个数据样本点映射到隐含层空间后的样本点分布图

像"异或"这类不太复杂的非线性模式分类问题，其 RBF 神经网络隐含层节点是 2 个，虽与样本的维数相等，但是问题也得到了解决。

5.2.3　广义 RBF 神经网络学习算法

广义 RBF 神经网络需要训练的参数包括隐含层节点数量、各径向基函数的数据中心和扩展常数，以及输出权值矩阵。这些参数的训练通常遵循由 Moody 和 Darken 于 1989 年提出的混合学习过程，该过程主要包括两个阶段：第一阶段为无监督的自组织学习阶段，其目的是为隐含层节点的径向基函数确定合适的数据中心和扩展常数；第二阶段是有监督学习阶段，其目的是训练网络输出层的权值。具体步骤如下。

1. 确定隐含层节点数量及隐含层节点径向基函数数据中心

广义 RBF 神经网络的隐含层节点数量和隐含层节点径向基函数数据中心的确定方法，可以依据 RBF 神经网络的训练样本采用聚类算法，如 SOM 聚类算法和 K-means 聚类算法等实现。

通过 4.2.2 节的 SOM 聚类算法得到的类别数、各类别对应的内星权向量分别作为广义 RBF 神经网络的隐含层节点数量 M，以及各隐含层节点径向基函数的数据中心 c_j，$j=1,2,\cdots,M$。

通过 K-means 聚类算法得到的聚类类别数 M，以及各类别的几何中心向量分别作为广义 RBF 神经网络的隐含层节点数量 M，以及各隐含层节点径向基函数的数据中心。下面简要介绍 K-means 聚类算法，其过程如下。这里需要注意的是聚类类别 M 需要事先设定。

（1）初始化。令 $k=0$，选择 M 个互不相同的向量 $c_1(0),c_2(0),\cdots,c_M(0)$ 作为初始聚类中心。

（2）计算各样本点与聚类中心点的距离：$\|X^p-c_j(k)\|$，其中 $p=1,2,\cdots P$；$j=1,2,\cdots,M$。

（3）相似匹配。令 j^* 代表竞争获胜隐节点的下标，当

$$j^*(X^p)=\min_j \|X^p-c_j(k)\|, \quad p=1,2,\cdots,P \tag{5-18}$$

时，X^p 被归为第 j^* 类，从而将全部样本划分为 M 个子集：$U_1(k),U_2(k),\cdots,U_M(k)$，每个子集构成一个以聚类中心为典型代表的聚类域。

（4）更新各类的聚类中心。令 $U_j(k)$ 表示第 j 个聚类域，N_j 为第 j 个聚类域中的样本数，则

$$c_j(k+1) = \frac{1}{N_j} \sum_{X \in U_j(k)} X \tag{5-19}$$

(5) 令 $k=k+1$，转到第(2)步。重复上述过程，直到 $c(k+1)=c(k)$ 时停止训练。

2. 确定径向基函数的扩展常数

各聚类中心确定后，可根据各中心之间的距离确定对应径向基函数的扩展常数。令

$$d_j = \min_i \| c_j - c_i \|, \quad i \neq j \tag{5-20}$$

则扩展常数取

$$\sigma_j = \lambda d_j \tag{5-21}$$

式中，λ 为重叠系数。

3. 计算输出层的权值矩阵

输出层权值矩阵的计算方式可以采用 LMS 算法，参考正则化 RBF 神经网络的学习方法。除此之外，更为简洁的方法是采用伪逆直接计算。设输入为 X^p 时，第 j 个隐含层节点的输出为

$$\varphi_{pj} = \varphi(\| X^p - c_j \|) \tag{5-22}$$

式中，$p=1,2,\cdots,P$；$j=1,2,\cdots,M$，则隐含层节点的输出矩阵为

$$\hat{\boldsymbol{\Phi}} = [\varphi_{pj}]_{P \times M} \tag{5-23}$$

若 RBF 神经网络的待确定输出权值为 $W = [\omega_{jk}]_{M \times L}$，则网络的输出为

$$F(X) = \hat{\boldsymbol{\Phi}} W \tag{5-24}$$

令网络的输出等于数据集对应的输出标签 d，则输出权值 W 可用 $\hat{\boldsymbol{\Phi}}$ 的伪逆矩阵 $\hat{\boldsymbol{\Phi}}^+$ 求出：

$$W = \hat{\boldsymbol{\Phi}}^+ d \tag{5-25}$$

式中，$\hat{\boldsymbol{\Phi}}^+ = (\hat{\boldsymbol{\Phi}}^T \hat{\boldsymbol{\Phi}})^{-1} \hat{\boldsymbol{\Phi}}^T$。

5.3 基于 MATLAB 的 RBF 神经网络应用案例

5.3.1 基于 MATLAB 的 RBF 神经网络案例——数据拟合

1. 实验描述及数据准备

本实验利用 RBF 神经网络对 MATLAB 自定义数据集 simplefit_dataset 实现离散数据的拟合。

自定义包含 36 个输入-输出数据对的 simplefit_dataset 数据集，绘制原始数据样本图如图 5.6 所示。数据集中包含两个变量，分别是输入向量 dataset_input 和输出向量 dataset_output，这两个向量的数据维度均为 1×36，即向量中包含 36 个一维数据，具体数据见下述代码。

```
% 定义原始数据
dataset_input = -9:26;
dataset_output = [129, -32, -118, -138, -125, -97, -55, -23, -4, 2, 1, -31, -72, -121,
-142, -174, -155, -77, 140, -43, -149, -169, -186, -98, -78, -34, -8, 15, 4, -67, -93,
-152, -173, -195, -156, -45];
```

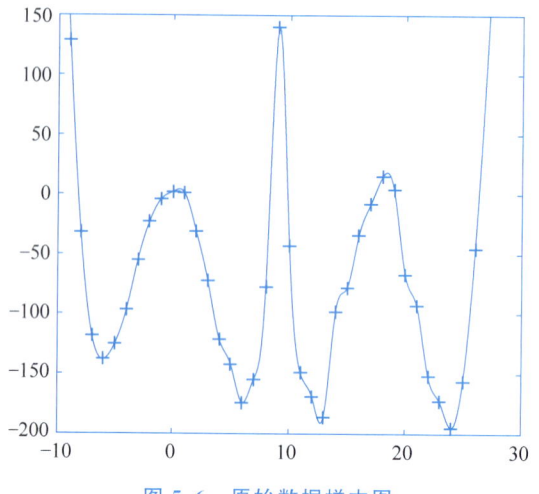

图 5.6 原始数据样本图

2. RBF 神经网络设计

本实验可以通过调用 MATLAB 工具箱函数 newrb 构建 RBF 神经网络来完成数据拟合。为了使读者更好地理解径向基函数的作用,图 5.7 展示了径向基函数 a1 的基本特性,并给出 3 个径向基函数 a1、a2、a3 及其加权求和的效果如图 5.8 所示,方便读者理解 RBF 神经网络的工作过程,径向基函数通过函数 radbas 实现。

3 个隐含层节点的径向基函数 a1、a2、a3 都选择高斯函数,径向基函数 a1 的数据中心为 0,对数据的处理程序如下。

```
x = -3:.1:3;
a1 = radbas(x);
figure(2)
plot(x,a1)
title('Radial Basis Transfer Function');
xlabel('Input x');
ylabel('Output a1');
```

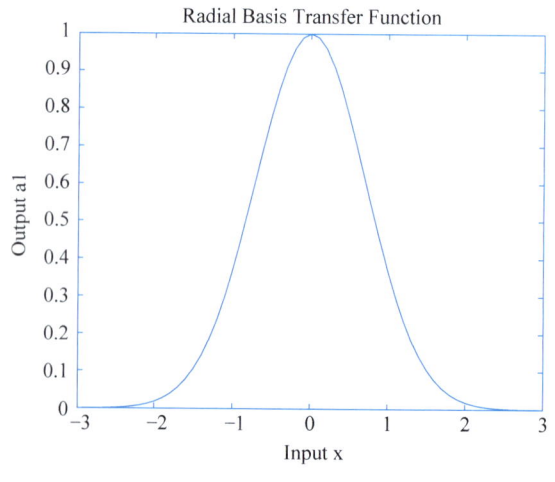

图 5.7 径向基函数 a1

通过观察 3 个径向基函数 a1、a2、a3 加权求和成 a4 的效果可以看出,如果选择合适的径向基函数宽度以及加权系数等,则可以形成新的曲线以拟合样本数据。

```
a2 = radbas(x - 1.5);
a3 = radbas(x + 2);
a4 = a1 + a2 * 1 + a3 * 0.5;
plot(x,a1,'k:',x,a2,'k--',x,a3,'k-',x,a4,'b-','LineWidth',1.5)
title('Weighted Sum of Radial Basis Transfer Functions');
xlabel('Input x');
ylabel('Output a4');
legend('a1','a2','a3','a4')
```

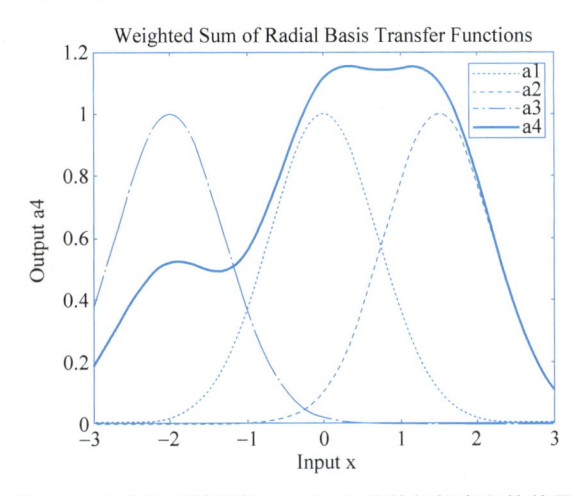

图 5.8　3 个径向基函数 a1、a2、a3 及其加权求和的效果

除了采用径向基函数实现数据拟合,也可以基于输入/输出数据,直接利用 newrb 函数进行设计,例如产生一个新的 RBF 神经网络:net = newrb(dataset_input,dataset_output,eg,sc),其中 dataset_input、dataset_output 分别代表输入和输出;eg 为训练目标误差;sc 为径向基函数的扩展常数,sc 越小,径向基函数宽度越窄,每个径向基函数覆盖的范围越小,拟合所需要的径向基函数越多。下面使用本案例中的输入/输出数据对比不同 sc 的影响,添加如下程序。

```
eg = 0.02;
sc1 = 10; net = newrb(dataset_input,dataset_output,eg,sc1);
Y1 = net(dataset_input);
sc2 = 100; net = newrb(dataset_input,dataset_output,eg,sc2);
Y2 = net(dataset_input);
sc3 = 1; net = newrb(dataset_input,dataset_output,eg,sc3);
Y3 = net(dataset_input);
plot(dataset_input,Y1,'r-',dataset_input,Y2,'k--',dataset_input,Y3,'b-.');
legend('sample','sc = 10','sc = 100','sc = 1')
hold off;
```

不同扩展常数下 RBF 的拟合效果如图 5.9 所示。

本实验调用 MATLAB 工具箱函数 newrb 构建 RBF 神经网络来完成数据拟合。newrb 工具箱函数可根据网络训练情况自动增加隐含层神经元个数,因此无须设置网络的隐含层节点个数,仅需确定 RBF 神经网络的输入层与输出层节点个数、训练目标误差、扩展常数、隐含层最大神经元个数以及每次迭代增加的隐含层神经元个数。

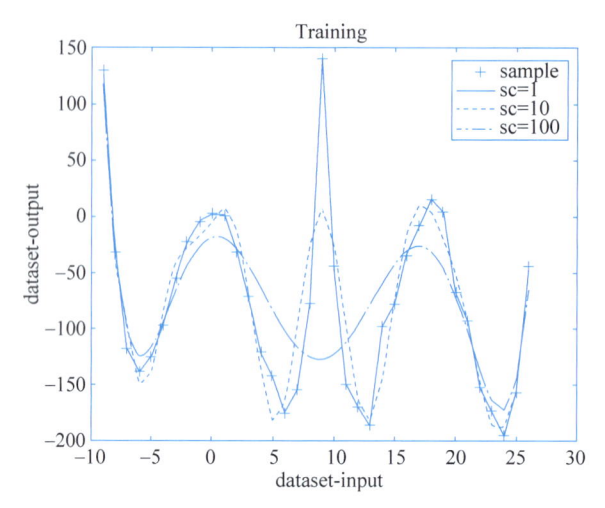

图 5.9　不同扩展常数下 RBF 的拟合效果

本实验中，RBF 神经网络输入层与输出层节点个数均为 1 个，扩展常数设置为 2，训练目标误差设置为 10^{-6}。隐含层的节点个数由 newrb 函数自动确定，根据用户设置的目标误差，自动调整隐含层节点个数，直至网络训练误差达到用户设置的目标误差，或者隐含层节点数达到最大样本数为止。

3. RBF 神经网络实现

利用 MATLAB 软件实现 RBF 神经网络对 simplefit_dataset 数据集进行拟合的步骤如下。

1）数据集导入

```
load simplefit_dataset;                    % 导入数据集
```

2）参数设置

```
spread = 2;                                % 设置网络扩展常数为 2
goal_mse = 10^-6;                          % 设置网络训练目标误差为 10^-6
max_neurons = size(dataset_output,2);      % 设置隐含层节点数最大值为样本个数，这里 size 函数中
                                           % 参数值 2 表示的含义是，该函数返回输出向量 dataset_output 的列数
```

3）RBF 神经网络训练

```
% 利用输入向量 dataset_input 和输出向量 dataset_output 训练 RBF 神经网络
net = newrb(dataset_input, dataset_output, goal_mse, spread, max_neurons, 1);
% 这里 newrb 函数中参数值 1 表示的含义是，RBF 神经网络训练中每次迭代时增加 1 个隐含层神经元
```

4）获取网络对输入向量的拟合输出

```
Output_sim = sim(net,dataset_input);                   % 网络输出
```

4. 仿真结果及分析

在 RBF 神经网络训练时，可通过 newrb 窗口观察网络训练过程如图 5.10 所示。从图 5.10 中可知在第 35 次迭代训练中，网络的训练精度达到预设值，网络隐含层共包含 35 个节点。

绘制 RBF 神经网络拟合数据与原始数据对比图，以便观察网络拟合效果。如图 5.11 所示，原始数据与拟合数据保持一致，说明使用 RBF 神经网络得到了理想的数据拟合效果。

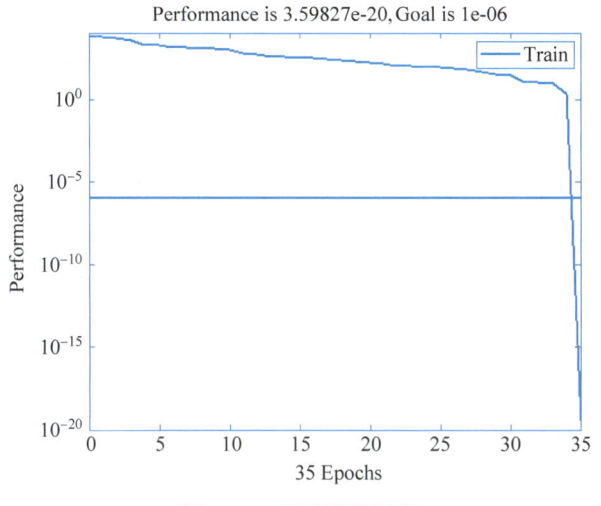

图 5.10　网络训练过程

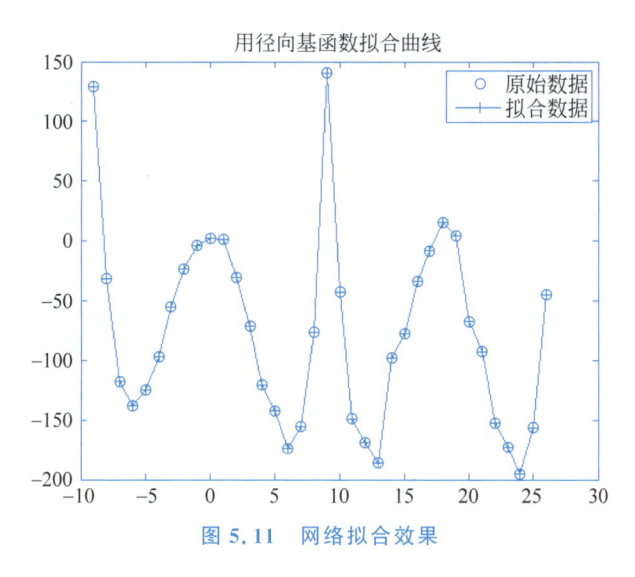

图 5.11　网络拟合效果

5.3.2　基于 MATLAB 的 RBF 神经网络案例——小麦种子分类

1. 案例分析

不同品种的植物种子具有不同的特征,如面积、周长、籽粒长度、籽粒宽度等。根据不同的籽粒特征可以筛选出不同品种的植物种子,对于种植效率的提高具有非常重要的实际意义。本案例采用基于 RBF 神经网络的分类方法对三类种子进行分类实验,通过 RBF 神经网络确定种子特征与种子类别之间的非线性映射关系。

本案例中小麦种子数据集 seeds_dataset 来源于加州大学欧文分校(University of California,Irvine,UCI)机器学习数据库,该数据集中包括三种不同小麦品种的籽粒:卡马、罗莎和加拿大小麦。设计基于 RBF 神经网络的分类模型对小麦种子进行分类,从 210 组数据样本中随机选取 150 组数据构成训练集完成 RBF 神经网络分类模型的训练,剩余 60 组数据组成测试集,进一步测试分类模型的泛化能力。

2. 数据集分析

本案例选用的 seeds_dataset.txt 数据集包含 3 种不同的小麦,每种小麦有 70 组样本,因此共包含 210 组数据样本。每组数据样本包含 7 个小麦几何特征参数及 1 个对应小麦种类标签编号,因此数据集为一个 8×210 的矩阵形式,部分样本数据如表 5.3 所示。

表 5.3 seeds_dataset 部分样本数据

样本编号	面积	周长	紧密度	籽粒长度	籽粒宽度	不对称系数	籽粒槽的长度	标签
1	15.26	14.84	0.871	5.763	3.312	2.221	5.22	1
2	14.88	14.57	0.8811	5.554	3.333	1.018	4.956	1
3	14.29	14.09	0.905	5.291	3.337	2.699	4.825	1
4	13.84	13.94	0.8955	5.324	3.379	2.259	4.805	1
5	16.14	14.99	0.9034	5.658	3.562	1.355	5.175	1
⋮	⋮	⋮	⋮	⋮	⋮	⋮	⋮	⋮
71	17.63	15.98	0.8673	6.191	3.561	4.076	6.06	2
72	16.84	15.67	0.8623	5.998	3.484	4.675	5.877	2
73	17.26	15.73	0.8763	5.978	3.594	4.539	5.791	2
74	19.11	16.26	0.9081	6.154	3.93	2.936	6.079	2
75	16.82	15.51	0.8786	6.017	3.486	4.004	5.841	2
⋮	⋮	⋮	⋮	⋮	⋮	⋮	⋮	⋮
141	13.07	13.92	0.848	5.472	2.994	5.304	5.395	3
142	13.32	13.94	0.8613	5.541	3.073	7.035	5.44	3
143	13.34	13.95	0.862	5.389	3.074	5.995	5.307	3
144	12.22	13.32	0.8652	5.224	2.967	5.469	5.221	3
145	11.82	13.4	0.8274	5.314	2.777	4.471	5.178	3

本案例数据集中每组小麦样本含有 7 个小麦籽粒的几何参数特征:面积、周长、紧密度、籽粒长度、籽粒宽度、不对称系数以及籽粒槽的长度。共有 3 种不同的小麦:卡马、罗莎和加拿大小麦,对应标签编号分别为 1、2、3。

3. 小麦种子分类 RBF 神经网络设计

RBF 神经网络是标准三层网络结构,包含输入层、隐含层和输出层。基于 RBF 神经网络的小麦种子分类模型的网络设计包含结构设计和参数设计,本案例通过 MATLAB 自带的神经网络工具箱提供的 newrb 函数创建 RBF 神经网络。

1)网络结构设计

输入层、输出层节点数取决于数据集每组样本的输入、输出特征参数个数,即输入向量的维数和输出向量的维数。在本案例中输入节点个数为 7,输出节点个数为 1。隐含层的节点个数由 newrb 函数自动确定,根据用户设置的训练目标误差,自动调整隐含层节点个数,直至网络训练误差达到用户设置的训练目标误差,或者隐含层节点数达到最大样本数为止。

2)参数设计

调用 MATLAB 神经网络工具箱的 newrb 函数创建 RBF 神经网络,其径向基函数为 MATLAB 默认函数,即高斯函数,径向基函数的扩展常数设置为默认值 1。

4. 小麦种子分类 RBF 神经网络实现

本案例探讨的基于 RBF 神经网络的小麦种子分类模型将通过 MATLAB 神经网络工具箱函数来仿真实现。

1) 导入数据集

导入本案例数据集,该数据集中包含了 210 组数据样本。随机生成一组 1~210 的序列,将数据集样本数据按照随机序列重新排序划分训练集与测试集,前 150 组样本数据作为 RBF 神经网络训练集数据,剩余 60 组样本数据作为 RBF 神经网络测试集数据,分别生成样本数据特征输入矩阵和样本数据标签输出矩阵。

```
load ('seeds_dataset.txt');              % 加载样本数据
data = seeds_dataset';                   % 重命名数据集
rank = randperm(210)                     % 生成一个 1~210 的随机序列
data1 = data(:,rank);                    % 按照 rank 顺序重新排列,生成数据集
train_x = data1(1:7,1:150);              % 生成训练集样本数据特征输入矩阵
train_t = data1(8,1:150);                % 生成训练集样本数据标签输出矩阵
test_x = data1(1:7,151:210);             % 生成测试集样本数据特征输入矩阵
test_t = data1(8,151:210);               % 生成测试集样本数据标签输出矩阵
```

2) 搭建 RBF 神经网络并进行网络训练

初始化 RBF 神经网络参数,通过 MATLAB 神经网络工具箱提供的 newrb 函数可创建 RBF 神经网络,以训练集样本数据训练 RBF 神经网络小麦种子分类模型,设置 RBF 神经网络训练的目标误差为 1e-8,设置径向基函数扩展常数为 1,隐含层节点个数最大设置为训练集样本个数 150,在训练过程中以"1"为单位逐步递增隐含层神经元个数直到训练误差低于目标误差。

```
net = newrb(train_x,train_t,1e-8,1,150,1);              % 创建 RBF 神经网络
```

3) 测试集数据样本验证 RBF 神经网络模型分类效果

根据 RBF 神经网络小麦种子分类模型的输出结果,基于测试集中每类小麦的数量计算测试集分类的准确率及每类小麦各自分类的正确率。

```
y2 = net(test_x);                  % 测试集样本数据 RBF 神经网络输出
perf2 = perform(net,test_t,y2);
for j = 1:length(y2)
    if y2(j)<= 1
        y2(j) = 1;
    elseif y2(j)<= 2
        y2(j) = 2;
    else
        y2(j) = 3;
    end
end
acc2 = sum(y2 == test_t)/60;

%% 结果显示
total_A = 70;
total_B = 70;
total_C = 70;
count_A = length(find(train_t == 1));
count_B = length(find(train_t == 2));
count_C = length(find(train_t == 3));
number_A = length(find(test_t == 1));
```

```
number_B = length(find(test_t == 2));
number_C = length(find(test_t == 3));
number_A_sim = length(find(y2 == 1 &test_t == 1));
number_B_sim = length(find(y2 == 2 &test_t == 2));
number_C_sim = length(find(y2 == 3 &test_t == 3));
disp(['种子总数:' num2str(210) '第一类:' num2str(total_A) '第二类:' num2str(total_B) '第三
类:' num2str(total_C)]);
disp(['训练集种子总数:' num2str(150) '第一类:' num2str(count_A) '第二类:' num2str(count_B)
'第三类:' num2str(count_C)]);
disp(['测试集种子总数:' num2str(60) '第一类:' num2str(number_A) '第二类:' num2str(number_B)
'第三类:' num2str(number_C)]);
fprintf('测试集分类准确率:%f\n',acc2);
disp(['第一类分类正确:' num2str(number_A_sim) '错误:' num2str(number_A - number_A_sim) '正
确率p1 = ' num2str(number_A_sim/number_A * 100) '%']);
disp(['第二类分类正确:' num2str(number_B_sim) '错误:' num2str(number_B - number_B_sim) '正
确率p2 = ' num2str(number_B_sim/number_B * 100) '%']);
disp(['第三类分类正确:' num2str(number_C_sim) '错误:' num2str(number_C - number_C_sim) '正
确率p3 = ' num2str(number_C_sim/number_C * 100) '%']);
```

5. 实验结果分析

经过 RBF 神经网络小麦种子分类模型训练后,测试集样本数据的分类结果如图 5.12 所示。

```
种子总数:210    第一类:70    第二类:70    第三类:70
训练集种子总数:150    第一类:47    第二类:51    第三类:52
测试集种子总数:60    第一类:23    第二类:19    第三类:18
测试集分类准确率:0.800000
第一类分类正确:16    错误:7    正确率p1=69.5652%
第二类分类正确:16    错误:3    正确率p2=84.2105%
第三类分类正确:16    错误:2    正确率p3=88.8889%
```

图 5.12 测试集样本数据的分类结果

通过测试集样本数据对 RBF 神经网络小麦种子分类模型效果进行验证,可以看出 3 种小麦种子能被 RBF 神经网络分类模型较为准确地分类,表明基于 RBF 神经网络的分类模型具有良好的泛化能力及分类效果。

5.3.3 基于 MATLAB 的 RBF 神经网络案例——人口数量预测

1. 应用案例分析

我国是一个人口大国,人口问题始终是制约发展的关键因素之一。科学合理的人口数量预测,有助于国家最大效率地分配社会资源,制定更加合理的发展建设规划,实现整个社会的良性循环。

本案例以中国 1949—2013 年的人口统计数据为基础,构建以 n 年 $\sim n+4$ 年($n \in$ [1949,2008])人口数量为输入、以第 $n+5$ 年人口数量为输出的样本集,并划分训练样本与测试样本。建立基于 RBF 神经网络的人口数量预测模型,使训练后的模型可根据历年人口数量对未来人口数量做出预测,最后利用测试集测试模型泛化能力。

2. 数据集准备

本案例所用数据集来自中国人口统计年鉴,其中包含了 1949—2013 年中国年人口统计数量(单位:万),详细数据如表 5.4 所示。

表 5.4　1949 年—2013 年中国年人口统计数量　　　　　　　　（单位：万）

年份	人口数量	年份	人口数量	年份	人口数量	年份	人口数量	年份	人口数量
1949	54 167	1962	67 295	1975	92 420	1988	111 026	2001	127 627
1950	55 196	1963	69 172	1976	93 717	1989	112 704	2002	128 453
1951	56 300	1964	70 499	1977	94 974	1990	114 333	2003	129 227
1952	57 482	1965	72 538	1978	96 259	1991	115 823	2004	129 988
1953	58 796	1966	74 542	1979	97 542	1992	117 171	2005	130 756
1954	60 266	1967	76 368	1980	98 705	1993	118 517	2006	131 448
1955	61 465	1968	78 534	1981	100 072	1994	119 850	2007	132 129
1956	62 828	1969	80 671	1982	101 654	1995	121 121	2008	132 802
1957	64 653	1970	82 992	1983	103 008	1996	122 389	2009	134 480
1958	65 994	1971	85 229	1984	104 357	1997	123 626	2010	135 030
1959	67 207	1972	87 177	1985	105 851	1998	124 761	2011	135 770
1960	66 207	1973	89 211	1986	107 507	1999	125 786	2012	136 460
1961	65 859	1974	90 859	1987	109 300	2000	126 743	2013	137 510

本案例以 n 年～$n+4$ 年($n\in[1949,2008]$)人口数量为输入,以第 $n+5$ 年人口数量为输出,最终得到 60 组输入样本及期望输出样本。

3. 人口数量预测 RBF 神经网络结构设计

本实验调用 MATLAB 工具箱函数 newrb 构建 RBF 神经网络来完成人口数量预测,newrb 工具箱函数可根据网络训练情况自动增加隐含层神经元个数,因此无须设置 RBF 神经网络的隐含层节点个数,仅需确定 RBF 神经网络的输入层与输出层节点个数、训练目标误差、扩展常数。

本实验中,以 n 年～$n+4$ 年($n\in[1949,2008]$)人口数量为网络输入,以第 $n+5$ 年为网络期望输出。因此,设计 RBF 神经网络输入层节点为 5 个,输出层节点为 1 个,扩展常数设置为 2.3,训练目标误差设置为 10^{-6}。

4. 人口数量 RBF 神经网络预测模型的实现

下面介绍 RBF 神经网络的人口数量预测模型的实现过程,其详细步骤如下。

1) 数据集导入及数据划分

(1) 首先导入人口数据,形成由 60 个人口数据组成的行向量。

```
data = xlsread('Population_data.xlsx');           %导入人口数据
```

(2) 然后生成输入/输出对应的样本集。

```
lag = 5;                        % 定义阶数,用前 lag 个人口数据作为样本的输入
iinput = data;                  % iinput 为原始序列
n = length(iinput);             % 获取 iinput 的长度
inputs = zeros(lag,n - lag);    % 定义维度为 5×60 的输入样本矩阵
for i = 1:n - lag               % 用 i～i+4 的数据作为样本输入,循环构建样本集的输入矩阵
    inputs(:,i) = iinput(i:i + lag - 1)';
end
targets = data(lag + 1:end);    % 从 data 数组第 6 个数据起到最后一个数据是样本集输出向量
```

(3) 最后按照每隔 6 个样本抽取一个样本为测试样本的方式,即以 6∶1 的比例划分训

练集和测试集,分别得到 52 个训练样本及 8 个测试样本。

```
k = 1;j = 1;z = 1;
for i = 1:size(inputs,2)
   if k < 7
     input_train(:,z) = inputs(:,i);         % 训练样本的输入矩阵
     output_train(z) = targets(i);           % 训练样本的输出矩阵
     k = k + 1;
     z = z + 1;
   else if k == 7
     input_test(:,j) = inputs(:,i);          % 测试样本的输入矩阵
     output_test(j) = targets(i);            % 测试样本的输出矩阵
     k = 1;
     j = j + 1;
   end
end
```

2) 数据归一化处理

首先对训练集与测试集分别按照式(5-26)和式(5-27)进行归一化处理:

$$x_{\mathrm{mid}}^{r} = \frac{x_{\max}^{r} + x_{\min}^{r}}{2}, \quad r = 1,2,\cdots,5 \tag{5-26}$$

$$\hat{x}_{nr} = \frac{x_{nr} - x_{\mathrm{mid}}^{r}}{(x_{\max}^{r} - x_{\min}^{r})/2}, \quad n = 1,2,\cdots,m \tag{5-27}$$

式(5-26)中,x_{mid}^{r} 表示第 r 个分量数据变化范围内的中间值;$x_{\max}^{r}$ 和 $x_{\min}^{r}$ 分别表示第 r 个分量数据的最大值和最小值。式(5-27)中,x_{nr} 表示原始样本集中第 n 个样本的第 r 个分量;$\hat{x}_{nr}$ 表示 x_{nr} 归一化的结果。

```
% % 训练集输入数据归一化,归一化到[-1,1]
xmid = (137510 + 54167)/2;
for i = 1:size(input_train,1)
   for j = 1:size(input_train,2)
     inputn(i,j) = (input_train(i,j) - xmid)/((137510 - 54167)/2); % x = (x - xmid)/((xmax - 
                                                                    %  xmin)/2)
   end
end
% % 训练集输出数据归一化
for i = 1:size(input_train,2)
     outputn(i) = (output_train(i) - xmid)/((137510 - 54167)/2);
end
% % 测试集输入数据归一化
for i = 1:size(input_test,1)
   for j = 1:size(input_test,2)
     inputn_test(i,j) = (input_test(i,j) - xmid)/((137510 - 54167)/2);
   end
end
```

3) 参数设置

设置网络的训练精度、学习率、最大迭代次数等参数并初始化网络各层结构。

```
max_neurons = size(inputn,2);      % 设置网络隐含层节点数最大值为训练样本个数
spread = 2.3;                      % 设置网络扩展常数为 2.3
goal_mse = 0.00001;                % 设置网络训练目标误差为 10^-5
```

4）网络训练

```
% 利用训练样本输入矩阵 inputn 和输出矩阵 outputn 训练 RBF 神经网络
net = newrb(inputn, outputn, goal_mse, spread, max_neurons, 10);
```

5）网络测试

```
% 将测试集输入网络,得到各测试样本的网络输出向量
testNetworkOutput1 = sim(net, inputn_test);
```

5. 仿真结果及分析

利用 MATLAB 工具箱函数 newrb 训练人口数量预测模型时,可通过 newrb 窗口观察网络训练过程,网络训练误差变化如图 5.13 所示,可知在第 20 次迭代训练中,网络的训练精度达到预设值,网络隐含层共包含 20 个节点。

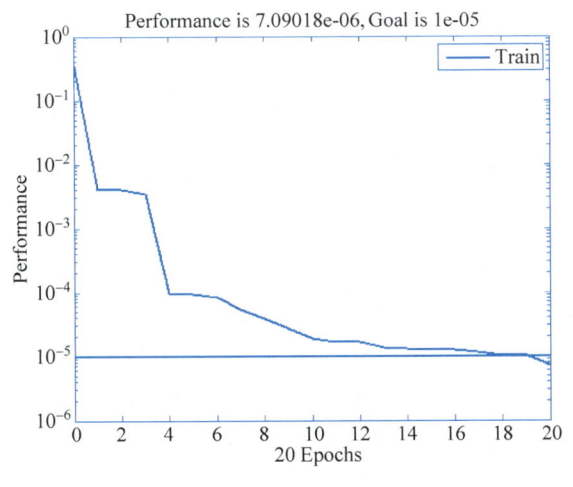

图 5.13 网络训练误差变化

训练集样本训练效果如图 5.14 所示,由图可知网络对训练样本的预测结果与其真实值吻合度高。网络测试结果如图 5.15 所示,由图可知大部分样本的预测值与真实值较为接近,网络测试的平均相对误差为 0.70%,泛化能力较强。

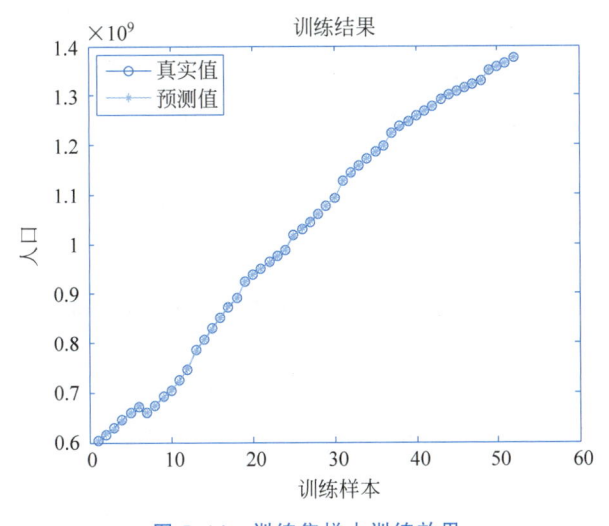

图 5.14 训练集样本训练效果

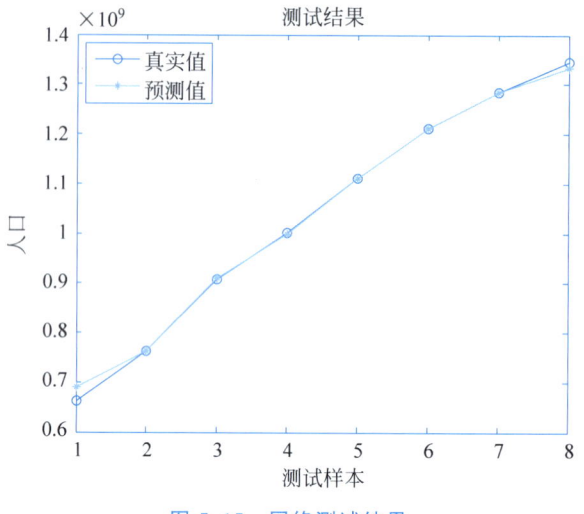

图 5.15　网络测试结果

5.3.4　基于 MATLAB 的 RBF 神经网络案例——地下水位预测

1. 案例分析

地下水系统是一个复杂的非线性、随机系统,影响地下水位变化的因素包括降水、气温、蒸发等,地下水的变化有一定的年度周期性,但又逐年波动。地下水位的变化可以在一定程度上反映地下水系统内部的变化情况,通过对地下水位的预测,能够有效地获取地下漏斗区的发展信息,更合理地利用和管理地下水资源,为实现水位调控打下基础。

由于 RBF 神经网络训练速度快,具有很强的非线性映射能力,因此本案例利用 RBF 神经网络建立影响地下水位的多个因素与地下水位之间的数学关系模型,构建基于 RBF 神经网络的地下水位预测模型。对构建出的地下水位预测模型进行训练,训练后使用测试集样本数据测试模型的预测精度及泛化能力,输出结果与期望值拟合程度越高则说明该模型的性能越好。最终目标是实现对地下水位的预测,得出较为准确可靠的预测数据。

2. 数据集分析

本案例数据集采用滦河某观测站 24 个月的地下水位检测样本数据,其中影响地下水位变化的因素分别有河道流量、气温、饱和差、降水量和蒸发量 5 个因素。因此本案例数据集共包含 24 组样本数据,每组样本数据中包含 5 个影响因素的数据以及 1 个相应的地下水位值,5 个影响因素数据作为一组样本数据的 RBF 神经网络特征输入量,相应的地下水位值则为 RBF 神经网络的期望输出量,样本数据集如表 5.5 所示。

表 5.5　样本数据集

序号	河道流量/$m^3 \cdot s^{-1}$	气温/℃	饱和差/hPa	降水量/mm	蒸发量/mm	水位/m
1	1.5	−10	1.2	1	1.2	6.92
2	1.8	−10	2	1	0.8	6.97
3	4	−2	2.5	6	2.4	6.84
4	13	10	5	30	4.4	6.5
5	5	17	9	18	6.3	5.75
6	9	22	10	13	6.6	5.54

续表

序号	河道流量/m³·s⁻¹	气温/℃	饱和差/hPa	降水量/mm	蒸发量/mm	水位/m
7	10	23	8	29	5.6	6.63
8	9	21	6	74	4.6	5.62
9	7	15	5	21	2.3	5.96
10	9.5	8.5	5	15	3.5	6.3
11	5.5	0	6.2	14	2.4	6.8
12	12	−8.5	4.5	11	0.8	6.9
13	1.5	−11	2	1	1.3	6.7
14	3	−7	2.5	2	1.3	6.77
15	7	0	3	4	4.1	6.67
16	19	10	7	0	3.2	6.33
17	4.5	18	10	19	6.5	5.82
18	8	21.5	11	81	7.7	5.58
19	57	22	5.5	186	5.5	5.48
20	35	19	5	114	4.6	5.38
21	39	13	5	60	3.6	5.51
22	23	6	3	35	2.6	5.84
23	11	1	2	4	1.7	6.32
24	4.5	−2	1	6	1	6.56

3. RBF 神经网络地下水位预测模型设计

RBF 神经网络是标准三层结构，包含输入层、隐含层和输出层。RBF 神经网络的地下水位预测模型的网络设计包含结构设计和参数设计，本案例的 RBF 神经网络模型通过 MATLAB 神经网络工具箱提供的 newrb 函数进行创建。

1) 结构设计

RBF 神经网络的输入层和输出层节点数与数据集中每个样本的输入和输出向量维度相对应。在本案例中输入节点个数为 5 个，输出节点个数为 1 个。通过 MATLAB 神经网络工具箱提供的 newrb 函数可创建 RBF 神经网络，隐含层的节点个数是不确定的，newrb 函数根据用户设置的目标误差，向网络中不断添加隐含层节点，直到训练误差低于目标误差为止，并且隐含层节点最大个数为样本个数。

2) 参数设计

通过 MATLAB 神经网络工具箱提供的 newrb 函数创建 RBF 神经网络，径向基函数为 MATLAB 默认函数，RBF 神经网络的径向基函数扩展常数设置为 1。

4. RBF 神经网络地下水位预测模型实现

下面介绍基于 RBF 神经网络的地下水位预测模型的实现过程，通过调用 MATLAB 工具箱函数的 newrb 来构建网络模型，详细步骤如下。

1) 导入数据集及数据预处理

(1) 导入本案例数据集。数据集中包含 24 组数据样本，每组数据样本包含 5 个影响地下水位的因素数据，导入后得到大小为 5×24 的输入矩阵 **x**；将每组数据样本对应的地下水位值作为网络的期望输出数据，得到大小为 1×24 的期望输出矩阵 **y**。将 **x**、**y** 矩阵第 6～24 列共 19 组样本数据作为 RBF 神经网络地下水位预测模型的训练集，将 **x**、**y** 矩阵第

1～5 列共 5 组样本数据作为 RBF 神经网络地下水位预测模型的测试集。

```
% 将数据集中影响地下水位的 5 个因素数据作为神经网络特征输入量存储在 x 矩阵中
x = [ 1.5, 1.8, 4.0, 13.0, 5.0, 9.0, 10.0, 9.0, 7.0, 9.5, 5.5, 12.0,...
    1.5, 3.0, 7.0, 19.0, 4.5, 8.0, 57.0, 35.0, 39.0, 23.0, 11.0, 4.5;
    -10.0, -10.0, -2.0, 10.0, 17.0, 22.0, 23.0, 21.0, 15.0, 8.5, 0, -8.5,...
    -11.0, -7.0, 0, 10.0, 18.0, 21.5, 22.0, 19.0, 13.0, 6.0, 1.0, -2.0;
    1.2, 2.0, 2.5, 5.0, 9.0, 10.0, 8.0, 6.0, 5.0, 5.0, 6.2, 4.5,...
    2.0, 2.5, 3.0, 7.0, 10.0, 11.0, 5.5, 5.0, 5.0, 3.0, 2.0, 1.0;
    1.0, 1.0, 6.0, 30.0, 18.0, 13.0, 29.0, 74.0, 21.0, 15.0, 14.0, 11.0,...
    1.0, 2.0, 4.0, 0, 19.0, 81.0, 186.0, 114.0, 60.0, 35.0, 4.0, 6.0;
    1.2, 0.8, 2.4, 4.4, 6.3, 6.6, 5.6, 4.6, 2.3, 3.5, 2.4, 0.8,...
    1.3, 1.3, 4.1, 3.2, 6.5, 7.7, 5.5, 4.6, 3.6, 2.6, 1.7, 1.0
    ];
% 将数据集中相应的地下水位值作为神经网络期望输出量存储在 y 矩阵中
y = [6.92, 6.97, 6.84, 6.5, 5.75, 5.54, 5.63, 5.62, 5.96, 6.3, 6.8, 6.9,...
    6.7, 6.77, 6.67, 6.33, 5.82, 5.58, 5.48, 5.38, 5.51, 5.84, 6.32, 6.56];
trainx0 = x(1:5, 6:24);          % 划分训练集特征输入量
trainy0 = y(6:24);               % 划分训练集期望输出量
testx = x(1:5,1:5);              % 划分测试集特征输入量
 testy = y(1:5);                 % 划分测试集期望输出量
```

(2) 数据预处理。由于训练集样本数据量较小,为了提高 RBF 神经网络地下水位预测模型预测结果的准确度及泛化能力,选择二维三次插值的方式将原训练集 19 组样本数据增加至 100 组样本数据,重新构造训练集样本数据。

```
N = size(trainx0,2);             % 获取当前训练集样本数据个数
X = [trainx0; trainy0];          % 将特征输入量与期望输出量合并,构成完整训练集样本数据
[xx0, yy0] = meshgrid(1:N, 1:6);
[xx1,yy1] = meshgrid(linspace(1,N,100), 1:6); % 构造网格矩阵,增加训练集样本个数至 100
XX = interp2(xx0, yy0, X, xx1, yy1,'cubic');  % 选择二维三次插值方式扩充训练集样本数据量
trainx = XX(1:5, :);             % 构造训练集样本特征输入量数据
trainy = XX(6, :);               % 构造训练集样本期望输出量数据
```

2) 搭建 RBF 神经网络并且训练网络

使用 MATLAB 神经网络工具箱的 newrb 函数初始化 RBF 神经网络,并设置相关的训练参数以创建地下水位预测模型。设置网络的训练目标误差为 1e-8,将径向基函数的扩展系数设置为 1,根据训练集的样本个数设置最大隐含层节点个数为 100,在训练过程中以"1"为单位,逐步增加神经元的个数直到训练误差低于目标误差。

```
net = newrb(train_x,train_t,1e-8,1,100,1);              % 创建 RBF 神经网络
```

3) 测试集数据样本验证 RBF 神经网络模型预测效果

通过测试集样本数据验证基于 RBF 神经网络的地下水位预测模型的预测准确度,计算神经网络输出预测结果与数据集期望输出结果之间的相对误差,以及全部测试集样本数据的平均相对误差和最大相对误差。通过计算预测结果与期望输出结果之间的相对误差,可以对模型的泛化能力进行评价,并在此基础上,进一步研究和改善 RBF 神经网络参数,相对误差越小,则表明 RBF 神经网络模型预测结果越接近期望输出结果,RBF 神经网络预测模型泛化能力越强。将测试集样本数据神经网络输出预测结果与数据集期望输出结果显示在同一坐标系下,可以更直观地看出预测结果与期望结果之间的相对误差。

```
yy = net(testx);
e = (testy - yy)./testy;              %计算网络输出预测结果与期望输出结果之间的相对误差
fprintf('相对误差: \n ');
fprintf('%f ', e);
fprintf('\n\n');
m = mean(abs(e));                     %计算测试集样本数据的平均相对误差
fprintf('平均相对误差: \n %f\n', m);
ma = max(abs(e));                     %计算测试集样本数据的最大相对误差
fprintf('最大相对误差: \n %f\n', ma);
figure(1)                             %显示实际值与拟合值
plot(1:5, testy, 'bo-')
hold on
plot(1:5, yy, 'r*-')
title('地下水位测试结果')
legend('真实值', '预测值')
axis([1,5,0,8])
```

5. 实验结果分析

训练集输入样本数据插值前后对比如图 5.16 所示，训练集期望输出数据插值前后对比如图 5.17 所示。

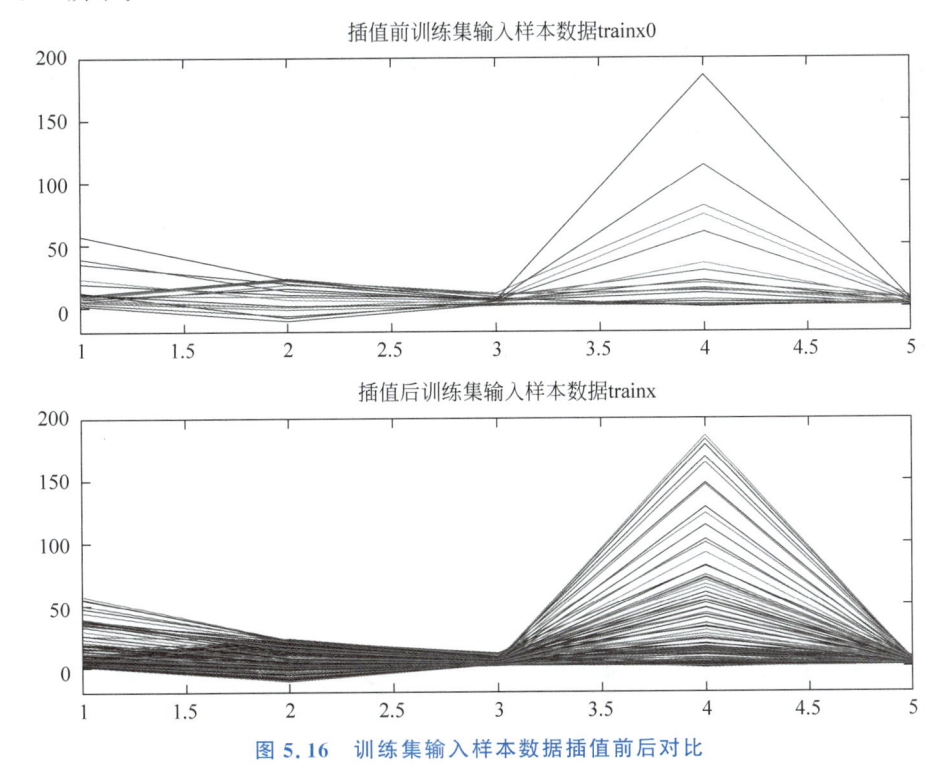

图 5.16 训练集输入样本数据插值前后对比

经过 RBF 神经网络地下水位预测模型训练后，测试集样本数据预测结果与期望输出结果之间的相对误差如表 5.6 所示，由表可知测试样本最大相对误差为 0.166 278。测试集预测结果与期望输出结果对比如图 5.18 所示。

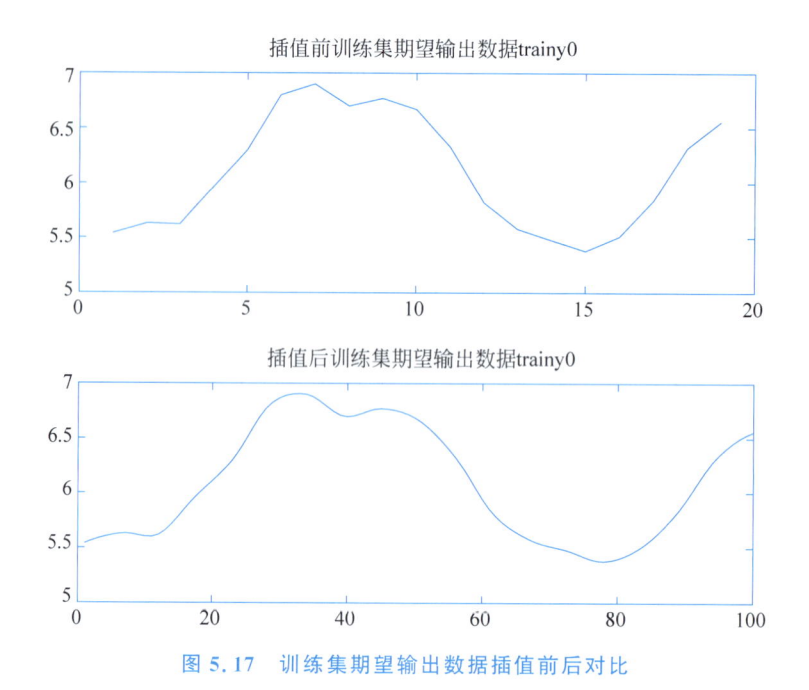

图 5.17　训练集期望输出数据插值前后对比

表 5.6　测试集样本数据相对误差

样 本 编 号	期望输出结果	RBF 神经网络预测结果	相 对 误 差
1	6.92	6.7161	0.029 470
2	6.97	6.7216	0.035 646
3	6.84	6.7068	0.019 474
4	6.5	6.7137	−0.032 881
5	5.75	6.7061	−0.166 278

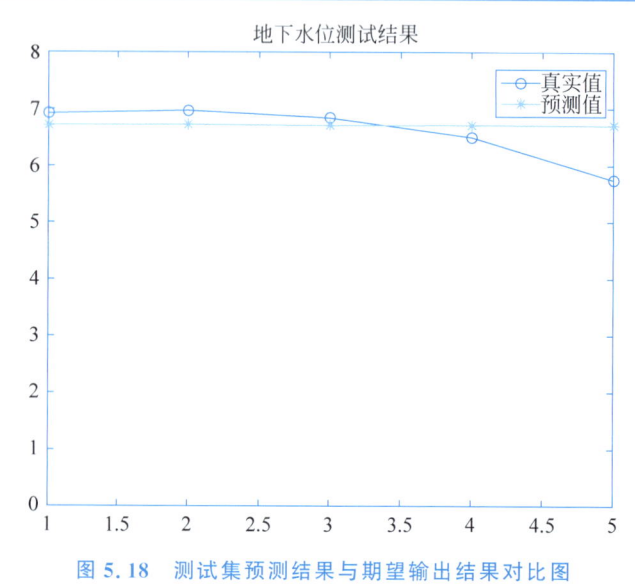

图 5.18　测试集预测结果与期望输出结果对比图

通过图 5.18 可以看出,测试集前 4 个样本数据的 RBF 神经网络地下水位预测结果相对误差较小,预测结果接近期望输出结果,RBF 神经网络地下水位预测模型数据拟合准确程度较高。但是第 5 个样本数据的 RBF 神经网络地下水位预测结果相对误差较大,表明该 RBF 神经网络地下水位预测模型有待改进。

本章习题

1. 正则化 RBF 神经网络和广义 RBF 神经网络的主要区别是什么?
2. 广义 RBF 神经网络的径向基函数的选取方法有哪些?
3. RBF 神经网络与 BP 神经网络相比,有哪些优缺点?
4. 简述广义 RBF 神经网络的学习算法流程。
5. 本章 5.3.1 节基于 MATLAB 的 RBF 神经网络应用案例——数据拟合案例中,隐含层节点选取了 3 个,现选取 4 个隐含层节点,实现数据拟合,并将数据拟合效果与 5.3.1 节应用案例的拟合效果进行比较。
6. 本章例 5.1"异或"问题采用正则化 RBF 神经网络进行解决,其中隐含层节点数选取了 2 个,其数据中心选为输入的 2 个模式 $\boldsymbol{X}^1 = \begin{pmatrix} 1 \\ 1 \end{pmatrix}$、$\boldsymbol{X}^2 = \begin{pmatrix} 0 \\ 0 \end{pmatrix}$。现选取 4 个隐含层节点,其数据中心选为输入的 4 个模式 $\boldsymbol{X}^1 = \begin{pmatrix} 1 \\ 1 \end{pmatrix}$、$\boldsymbol{X}^2 = \begin{pmatrix} 0 \\ 0 \end{pmatrix}$、$\boldsymbol{X}^3 = \begin{pmatrix} 1 \\ 0 \end{pmatrix}$、$\boldsymbol{X}^4 = \begin{pmatrix} 0 \\ 1 \end{pmatrix}$,设计正则化 RBF 神经网络解决"异或"问题。

第6章 支持向量机

CHAPTER 6

支持向量机(SVM)是一种二分类模型。它的基本模型是定义在特征空间上的间隔最大的线性分类器,间隔最大使它有别于感知机。支持向量机还包括核方法,这使得它成为实质上的非线性分类器。支持向量机的学习策略就是间隔最大化,可等价于求解一个凸二次规划的问题,支持向量机的学习算法是求解凸二次规划的最优化算法。

支持向量机学习方法包含构建由简至繁的模型:线性可分支持向量机、线性支持向量机及非线性支持向量机。简单模型是复杂模型的基础,也是复杂模型的特殊情况。当训练数据线性可分时,通过硬间隔最大化,学习一个线性的分类器,即线性可分支持向量机,又称为硬间隔支持向量机;当训练数据近似线性可分时,通过软间隔最大化,学习一个线性的分类器,即线性支持向量机,又称为软间隔支持向量机;当训练数据线性不可分时,通过使用核方法及软间隔最大化,学习一个线性的分类器,即非线性支持向量机。

当输入空间为欧氏空间或离散集合、特征空间为希尔伯特空间时,核函数表示将输入向量从输入空间映射到特征空间后得到的特征向量之间的内积。通过使用核函数可以学习非线性支持向量机,等价于隐式地在高维特征空间中学习线性支持向量机,这样的学习方法称为核方法。

本章按照上述思路介绍三类支持向量机、核函数及其相关应用案例。

6.1 线性可分支持向量机

考虑一个二分类问题,假设输入空间与特征空间为两个不同的空间,输入空间为欧氏空间或离散集合,特征空间为欧氏空间或希尔伯特空间。线性可分支持向量机、线性支持向量机假设这两个空间的元素一一对应,并将输入空间中的输入向量映射为特征空间中的特征向量。非线性支持向量机利用一个从输入空间到特征空间的非线性映射将输入向量映射为特征向量。由此可见,三类支持向量机的输入都由输入空间转换到特征空间,支持向量机的学习是在特征空间进行的。

6.1.1 最优超平面

考虑 P 个线性可分样本 $\{(\boldsymbol{X}^1,d^1),(\boldsymbol{X}^2,d^2),\cdots,(\boldsymbol{X}^p,d^p),\cdots,(\boldsymbol{X}^P,d^P)\}$,对于任一输入样本 $\boldsymbol{X}^p$,其期望输出 $d^p=\pm 1$,分别代表两类的类别标识。用于分类的超平面方程为

$$\boldsymbol{W}^{\mathrm{T}}\boldsymbol{X}+b=0 \tag{6-1}$$

式中，$\boldsymbol{X}$ 为输入向量；$\boldsymbol{W}$ 为权值向量；b 为偏置，则正负样本可以表示为

$$\begin{aligned} \boldsymbol{W}^\mathrm{T}\boldsymbol{X}^p + b > 0, & \quad \text{当 } d^p = +1 \text{ 时} \\ \boldsymbol{W}^\mathrm{T}\boldsymbol{X}^p + b < 0, & \quad \text{当 } d^p = -1 \text{ 时} \end{aligned} \tag{6-2}$$

由式(6-1)定义的超平面与最近正负样本点之间的距离之和称为分离边缘，用 ρ 表示。支持向量机的目标是找到一个分离边缘最大的超平面，即最优超平面。图 6.1 给出了二维平面中最优超平面的示意图。由图 6.1 可以看出，最优超平面可以提供正负两类样本之间最大可能的分离，因此确定最优超平面的权值 $\boldsymbol{W}_0$ 和偏置 b_0 应是唯一的。在式(6-1)定义的一簇超平面中，最优超平面的方程应为

$$\boldsymbol{W}_0^\mathrm{T}\boldsymbol{X} + b_0 = 0 \tag{6-3}$$

由解析几何知识可得样本空间中任一点到最优超平面的距离为

$$r = \frac{\boldsymbol{W}_0^\mathrm{T}\boldsymbol{X} + b_0}{\|\boldsymbol{W}_0\|} \tag{6-4}$$

从而有判别函数

$$g(\boldsymbol{X}) = r\|\boldsymbol{W}_0\| = \boldsymbol{W}_0^\mathrm{T}\boldsymbol{X} + b_0 \tag{6-5}$$

给出从 $\boldsymbol{X}$ 到最优超平面的距离的一种代数度量。

将判别函数进行归一化，使所有样本都满足：

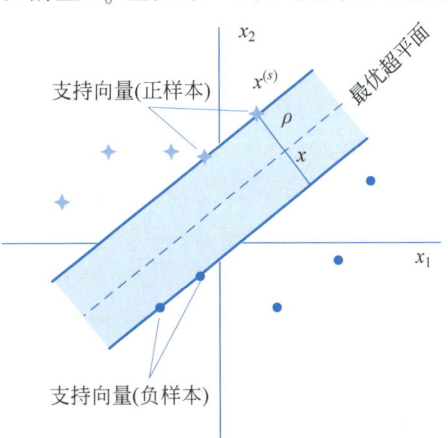

图 6.1 二维平面中最优超平面示意图

$$\begin{aligned} \boldsymbol{W}_0^\mathrm{T}\boldsymbol{X}^p + b_0 \geqslant +1, & \quad \text{当 } d^p = +1 \text{ 时} \\ \boldsymbol{W}_0^\mathrm{T}\boldsymbol{X}^p + b_0 \leqslant -1, & \quad \text{当 } d^p = -1 \text{ 时} \end{aligned} \tag{6-6}$$

则对于离最优超平面最近的特殊样本 $\boldsymbol{X}^s$ 满足 $|g(\boldsymbol{X}^s)| = 1$，称为支持向量。由于支持向量最靠近分类决策面，是最难分类的数据点，因此这些向量在支持向量机的运行中起着主导作用。

式(6-6)中的两行也可以组合起来用下式表示：

$$d^p(\boldsymbol{W}^\mathrm{T}\boldsymbol{X}^p + b) \geqslant 1 \tag{6-7}$$

由式(6-4)可导出正负样本的支持向量到最优超平面的代数距离分别为

$$r = \frac{g(\boldsymbol{X}^s)}{\|\boldsymbol{W}_0\|} = \begin{cases} \dfrac{1}{\|\boldsymbol{W}_0\|}, & d^s = +1 \\ -\dfrac{1}{\|\boldsymbol{W}_0\|}, & d^s = -1 \end{cases} \tag{6-8}$$

因此，正负两类样本之间的间隔可用分离边缘表示为

$$\rho = 2r = \frac{2}{\|\boldsymbol{W}_0\|} \tag{6-9}$$

式(6-9)表明，分离边缘最大化等价于使权值向量 $\|\boldsymbol{W}\|$ 的范数最小化。因此，满足式(6-7)的条件且使 $\|\boldsymbol{W}\|$ 最小的分类超平面即为最优超平面。

6.1.2 线性可分最优超平面

对于给定的训练样本 $\{(\boldsymbol{X}^1, d^1), (\boldsymbol{X}^2, d^2), \cdots, (\boldsymbol{X}^p, d^p), \cdots, (\boldsymbol{X}^P, d^P)\}$，建立最优分

类面问题可以表示成如下的约束优化问题：

$$\min_{\boldsymbol{W},b} \Phi(\boldsymbol{W}) = \frac{1}{2}\|\boldsymbol{W}\|^2 = \frac{1}{2}\boldsymbol{W}^{\mathrm{T}}\boldsymbol{W} \quad \text{s.t.} \quad d^p(\boldsymbol{W}^{\mathrm{T}}\boldsymbol{X}^p + b) \geqslant 1 \tag{6-10}$$

这个约束优化问题是关于 $\boldsymbol{W}$ 的凸函数，且关于 $\boldsymbol{W}$ 的约束条件是线性的，因此可以用拉格朗日系数方法解决约束最优问题。引入拉格朗日函数，将式(6-10)的约束优化问题转化为如下的极值问题：

$$\max_{\alpha} \min_{\boldsymbol{W},b} L(\boldsymbol{W},b,\alpha) = \frac{1}{2}\boldsymbol{W}^{\mathrm{T}}\boldsymbol{W} - \sum_{p=1}^{P} \alpha_p [d^p(\boldsymbol{W}^{\mathrm{T}}\boldsymbol{X}^p + b) - 1] \tag{6-11}$$

式中，α_p 称为拉格朗日系数，$\alpha_p \geqslant 0$。式(6-11)中的第一项为代价函数 $\Phi(\boldsymbol{W})$，第二项非负，因此最小化 $\Phi(\boldsymbol{W})$ 就转化为求拉格朗日函数的最小值。观察拉格朗日函数可以看出，欲使该函数值最小化，应使第一项减小，使第二项增大。为使第一项最小化，将式(6-11)对 $\boldsymbol{W}$ 和 b 求偏导，并使结果为零：

$$\frac{\partial L(\boldsymbol{W},b,\alpha)}{\partial \boldsymbol{W}} = 0$$
$$\frac{\partial L(\boldsymbol{W},b,\alpha)}{\partial b} = 0 \tag{6-12}$$

基于式(6-11)和式(6-12)，可导出如下两个最优化条件：

$$\boldsymbol{W} = \sum_{p=1}^{P} \alpha_p d^p \boldsymbol{X}^p \tag{6-13}$$

$$\sum_{p=1}^{P} \alpha_p d^p = 0 \tag{6-14}$$

为使第二项最大化，将式(6-13)和式(6-14)代入式(6-11)中展开可得

$$\max_{\alpha} Q(\alpha) = L(\boldsymbol{W},b,\alpha) = \sum_{p=1}^{P} \alpha_p - \frac{1}{2} \sum_{p=1}^{P} \sum_{j=1}^{P} \alpha_p \alpha_j d^p d^j (\boldsymbol{X}^p)^{\mathrm{T}} \boldsymbol{X}^j \tag{6-15}$$

至此，原来最小化 $L(\boldsymbol{W},b,\alpha)$ 函数的问题转化为一个最大化 $Q(\alpha)$ 函数的"对偶"问题，即给定训练样本 $\{(\boldsymbol{X}^1,d^1),(\boldsymbol{X}^2,d^2),\cdots,(\boldsymbol{X}^p,d^p),\cdots,(\boldsymbol{X}^P,d^P)\}$，求解使式(6-15)为最大值的拉格朗日系数 $\{\alpha_1,\alpha_2,\cdots,\alpha_p,\cdots,\alpha_P\}$，并满足约束条件 $\sum_{p=1}^{P} \alpha_p d^p = 0$ 且 $\alpha_p \geqslant 0$。

以上为不等式约束的二次函数极值问题。由 Kuhn-Tucker 定理可知，式(6-15)的最优解必须满足以下最优化条件(KKT 条件)：

$$\alpha_p [d^p(\boldsymbol{W}^{\mathrm{T}}\boldsymbol{X}^p + b) - 1] = 0 \tag{6-16}$$

可以看出，在两种情况下式(6-16)中的等号成立：一种情况是 α_p 为零；另一种情况是 α_p 不为零而 $d^p(\boldsymbol{W}^{\mathrm{T}}\boldsymbol{X}^p + b) = 1$。显然，第二种情况仅对应于样本为支持向量的情况。

设 $Q(\alpha)$ 的最优解为 $\{\alpha_{01},\alpha_{02},\cdots,\alpha_{0p},\cdots,\alpha_{0P}\}$，可通过式(6-13)计算最优权值向量，其中非支持向量样本的拉格朗日系数为零，因此

$$\boldsymbol{W}_0 = \sum_{p=1}^{P} \alpha_{0p} d^p \boldsymbol{X}^p = \sum_{\text{支持向量}} \alpha_{0p} d^s \boldsymbol{X}^s \tag{6-17}$$

即最优超平面的权向量是训练样本向量的线性组合，且只有支持向量影响最终的划分结果，这就意味着如果去掉其他训练样本再重新训练，得到的分类超平面是相同的。但如果一个

支持向量未能包含在训练集内,则最优超平面会发生变化。

利用计算出来的最优权值向量和一个正样本的支持向量,可通过式(6-6)进一步计算出最优偏置

$$b_0 = 1 - \boldsymbol{W}_0^T \boldsymbol{X}^s \tag{6-18}$$

求解线性可分问题的最优超平面为

$$\sum_{p=1}^{P} \alpha_{0p} d^p (\boldsymbol{X}^p)^T \boldsymbol{X} + b_0 = 0 \tag{6-19}$$

在式(6-19)中的 P 个输入向量中,只有若干支持向量的拉格朗日系数不为零,因此计算复杂度取决于训练样本中支持向量的个数。

对于线性可分数据,该最优超平面对训练样本的分类误差为零,而对非训练样本具有最佳的泛化性能。

6.2 线性支持向量机

线性可分问题的支持向量机学习方法,对线性不可分训练数据是不适用的,因为这时6.1节方法中的不等式约束并不能都成立。怎样才能将它扩展到线性不可分问题呢? 这就需要修改硬间隔最大化,使其成为软间隔最大化。

当给定的训练样本$\{(\boldsymbol{X}^1, d^1), (\boldsymbol{X}^2, d^2), \cdots, (\boldsymbol{X}^p, d^p), \cdots, (\boldsymbol{X}^P, d^P)\}$非线性可分时,会有一些样本不能满足式(6-7)的约束,从而出现分类误差,因此需要适当地放宽式(6-7)的约束,将其变为

$$d^p (\boldsymbol{W}^T \boldsymbol{X}^p + b) \geqslant 1 - \xi_p \tag{6-20}$$

式(6-20)中引入了松弛变量 $\xi_p \geqslant 0$,它们用于度量一个数据点对线性可分理想条件的偏离程度。当 $0 < \xi_p \leqslant 1$ 时,数据点落入分离区域的内部,且在分类超平面的正确一侧;当 $\xi_p > 1$ 时,数据点进入分类超平面的错误一侧;当 $\xi_p = 0$ 时,相应的数据点即为精确满足式(6-7)的支持向量 $\boldsymbol{X}^s$。

建立非线性可分数据的最优超平面可以采用与线性可分情况类似的方法,即对于给定的训练样本$\{(\boldsymbol{X}^1, d^1), (\boldsymbol{X}^2, d^2), \cdots, (\boldsymbol{X}^p, d^p), \cdots, (\boldsymbol{X}^P, d^P)\}$,寻求权值 $\boldsymbol{W}$ 和偏置 b 的最优值,使其在式(6-20)的约束下,最小化关于权值 $\boldsymbol{W}$ 和松弛变量 ξ_p 的代价函数:

$$\Phi(\boldsymbol{W}, \xi) = \frac{1}{2} \boldsymbol{W}^T \boldsymbol{W} + C \sum_{p=1}^{P} \xi_p \tag{6-21}$$

式中,C 为使用者选定的正参数。

与在 6.1.2 节中的方法相似,采用拉格朗日系数方法解决约束最优问题。需要注意的是,在引入拉格朗日函数时,式(6-11)中的 1 被 $1 - \xi_p$ 代替,从而使拉格朗日函数变为

$$L(\boldsymbol{W}, b, \alpha) = \frac{1}{2} \boldsymbol{W}^T \boldsymbol{W} - \sum_{p=1}^{P} \alpha_p [d^p (\boldsymbol{W}^T \boldsymbol{X}^p + b) - 1 + \xi_p] \tag{6-22}$$

对式(6-22)采用与 6.1.2 节中类似的推导,得到非线性可分数据对偶问题的表示为:给定训练样本$\{(\boldsymbol{X}^1, d^1), (\boldsymbol{X}^2, d^2), \cdots, (\boldsymbol{X}^p, d^p), \cdots, (\boldsymbol{X}^P, d^P)\}$,求解使以下目标函数:

$$Q(\alpha) = \sum_{p=1}^{P} \alpha_p - \frac{1}{2} \sum_{p=1}^{P} \sum_{j=1}^{P} \alpha_p \alpha_j d^p d^j (\boldsymbol{X}^p)^T \boldsymbol{X}^j \tag{6-23}$$

为最大值的拉格朗日系数$\{\alpha_1,\alpha_2,\cdots,\alpha_p,\cdots,\alpha_P\}$,并满足以下的约束条件:

$$\sum_{p=1}^{P}\alpha_p d^p = 0, \quad 0 \leqslant \alpha_p \leqslant C \tag{6-24}$$

可以看出在上述目标函数中,松弛变量ξ_p未出现,因此线性可分的目标函数与非线性可分的目标函数表达式完全相同。不同的只是线性可分情况下的约束条件$\alpha_p \geqslant 0$在非线性可分条件下被替换为约束更强的$0 \leqslant \alpha_p \leqslant C$,因此线性可分情况下的约束条件可以看作是非线性可分情况下的一种特例。

此外,权值W和偏置b的最优解必须满足的Kuhn-Tucker最优化条件改变为:

$$\alpha_p[d^p(\boldsymbol{W}^{\mathrm{T}}\boldsymbol{X}^p + b) - 1 + \xi_p] = 0 \tag{6-25}$$

最终推导得到的W和b的最优解计算式以及最优超平面与式(6-17)、式(6-18)和式(6-19)完全相同。

6.3 非线性支持向量机

在解决模式识别问题时,经常遇到非线性可分模式的情况。非线性支持向量机的方法是,将输入向量映射到一个高维特征向量空间,如果选用的映射函数适当且特征空间的维数足够高,则大多数非线性可分模式在特征空间中可以转化为线性可分模式,因此可以在该特征空间构造最优超平面进行模式分类,这个构造与内积核相关。

6.3.1 基于内积核的最优超平面

设X为N维输入空间的向量,令$\Phi(\boldsymbol{X}) = [\phi_1(\boldsymbol{X}), \phi_2(\boldsymbol{X}), \cdots, \phi_M(\boldsymbol{X})]^{\mathrm{T}}$表示输入空间到$M$维特征空间的非线性变换,称为输入向量$X$在特征空间诱导出的"像"。参照前述思路,可以在该特征空间定义构建一个分类超平面:

$$\sum_{j=1}^{M}w_j\phi_j(\boldsymbol{X}) + b = 0 \tag{6-26}$$

式中,w_j为将特征空间连接到输出空间的权值;b为偏置。令$\phi_0(\boldsymbol{X}) = 1$,$w_0 = b$,式(6-26)可简化为

$$\sum_{j=0}^{M}w_j\phi_j(\boldsymbol{X}) = 0 \tag{6-27}$$

或写成

$$\boldsymbol{W}^{\mathrm{T}}\Phi(\boldsymbol{X}) = 0 \tag{6-28}$$

将适合线性可分模式输入空间的式(6-13)用于特征空间中线性可分的"像",只需用$\Phi(\boldsymbol{X})$替换$\boldsymbol{X}$,得到

$$\boldsymbol{W} = \sum_{p=1}^{P}\alpha_p d^p \Phi(\boldsymbol{X}^p) \tag{6-29}$$

将式(6-29)代入式(6-28)可得特征空间的分类超平面为

$$\sum_{p=1}^{P}\alpha_p d^p \Phi^{\mathrm{T}}(\boldsymbol{X}^p)\Phi(\boldsymbol{X}) = 0 \tag{6-30}$$

式中,$\Phi^{\mathrm{T}}(\boldsymbol{X}^p)\Phi(\boldsymbol{X})$为第$p$个输入模式$\boldsymbol{X}^p$在特征空间的像$\Phi(\boldsymbol{X}^p)$与输入向量$\boldsymbol{X}$在特征

空间的像 $\Phi(\boldsymbol{X})$ 的内积,因此在特征空间构造最优超平面时,仅使用特征空间中的内积。若能找到一个函数 $K(\ )$,使得

$$K(\boldsymbol{X},\boldsymbol{X}^p) = \Phi^{\mathrm{T}}(\boldsymbol{X})\Phi(\boldsymbol{X}^p) \tag{6-31}$$

则在特征空间建立超平面时就无须再考虑变换 ϕ 的形式。$K(\boldsymbol{X},\boldsymbol{X}^p)$ 称为内积核函数。

泛函分析中的 Mercer 定理指出了如何确定一个候选核是不是某个空间的内积核,但是没有指出如何构造函数 $\phi_j(\boldsymbol{X})$。对核函数 $K(\boldsymbol{X},\boldsymbol{X}^p)$ 的要求是满足 Mercer 定理,因此其选择有一定的自由度。下面给出 3 种常用的核函数。

(1) 多项式核函数。

$$K(\boldsymbol{X},\boldsymbol{X}^p) = [(\boldsymbol{X}^{\mathrm{T}}\boldsymbol{X}^p) + 1]^q \tag{6-32}$$

采用该函数的支持向量机是一个 q 阶多项式分类器,其中 q 是用户决定的参数。

(2) Gauss 核函数。

$$K(\boldsymbol{X},\boldsymbol{X}^p) = \exp\left(-\frac{|\boldsymbol{X}-\boldsymbol{X}^p|^2}{2\sigma^2}\right) \tag{6-33}$$

采用该函数的支持向量机是一种径向基函数分类器。

(3) Sigmoid 核函数。

$$K(\boldsymbol{X},\boldsymbol{X}^p) = \tanh[k(\boldsymbol{X}^{\mathrm{T}}\boldsymbol{X}^p) + c] \tag{6-34}$$

采用该函数的支持向量机实现的是一个单隐含层感知器神经网络。

使用内积核在特征空间建立的最优超平面可以表示为

$$\sum_{p=1}^{P} \alpha_p d^p K(\boldsymbol{X},\boldsymbol{X}^p) = 0 \tag{6-35}$$

6.3.2 非线性支持向量机神经网络

非线性支持向量机的思想是,对于非线性可分数据,在进行非线性变换后的高维特征空间中实现线性分类,此时最优分类判别函数为

$$f(\boldsymbol{X}) = \mathrm{sgn}\left[\sum_{p=1}^{P} \alpha_{0p} d^p K(\boldsymbol{X}^p,\boldsymbol{X}) + b_0\right] \tag{6-36}$$

令支持向量的数量为 N,去除拉格朗日系数为零的项,式(6-36)可以改写为

$$f(\boldsymbol{X}) = \mathrm{sgn}\left[\sum_{s=1}^{N} \alpha_{0s} d^s K(\boldsymbol{X}^s,\boldsymbol{X}) + b_0\right] \tag{6-37}$$

基于支持向量机的最优分类判别函数,可以将其等价于如图 6.2 所示的非线性支持向量机神经网络。该网络类似于一个 3 层前馈神经网络,其中隐含层节点对应于输入样本与一个支持向量的内积核函数,输出节点对应于隐含层输出的线性组合,最后通过符号函数判定样本类别。

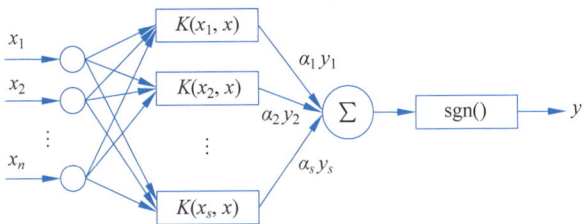

图 6.2 非线性支持向量机神经网络

6.4 支持向量机应用案例

6.4.1 最优分类超平面的数学求解

已知一个如图6.3所示的训练数据集，其中正样本是 $x_1=(3,3)^T$，$x_2=(4,3)^T$，负样本是 $x_3=(1,1)^T$，试用支持向量机学习算法求取最优分类超平面。

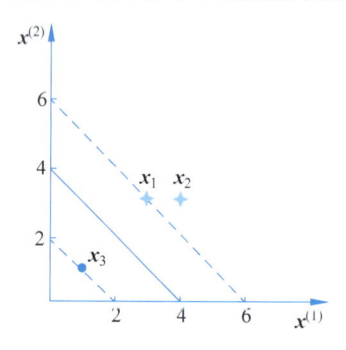

图 6.3 训练数据集

解：基于所给的训练数据集，需要求解的对偶问题为

$$\max_{\alpha} Q(\alpha) = \sum_{p=1}^{P} \alpha_p - \frac{1}{2}\sum_{p=1}^{P}\sum_{j=1}^{P} \alpha_p \alpha_j d^p d^j (X^p)^T X^j$$

$$= \alpha_1 + \alpha_2 + \alpha_3 - \frac{1}{2}(18\alpha_1^2 + 25\alpha_2^2 + 2\alpha_3^2 + 42\alpha_1\alpha_2 - 12\alpha_1\alpha_3 - 14\alpha_2\alpha_3)$$

s.t. $\alpha_1 + \alpha_2 - \alpha_3 = 0$；$\alpha_1, \alpha_2, \alpha_3 \geq 0$ (6-38)

将约束条件 $\alpha_3 = \alpha_1 + \alpha_2$ 代入 $Q(\alpha)$ 中化简可得

$$Q(\alpha_1, \alpha_2) = 2\alpha_1 + 2\alpha_2 - 4\alpha_1^2 - 6.5\alpha_2^2 - 10\alpha_1\alpha_2 \quad (6\text{-}39)$$

将 $Q(\alpha_1,\alpha_2)$ 分别对 α_1、α_2 求偏导，并令其等于0，求解可知 $Q(\alpha_1,\alpha_2)$ 在点 $\left(\frac{3}{2},-1\right)$ 处取得最大值，但该点不满足约束条件 $\alpha_2 \geq 0$，所以该函数的最大值应在约束边界上取得。

当 $\alpha_1 = 0$ 时，最大值 $Q\left(0,\frac{2}{13}\right) = \frac{2}{13}$；当 $\alpha_2 = 0$ 时，最大值 $Q\left(\frac{1}{4},0\right) = \frac{1}{4}$。因此，$Q(\alpha_1,\alpha_2)$ 在 $\alpha_1 = \frac{1}{4}$，$\alpha_2 = 0$ 时取得最大值，此时 $\alpha_3 = \frac{1}{4}$。

由于 $\alpha_1 = \alpha_3 \neq 0$，因此其对应的样本点 x_1、x_3 为支持向量，基于式(6-17)可计算出最优权值向量为

$$W = [\omega_1, \omega_2]^T = \alpha_1 d^1 x_1 + \alpha_3 d^3 x_3 = \left[\frac{1}{2}, \frac{1}{2}\right]^T \quad (6\text{-}40)$$

基于计算出的权值向量 W 和正样本支持向量 x_1，结合式(6-18)可以计算出最优偏置为

$$b = 1 - W^T x_1 = -2 \quad (6\text{-}41)$$

基于计算出的权值向量 W 和偏置 b，最优分类超平面可以表示为

$$\frac{1}{2}x^{(1)} + \frac{1}{2}x^{(2)} - 2 = 0 \quad (6\text{-}42)$$

6.4.2 支持向量机的多分类问题

1. 案例描述

针对 Iris 数据集，建立 SVM 模型对鸢尾花进行分类。Iris 数据集又称为鸢尾花数据集，该数据集总共包含 150 个样本，分为 3 个种类，分别为山鸢尾、杂色鸢尾、维吉尼亚鸢尾，每类 50 个样本，每个样本具有 4 个属性，分别为花萼长度、花萼宽度、花瓣长度、花瓣宽度。表 6.1 列出了 3 种鸢尾花的典型数据样本，从表 6.1 中可以看出 3 种鸢尾花在 4 个属性上存在差异，因此可通过这 4 个属性对鸢尾花进行分类。

表 6.1　3 种鸢尾花的典型数据样本

样本编号	花萼长度/cm	花萼宽度/cm	花瓣长度/cm	花瓣宽度/cm	种　　类
1	5.1	3.5	1.4	0.2	山鸢尾
51	7.0	3.2	4.7	1.4	杂色鸢尾
101	6.3	3.3	6.0	2.5	维吉尼亚鸢尾

2. SVM 分类器设计

本案例是一个三分类的问题，由 SVM 的基本原理可知，其本质上是一个二分类器。因此，SVM 实现多分类主要有两种方法，分别为"一对多法"和"一对一法"。"一对多法"，即训练时依次把某个类别的样本归为一类，其他剩余的样本归为另一类，这样 k 个类别的样本就需要构造出 k 个分类器，分类时将未知样本分类为具有最大分类函数值的那类。"一对一法"，即在任意两类样本之间设计一个分类器，因此 k 个类别的样本就需要设计 $k(k-1)/2$ 个分类器，对一个未知样本进行分类时，最后得票最多的类别即为该未知样本的类别。针对本案例，以上两种方法均需要训练 3 个分类器，在此情况下选择"一对一法"能够减小训练集，从而提高分类器的训练速度。因此，本案例采用"一对一法"实现鸢尾花的三分类器设计。

3. SVM 分类器实现

本案例基于 MATLAB R2022a 实现鸢尾花的三分类器设计，具体包括鸢尾花数据集的加载与可视化、数据集的预处理、SVM 模型的训练与预测等步骤。该案例的具体实现流程如下。

（1）数据集的加载与可视化。MATLAB 内置了鸢尾花数据集 iris_dataset.mat，通过 load 函数即可获取鸢尾花数据集的特征信息与标签信息，并可通过箱形图和散点图对三类鸢尾花的 4 个属性特征进行可视化分析。

```
%% 鸢尾花数据集的加载
load iris_dataset.mat
data = irisInputs';
label = irisTargets';
%% 数据集的可视化
name = {'花萼长度','花萼宽度','花瓣长度','花瓣宽度'};
%% 箱型图
figure(1);
boxplot(data,'orientation','horizontal','labels',name);
one2six = 1:4;
```

```
comb = combntns(one2six,2);
index_1 = find(label(:,1) == 1);
index_2 = find(label(:,2) == 1);
index_3 = find(label(:,3) == 1);
%% 散点图
figure(2);
hold on;
for i = 1:6
  subplot(2,3,i)
  scatter(data(index_1,comb(i,1)),data(index_1,comb(i,2)),'fill','r');
  hold on
  scatter(data(index_2,comb(i,1)),data(index_2,comb(i,2)),'fill','g');
  hold on
  scatter(data(index_3,comb(i,1)),data(index_3,comb(i,2)),'fill','b');
  title([name{comb(i,1)},'和',name{comb(i,2)},'散点图']);
  xlabel([name{comb(i,1)},'(cm)']);
  ylabel([name{comb(i,2)},'(cm)']);
  legend('山鸢尾','杂色鸢尾','维吉尼亚鸢尾','location','best');
end
hold off;
```

（2）数据集的预处理。该部分具体包括数据集的标签编码、训练集和测试集的划分和数据集的归一化。在数据集中山鸢尾、杂色鸢尾、维吉尼亚鸢尾的原始标签分别为 $[1,0,0]$、$[0,1,0]$、$[0,0,1]$，编码后的标签分别为 1、2、3。在数据集中将所有样本的 4 个属性特征分别进行 $[0,1]$ 的归一化处理。在数据集中分别将每个种类鸢尾花的 80% 样本作为训练集，20% 样本作为测试集。因此，可以分别生成 SVM 模型的训练集与测试集，模型的输入为归一化后鸢尾花的 4 个属性特征，是大小为 1×4 的向量，模型的输出为编码后鸢尾花的标签。

```
%% 数据集的标签编码
label = size(150,1);
label(index_1) = 1;
label(index_2) = 2;
label(index_3) = 3;
label = label';
%% 训练集和测试集的划分
train_data = [data(1:40,:);data(51:90,:);data(101:140,:)];
train_label = [label(1:40,:);label(51:90,:);label(101:140,:)];
test_data = [data(41:50,:);data(91:100,:);data(141:150,:)];
test_label = [label(41:50,:);label(91:100,:);label(141:150,:)];
%% 数据集的归一化
[mtrain,ntrain] = size(train_data);
[mtest,ntest] = size(test_data);
dataset = [train_data;test_data];
[dataset_scale,ps] = mapminmax(dataset',0,1);
dataset_scale = dataset_scale';
train_data = dataset_scale(1:mtrain,:);
test_data = dataset_scale((mtrain+1):(mtrain+mtest),:);
```

（3）SVM 模型的训练与预测。该部分具体包括 SVM 模型的训练、SVM 模型的预测和测试集结果的可视化。SVM 模型的训练使用 fitcecoc(train_matrix，train_label，['options'])函数，其中 train_matrix 为训练集的特征矩阵，train_label 为训练集的标签向量，['options']为可选的训练参数。SVM 模型的预测使用 predict(model，test_matrix)函数，其中 model 为 fitcecoc 函数的输出，test_matrix 为测试集的特征矩阵。因此，可以基于实际测试集分类与预测测试集分类的结果对训练后的 SVM 模型进行性能评估。

```
%% SVM 模型的训练
model = fitcecoc(train_data, train_label, 'Learners', templateSVM('KernelFunction', 'rbf',
'BoxConstraint', 2, 'KernelScale', 1));
%% SVM 模型的预测
[predict_label, score] = predict(model, test_data);
%% 计算准确率
accuracy = sum(predict_label == test_label) / length(test_label);
%% 测试集结果的可视化
figure(3);
hold on;
plot(test_label,'o');
plot(predict_label,'r*');
xlabel('测试集样本');
ylabel('类别标签');
legend('实际测试集分类','预测测试集分类','location','best');
grid on;
```

4．实验结果与分析

运行以上程序，可以分别绘制出鸢尾花数据集的箱型图、散点图、测试集的实际分类与预测分类图。图 6.4 展示了鸢尾花数据集的箱型图，从图中可以看出，花萼宽度显著大于花瓣宽度，花萼长度显著大于花瓣长度，并且花萼宽度与长度的集中程度显著大于花瓣宽度与长度的集中程度。图 6.5 展示了鸢尾花数据集的散点图，从图中可以看出，山鸢尾的属性特征与杂色鸢尾、维吉尼亚鸢尾的属性特征存在显著差异，易于区分，而杂色鸢尾与维吉尼亚鸢尾的属性特征相近，难以区分。图 6.6 展示了测试集的实际分类与预测分类图，从图中可以看出训练后的 SVM 模型对测试集中 3 类鸢尾花的识别准确率均达到 100%。

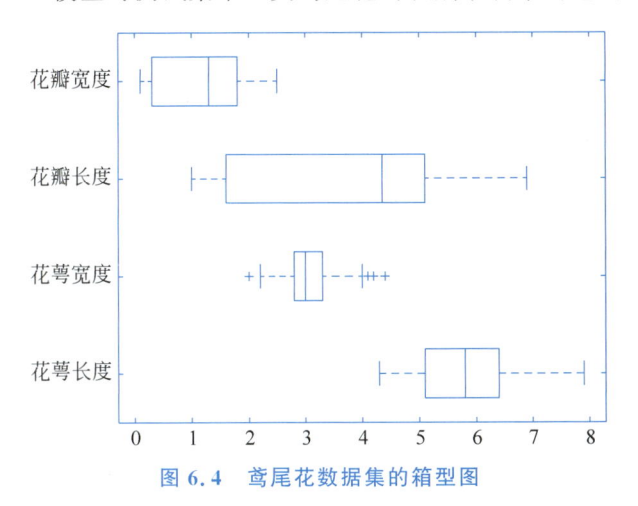

图 6.4 鸢尾花数据集的箱型图

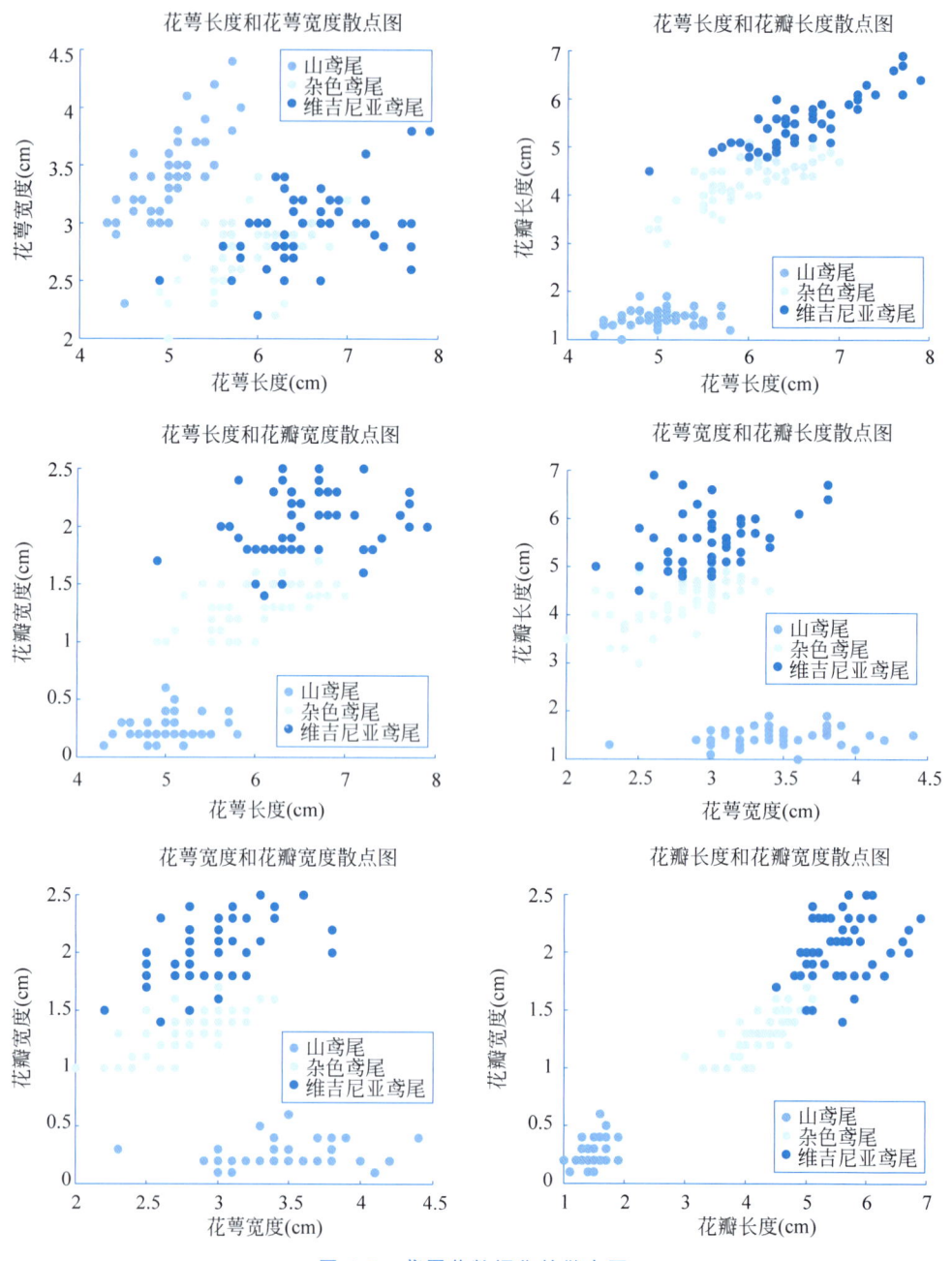

图 6.5 鸢尾花数据集的散点图

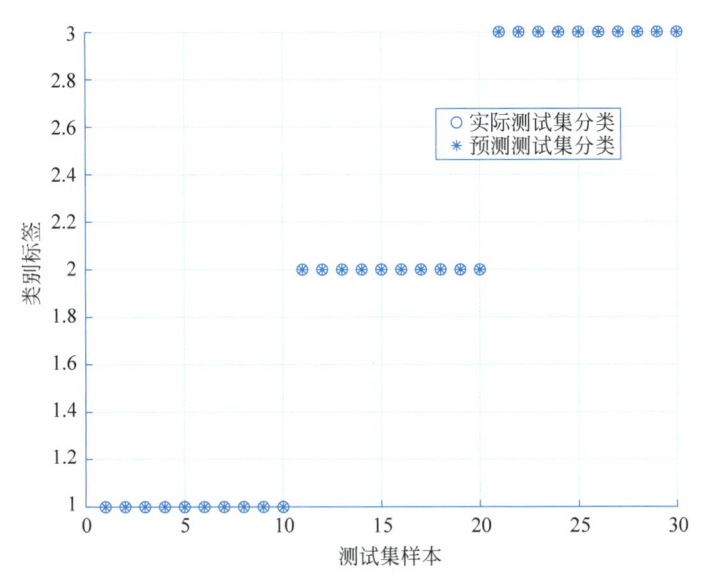

图 6.6　测试集的实际分类与预测分类图

本章习题

1. 请简述什么是支持向量机中的最优分类超平面,什么是支持向量。
2. 请给出线性可分支持向量机中的目标函数及其约束条件。
3. 请简述线性支持向量机中引入松弛变量的意义。
4. 请简述非线性支持向量机中引入核函数的作用。
5. 编程题:基于支持向量机对 MNIST 数据集中的手写数字进行识别。

第7章 卷积神经网络
CHAPTER 7

卷积神经网络(CNN)是一类包含卷积计算且具有深度结构的前馈神经网络,专门用来处理具有类似网格结构的数据,例如时间序列数据(在时间轴上有规律地采样形成的一维网格)和图像数据(二维的像素网格)。CNN 由多层感知机(MLP)演变而来,具有局部连接、权值共享、池化等结构特点。

本章首先深入剖析了卷积神经网络的基本结构,包括卷积层、池化层和全连接层的核心功能。随后探讨了 CNN 在目标检测领域的应用。同时简要讨论了 CNN 可能面临的网络退化、过拟合和欠拟合等问题。最后通过猫狗图像识别和肺炎识别两个应用案例,具体展示了 CNN 在实际应用中的效果和价值。本章希望为读者提供一个全面而深入的 CNN 学习体验,帮助读者更好地理解和应用这一重要的图像处理技术。

7.1 CNN 概述

CNN 是基于仿生物学机制,以 MLP 为基础的网络结构。CNN 由多个卷积层组成,每个卷积层包含多个神经元。CNN 一般是由卷积层、池化层、全连接层交叉堆叠而成的前馈神经网络。CNN 具备三个关键结构特性:局部连接、权值共享以及池化。这些特性使得它具有一定程度上的平移、缩放和旋转不变性。与传统的前馈神经网络相比,CNN 的参数更少,这有助于减少过拟合的风险,并提高模型的泛化能力。

7.1.1 传统神经网络

传统神经网络中的单个神经元由输入(X_1、X_2)、输出(Z)、权值(W_1、W_2)、偏置(b)和激活函数($G(Z)$)构成。对于简单的问题,可以用以下线性方程来表示单个神经元:

$$Z = WX + b \tag{7-1}$$

根据不同输入的重要程度,为其分配不同的权值;根据不同的处理目的调整偏置。此外,简单的线性加权对于复杂问题具有一定的局限性,故 CNN 中的激活函数($G(Z)$)多表现为非线性函数形式,更适用于处理复杂问题。单个神经元结构如图 7.1 所示。

传统神经网络的结构包括以下三类功能层,即前端输入层、中间隐含层、末端输出层。其中,前端输入层由一个单向量的数据表示;中间隐含层由一系列神经元组成,将前层输出转换至另一向量空间,其中的神经元为全连接形式,且各连接独立、不共享;末端输出层则可表示为图像分类任务中的各个类别的分数。传统神经网络结构如图 7.2 所示。

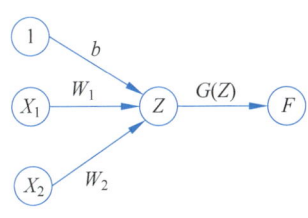

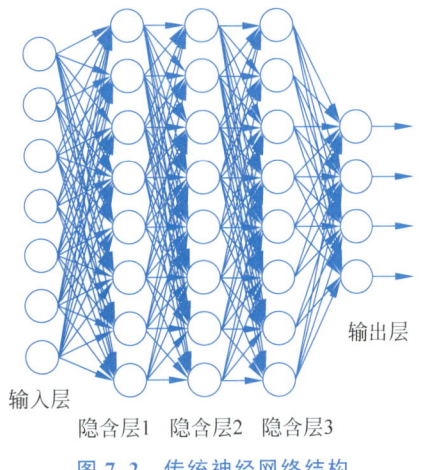

图 7.1　单个神经元结构　　　　图 7.2　传统神经网络结构

7.1.2　传统神经网络与 CNN 对比

在处理图像分类任务时,由于输入数据是二维图像,所以传统神经网络在功能层面临数据维度适应性问题。传统神经网络中各层之间是全连接的,对于输入的高维度数据,其对应的神经元个数较多。为了使传统神经网络能够更好地提取输入图像数据中的特征,其对应的隐含层神经元个数也较多。这些会导致模型整体参数量较大,增加网络训练负担,并可能引起模型过拟合问题。

以 CIFAR-10 数据集中图像样本为例,该数据集是由 Hinton 的学生 Alex Krizhevsky、Ilya Sutskever 收集,用于普适物体识别。它包含 60 000 张 32×32 像素的 RGB 彩色图片,分为飞机、小鸟、猫、狗等 10 个类别。其中,50 000 张用于训练集,10 000 张用于测试集。图 7.3 展示了该数据集中部分图像的情况。每个图像样本可表示为一个 32×32×3 的矩阵,面对这样的输入图像数据,单个全连接神经元有 3072 个权值需要训练。若输入图像维度增加或神经元数目增加,则待训练参数呈高数量级快速上升。因此,传统神经网络是不适于处理图像数据的。

图 7.3　CIFAR-10 部分图像情况

面对上述问题,CNN 应运而生,其基本结构框架如图 7.4 所示。它与传统神经网络相比的主要差别如下。

(1) CNN 的神经层是三个维度的,包括长度、宽度、深度,以契合图像数据的维度。

(2) CNN 的各层神经元是局部感知的,而非传统神经网络的全局连接,从而降低了网络参数数量。

(3) CNN 的神经元共享参数,并非完全独立,进一步降低了网络参数数量。

(4) CNN 的输出端维度可根据需求自适应变化,从而扩大了 CNN 的应用范围。

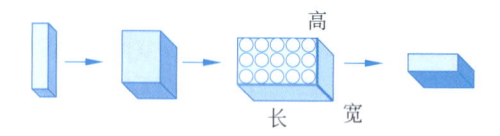

图 7.4 CNN 基本结构框架

首先,CNN 的局部感知是其最为主要的特点。在图像理解任务中,一些重要模式的尺寸通常较小,远小于整幅图像,如果将整幅图像的所有像素都参与神经网络参数的计算,可能引起较多的冗余信息。因此,CNN 的局部感知特点使其仅需要关注整幅图像中的关键的局部区域,从而更有效地捕捉图像中的局部特征和模式。CNN 的参数共享是另一关键特点。对于两幅图像中内容相近的局部区域,CNN 共享相同的神经元进行感知,而非使用独立的神经元。这种参数共享使得网络能够通过同样的神经元学习同类特征,从而减少了神经元的待训练参数。以上 CNN 的特点可极大减少待训练参数的数量,实现了缩小人工神经网络规模的目标。

7.1.3　CNN 的基本架构

经典 CNN 主要由三个关键部分组成,即卷积层(convolutional layer)、池化层(pooling layer)、全连接层(fully-connected layer)。当一幅图像作为输入传递至卷积层时,卷积层经过局部感知的功能对图像进行多次的转换和映射。卷积层负责从输入图像中提取特征,通过使用多个卷积核对图像进行卷积操作,可探测和提取特定的局部特征,如边缘和纹理。池化层紧随其后,实现图像的降采样,以降低 CNN 的参数数量。全连接层一般位于 CNN 的后部,负责整合前面各层提取的特征并输出最终的分类结果。CNN 将输入原始图像经由多功能层映射为最终的类别分数。以 10 个类别的图像分类任务为例,CNN 是将输入图像映射为一个维度为 10 的向量。其中,向量的每个数值对应为一个类别,表示该图像归属于某个类别的概率。最终,通过这个概率确定该图像所属类别。

在 CNN 的训练过程中,主要需要训练的参数来源于卷积层和全连接层。激活层和池化层多为选定的函数,不需要参数的训练。另外,CNN 中关于架构或模式上的选择参数称为超参数。例如,卷积层中卷积核的维度、操作的步长、池化层中下采样维度的选择等,这些超参数的选择对网络的性能和泛化能力具有重要影响。

7.2　卷积功能层

CNN 中的卷积层由若干卷积单元组成,每个卷积单元的参数都是通过反向传播算法进行优化得到的。卷积运算的目的是提取输入的不同特征,第一层卷积层可能只能提取一些低级的特征,如边缘、线条和轮廓等;更深层的网络能从低级特征中迭代提取更复杂的特征。

7.2.1 卷积功能层中的基本概念

CNN 的基本结构框架如图 7.4 所示,其由多个三维的功能层组成,三个维度包括长度、宽度、高度。每个功能层包含多个神经元,共同实现对功能的转换和映射。例如,输入一张分辨率为 32×32×3 像素的图像,其中 3 表示 RGB 三个通道,每一通道的分辨率是 32×32 像素。卷积层的维度可以根据图像的维度自适应调整。图 7.5 中采用的是 5×5×3 的卷积核,也称为滤波器。该卷积核可被视为包含 75 个参数的线性映射操作符。卷积操作首先将卷积核和图像的局部区域进行点乘、求和运算。然后采用滑动的模式,确保在整张图像上都进行相同的运算。最后,将输入数据转换为一个映射图,即特征映射图。以上就是卷积操作的基本过程。

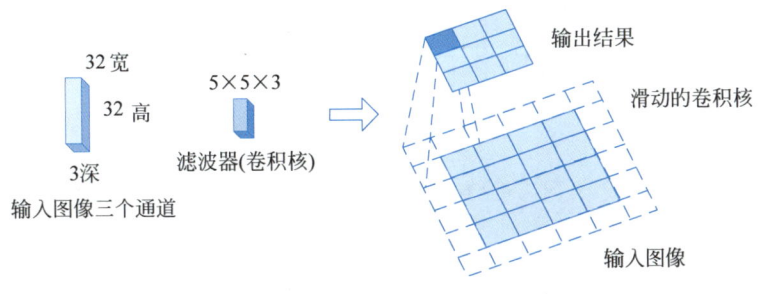

图 7.5 卷积操作的基本工作架构

该过程的数学表达式为

$$f(x) = \sum_{i,j}^{n} \theta_{i,j} \times x_{i,j} + b \tag{7-2}$$

式中,$f(x)$ 是输出值;$\theta_{i,j}$ 是卷积核第 i 行第 j 列元素值;n 是卷积核内所包含的像素总数;$x_{i,j}$ 是输入图像的第 i 行第 j 列元素值;b 是偏置值。输出特征图的矩阵大小为

$$\left(\left\lfloor \frac{M_W - D_K + 2P}{S} + 1 \right\rfloor\right) \times \left(\left\lfloor \frac{M_H - D_K + 2P}{S} + 1 \right\rfloor\right) \tag{7-3}$$

式中,$M_W \times M_H$ 是输入图像的大小;$D_K \times D_K$ 是卷积核的大小;S 是卷积核的步长;P 是填充值;$\lfloor \cdot \rfloor$ 表示向下取整函数。

综上所述,卷积操作包含三个重要概念,即卷积核、卷积操作、输出结果。其中,卷积核是一个线性滤波器,其维度在空间上与输入图像数据相适应。在卷积操作中,这些滤波器以滑动的方式在图像的空间维度上进行,计算滤波器和图像邻域的点乘之和。输出结果是三维的空间矩阵,包含多个激活映射图,每个图都是卷积层在图像各位置的响应。激活映射图的深度由卷积核的个数决定。每个滤波器对原始输入图像进行滑动卷积操作时,均可获得一个激活映射图。若采用多个不同的滤波器进行相同的卷积操作,就可获得多个激活映射图。多个激活映射图堆积在一起的个数就是卷积操作输出三维矩阵的深度。其中,每个滤波器具有不同的参数。通过多个不同的滤波器可以对原始图像进行多次特征提取,从而获取更为丰富的图像信息。例如,假设有 6 个 5×5 的卷积核,输出 6 个单独的激活映射图,再累积所有激活映射图,即可获得维度为 28×28×6 的新图像。卷积计算完成后,通常会引入非线性激活函数,通过引入非线性函数来增强特征映射的能力,增强模型的表示力。一般情况下,卷积操作和非线性映射融合在同一层中。典型 CNN 模型一般包含多个卷积、激活模块,按顺序串联,逐层对输入图像进行线性加权和非线性映射,提取多层次的重要特征。

7.2.2 卷积操作与传统神经元操作的类比

卷积核在原始输入图像上的每次卷积计算的输出都对应于下一层的一个神经元。经过卷积核在原始图像上的多次滑动,可形成卷积层(下一层)的多个神经元,它们按滑动顺序排列。因此,卷积层的每个神经元都对应于图像的一个局部区域。每个三维立体神经元都是经由同样的滤波器映射得到的,该过程也称为神经元共享。这里的每个神经元实际上和传统神经网络中神经元的映射功能是一致的,都是由线性加权与非线性激活组成的。卷积操作与传统神经元的类比情况如图7.6所示。

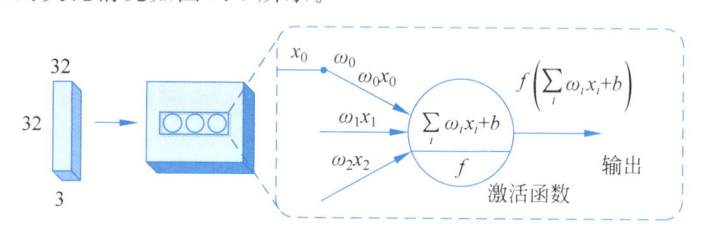

图7.6 卷积操作与传统神经元类比

7.2.3 感受野

在处理高维输入图像时,卷积核采用局部连接的方式作用于原始输入图像。这里局部连接的空间维度是CNN的一个超参数,称为感受野(receptive field)。实质上,感受野是指滤波器的尺寸,这一概念来自生物神经科学,是指感觉系统中的任一神经元所受到的感受器神经元的支配范围。感受器神经元是指接收感觉信号的最初级神经元,视觉的产生来自光在个体感受器上的投射,将客观世界的物理信息转换为人能感知的神经脉冲信号。

一般情况下,感受野只体现在长与宽两个维度上,深度则与输入图像的深度保持一致。例如,输入为$32 \times 32 \times 3$像素的图像,如果感受野的维度为5×5,则卷积层的各神经元的权值为$5 \times 5 \times 3 = 75$个可训练参数,外加1个偏置参数,即该卷积核所有待训练参数为76个。感受野的概念对应着CNN的一个重要特点,即局部感知。研究表明,在数据量充足的情况下,网络深度越深,感受野越大,则网络性能越好。因此,有学者提出运用小尺寸卷积的叠加来替代大尺寸的卷积核,可有效减少网络参数、增加网络深度、扩大感受野。另外,对于具体分类任务而言,需确保最后一层特征图的感受野大小大于或等于输入图像的大小,否则分类性能不会理想。对于检测任务而言,当感受野与待检测目标尺寸差别很大时,网络参数训练可能会变得困难,且会影响检测性能,因此需要根据不同层的特征图来调整检测锚框大小。

7.2.4 权值共享

在分析CNN的权值共享特性时,首先要了解这样的一个科学假设:一个卷积核在空间某个位置的卷积结果代表其局部感知能力,这种感知能力在图像上的其他位置应该是同样适用的。因此,可以采用同样的卷积核对图像上的不同局部区域进行卷积,以实现相同的感知操作。如图7.7所示,使用探测图像中边缘特征的卷积核在该图像的多个局部区域进行卷积操作,图像中的边缘特征都能被探测出来。该过程就展示了卷积核权值共享的特点。权值共享能够有效控制CNN的待训练参数的数量,减小训练负担,降低模型过拟合风险。

为了实现全局共享,在 CNN 的卷积层中需要卷积核以滑动的形式进行计算。

图 7.7　提取边缘特征的卷积核对多个局部区域进行卷积操作后的结果对比

7.2.5　其他典型卷积操作

除了常规的卷积操作外,还存在扩张卷积(dilated convolution)、反卷积(transposed convolution)等操作。2016 年,Fisher 等首次提出了扩张卷积的概念,通过扩张卷积核,既能保证 CNN 的参数数量不发生增长,又让感受野以指数的方式扩大。如图 7.8 所示,扩张卷积是对普通的卷积核在参数不变的情况下进行简单的扩张,并通过扩张率来定量衡量卷积核超参数的扩张程度。扩张卷积虽然在不损失特征图尺寸的情况下增大了感受野,但是也会带来新的问题。由于卷积核是有间隔的,所以不是所有的输入都参与计算,整体特征图上体现出一种卷积中心点的不连续。

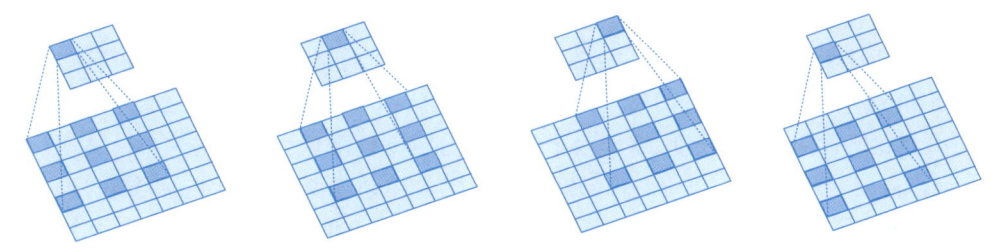

图 7.8　扩张卷积处理过程示意图

反卷积是上采样的一种形式,其特点是反卷积层可学习。首先根据输出图像和卷积核的大小计算出所需的输入图像的大小,再以补 0 的方式将输入图像的尺寸扩大到所需的尺寸,接着移动卷积核,在扩展后的输入图像上以正向卷积的方式进行卷积,生成输出图像,反卷积处理过程如图 7.9 所示。

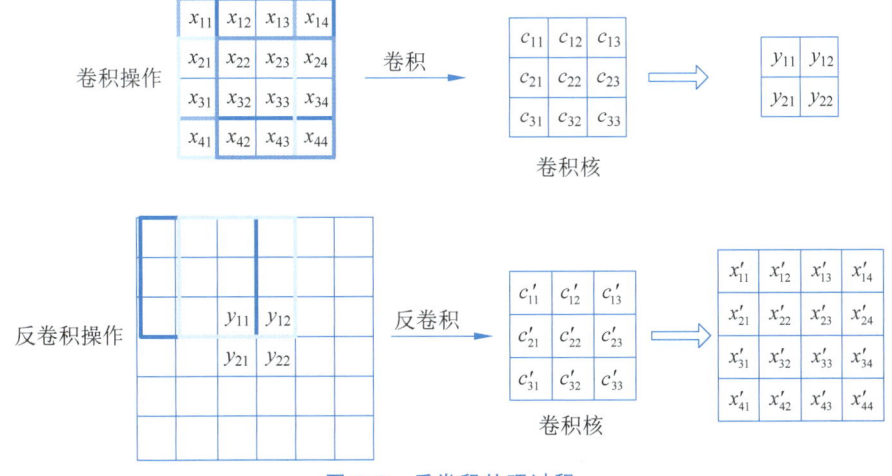

图 7.9　反卷积处理过程

在图 7.9 的卷积操作中，x_{ij} 是卷积操作的输入数据，y_{ij} 是卷积操作的输出数据，c_{ij} 是卷积核的参数；在反卷积操作中，y_{ij} 作为输入，x'_{ij} 是输出，c'_{ij} 是反卷积核参数。由图 7.9 可以看出，输入 x_{ij} 和卷积核参数 c_{ij} 经过卷积操作生成输出 y_{ij}，这是正向卷积过程，特征图的尺寸在减少；反卷积操作首先对输入 y_{ij} 进行补 0 以扩大输入的尺寸，再使用反卷积核进行正向卷积操作，反卷积操作实现了特征图尺寸的放大。

7.3 池化层与全连接层

除卷积层之外，CNN 的其他重要功能层还包括池化层、全连接层。其中，池化层是一种最常用的减小空间尺寸的技巧，它可以对输入的每一个特征图独立地降低其空间尺寸，而保持深度维度不变。池化操作可以有效地减少参数数量，降低计算复杂度，并提高模型的泛化能力。全连接层在 CNN 中起到将前面提取到的特征进行综合的作用。每一个节点都与上一层的所有节点相连。由于其全相连的特性，一般全连接层的参数也是最多的。

7.3.1 池化层

池化层一般连接在卷积层之后，用来减少模型参数，减小训练负担，控制过拟合问题。池化操作是在各深度的特征映射图像上独立进行的，通过缩减空间来减小分辨率。常见的池化方式包括最大池化、平均池化、L2 范数等。池化方式的选择也是 CNN 的一个超参数，根据任务和网络结构需求进行调整。以图 7.10 为例，一个维度为 $224 \times 224 \times 64$ 的特征映射图经由池化操作后，其在长度、宽度两个维度的分辨率均降低为原来的一半。

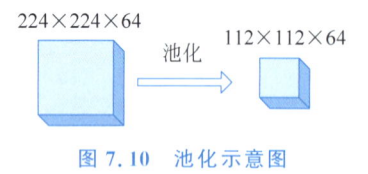

图 7.10 池化示意图

另外，池化层中的超参数还包括空间覆盖度（spatial extent）、步长（stride）。空间覆盖度表示在多大领域范围内对局部图像数据进行池化操作。步长则决定了前一局部区域和后一局部区域之间的移动距离。假设输入数据维度为 (W_1, H_1, D_1)，输出数据维度为 (W_2, H_2, D_2)。其长度、宽度会因空间覆盖度和步长而有所变化，但深度通常是不变的。

$$W_2 = (W_1 - F)/S + 1 \tag{7-4}$$

$$H_2 = (H_1 - F)/S + 1 \tag{7-5}$$

$$D_2 = D_1 \tag{7-6}$$

式中，F 为空间覆盖度；S 为步长。

7.3.2 全连接层

全连接层与传统神经网络的全连接模式一致。该层的每个神经元都和前一层的所有神经元相连。例如，输入一幅 $32 \times 32 \times 3$ 的图像，首先将其拉伸为 3072×1 的向量。然后，每个神经元和同维度的 10 个权值向量分别进行点乘运算，每次点乘运算都可以得到一个数值，对应输出层的一个神经元。接着，将 10 个点乘结果排列起来就可形成一个维度为 10 的输出向量。最后，经由非线性激活函数将其映射至预定义的区间内，这就是全连接操作。全连接层一般在 CNN 的末端，主要是将前边层提取的特征映射至一个固定的维度。

卷积层和全连接层有一些显著的区别。卷积层具有局部连接和共享参数的特点，全连接层则相反,具有整体连接和参数独立的特点。此外,二者还存在一些共同点。首先,二者均使用点乘的模式进行运算,这为二者的转换提供了可能。如图 7.11 所示,将全连接层转换为卷积形式,即得到全卷积形式,实现了全连接层到全卷积层的转换。

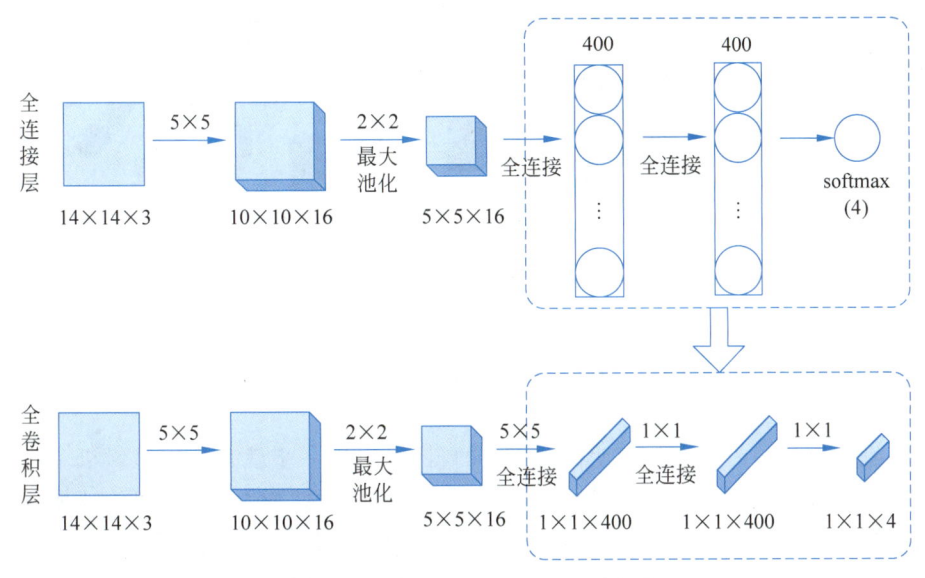

图 7.11　全连接层和全卷积层的对应关系

全连接层和全卷积层在相互转换时参数量并没有变化,只是将全连接层的权值矩阵变换为卷积处理的滤波器。该转换在面对更大输出的图像时会有更明显的优势。全连接层需要让整个网络迭代多次,每次的输入都是初始图像的大小。而这些全卷积层可在一次前向处理中实现,提升了处理效率。

2015 年提出的全卷积神经网络(Fully Convolutional Networks,FCN)可执行图像分割任务。由于其使用全连接,故该网络适用于不同尺度的图片。另外,由于其中包含反卷积操作,故其可用于更精细的像素级图像识别任务。

7.3.3　各功能层在案例中的解析

LeNet 是一种经典的卷积神经网络,由 Yann LeCun 等于 1998 年提出。它是深度学习中第一个成功应用于手写数字识别的 CNN,并且被认为是现代 CNN 的基础。LeNet 模型包含了多个卷积层、池化层以及最后的全连接层。其中,每个卷积层都包含了一个卷积操作和一个非线性激活函数,用于提取输入图像的特征。池化层则用于缩小特征图的尺寸,减少模型参数和计算量。全连接层则将特征向量映射到类别概率上。LeNet 网络结构如图 7.12 所示。

在 LeNet 中,每个卷积层都使用 5×5 卷积核和一个 Sigmoid 激活函数。这些层将输入映射到多个二维特征输出,通常同时增加通道的数量。第一卷积层有 6 个输出通道,而第二卷积层有 16 个输出通道。每个 2×2 池化操作(步长为 2)通过空间下采样将维数减少到原来的 1/4。卷积的输出形状由批量大小、通道数、高度、宽度决定。LeNet 包含三个全连接层,分别有 120、84 和 10 个输出。输出层的 10 维对应于最后输出结果的数量。

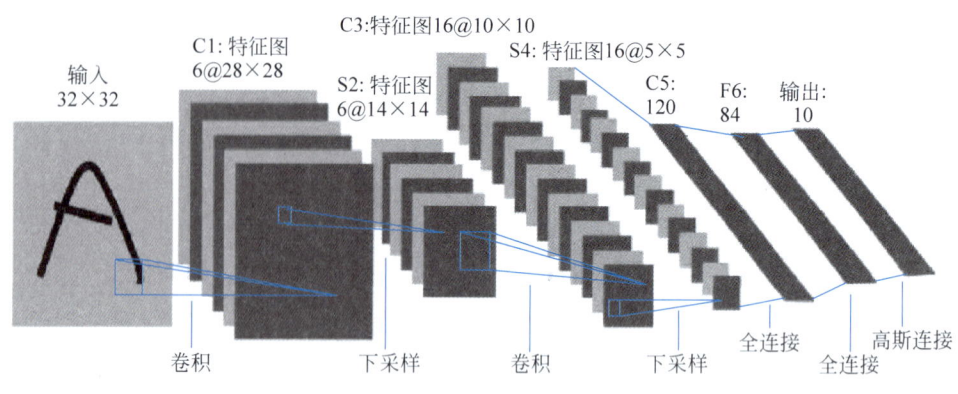

图 7.12　LeNet 网络结构

7.4　CNN 在目标检测中的应用

计算机视觉是一门研究如何使机器"看"的科学,更进一步就是指用摄影机和计算机代替人眼对目标进行识别、跟踪和测量等,并通过计算机处理使图像成为更适合人眼观察或传送给仪器检测的图像。作为一个科学学科,计算机视觉研究相关的理论和技术,试图建立能够从图像或者多维数据中获取"信息"的人工智能系统。计算机视觉领域任务包括图像分类、目标检测、语义分割等。

图像分类是计算机视觉任务中的一个重要的概念,目标检测技术的发展之初也主要是通过图像分类思想来实现的。图像分类的过程是输入一幅图像,通过算法来输出这幅图像的类别,例如判断这幅图像是猫还是狗。传统的图像分类的主要步骤是首先进行特征提取,然后训练分类器。

目标检测是对图像中的目标进行分类和定位,即找出图像中的目标,将其划分为某个类别,然后对每类目标的位置进行定位,用边界框的形式将其位置标注出来,目标检测的应用非常广泛。目前目标检测领域的深度学习方法主要分为两类:两阶段目标检测算法和单阶段目标检测算法。两阶段目标检测是指首先由算法生成一系列作为样本的候选框,再通过 CNN 进行样本分类。常见的两阶段目标检测算法有 R-CNN、Fast R-CNN、Faster R-CNN 等。单阶段目标检测算法不需要产生候选框,直接将目标框定位问题转化为回归问题处理,其常见的算法有 YOLO 系列算法、SSD 算法等。

语义分割是一种像素级别的分类,就是把图像中每个像素赋予一个类别标签,将不同类别的像素部分用颜色表示出来,一般将其称为二进制掩码,即一个 0-1 矩阵。语义分割中的经典算法为全卷积神经网络(FCN),经典的 CNN 是在卷积层之后使用全连接层得到固定长度的特征向量进行分类,FCN 与之不同,FCN 可以接收任意尺寸的输入图像,采用反卷积层对最后一个卷积层的特征映射图进行上采样,使它恢复到与输入图像相同的尺寸,从而可以对每个像素都产生一个预测,同时保留了原始输入图像中的空间信息,最后在上采样的特征图上进行逐像素分类。语义分割领域中的经典算法包括 DeepLab 系列算法、DFANet、BiseNet、ENet 等。本节主要针对目标检测任务进行描述。

7.4.1 目标检测发展背景

目标检测的任务是找出图像中所有感兴趣的目标,并确定它们的类别和位置。在目标检测领域,不得不提到 PASCAL VOC 挑战赛。PASCAL VOC 挑战赛是一个世界级的计算机视觉挑战赛,PASCAL 全称是 Pattern Analysis,Statical Modeling and Computational Learning,是一个由欧盟资助的网络组织。很多优秀的计算机视觉模型,如分类、检测、分割、动作识别等模型,都是基于 PASCAL VOC 挑战赛及其数据集推出的,如大名鼎鼎的 R-CNN 系列、YOLO 系列、SSD 等。

目标检测算法的发展大致分为两个阶段:传统的目标检测算法和基于深度学习的目标检测算法。第一阶段在 2000 年前后,这期间所提出的方法大多基于滑动窗口和人工特征提取,存在计算复杂度高以及复杂场景下鲁棒性差的缺陷。代表性的成果包括 Viola-Jones 检测器、HOG 行人检测器等。第二阶段是 2014 年至今,以 2014 年提出的 R-CNN 算法为开端,这些算法利用深度学习技术自动提取输入图像中的隐藏特征,对样本进行更高精度的分类和预测。在 R-CNN 之后,涌现出了 Fast R-CNN、Faster R-CNN、SPPNet、YOLO 系列等众多基于深度学习的图像目标检测算法。

7.4.2 目标检测的评价指标

目标检测问题常用的评价指标有交并比(IoU)、准确率(Accuracy)、精确率(Precision)、召回率(Recall)、平均正确率(AP)、平均精度均值(mAP)、混淆矩阵(Confusion Matrix)等。

IoU 是两个边界框交集和并集之比,用如下公式来计算:

$$\mathrm{IoU} = \frac{A \cap B}{A \cup B} \tag{7-7}$$

式中,A 和 B 是两个边界框区域;$\cap$ 表示取交集;$\cup$ 表示取并集。为了计算其他检测指标,需要理解正确的正向预测(Truth Positive,TP)、错误的正向预测(False Positive,FP)、正确的负向预测(True Negative,TN)、错误的负向预测(False Negative,FN)的概念。TP 表示正样本被检测为正样本的数量,即正确检测数。FP 表示负样本被检测为正样本的数量,也称误报,预测的边界框与地面真值的交并比小于阈值的检测框(定位错误)或者预测的类型与标签类型不匹配(分类错误)。FN 表示正样本被检测为负样本的数量,也称漏报,指没有检测出的地面真值区域。TN 表示负样本且被检测出的数量,无法计算。在目标检测中,通常也不关注 TN。

准确率的定义是预测正确的结果占总样本的百分比,表达式为

$$\mathrm{Accuracy} = \frac{\mathrm{TP} + \mathrm{TN}}{\mathrm{TP} + \mathrm{TN} + \mathrm{FP} + \mathrm{FN}} \tag{7-8}$$

精确率是针对预测结果而言的,其含义是在被所有预测为正的样本中实际为正样本的概率,表达式为

$$\mathrm{Precision} = \frac{\mathrm{TP}}{\mathrm{TP} + \mathrm{FP}} \tag{7-9}$$

召回率是针对原样本而言的,其含义是在实际为正的样本中被预测为正样本的概率,表达式为

$$\text{Recall} = \frac{\text{TP}}{\text{TP} + \text{FN}} \tag{7-10}$$

平均正确率用来评价每个类的检测结果的好坏,表达式为

$$\text{AP} = \sum_{k=1}^{N} P(k) \cdot \Delta r(k) \tag{7-11}$$

式中,$P(k)$表示在能识别出第 k 张图片时的精确率;$\Delta r(k)$表示识别图片张数从 $k-1$ 到 k 时召回率的变化情况;N 表示图片的张数。

平均精度均值是所有类别的平均正确率的均值,表达式为

$$\text{mAP} = \sum_{k=1}^{N_{\text{class}}} \text{AP}/N_{\text{class}} \tag{7-12}$$

式中,N_{class} 是类别个数。

混淆矩阵也称误差矩阵,是表示精度评价的一种标准格式,用 n 行 n 列的矩阵形式来表示。混淆矩阵的每一列代表了预测类别,每一列的总数表示预测为该类别的数据的数目;每一行代表了数据的真实归属类别,每一行的数据总数表示该类别的数据实例的数目。

7.4.3 基于 CNN 的目标检测模型

本节主要介绍 Region-CNN,简称为 R-CNN,这是一种典型的基于 CNN 的目标检测模型。它是第一个成功将深度学习应用到目标检测的算法。R-CNN 基于 CNN、线性回归和支持向量机(Support Vector Machine,SVM)等算法,用来实现目标检测任务。R-CNN 遵循传统目标检测的思路,同样采用提取框,对每个框通过提取特征、图像分类、非极大值抑制等步骤进行目标检测。唯一的区别在于,在提取特征这一步,R-CNN 将传统的特征(如 SIFT、HOG 特征等)换成了深度卷积网络提取的特征。R-CNN 的框架如图 7.13 所示,其主要包括三部分:找出候选框、候选框的标注、利用 CNN 提取特征向量并分类。

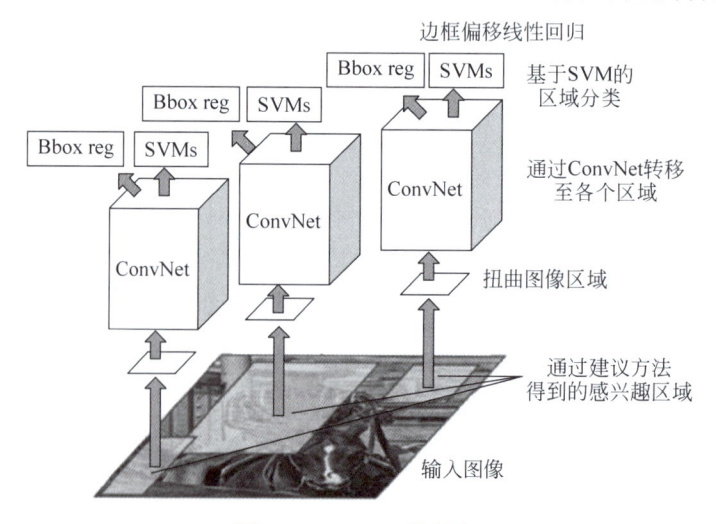

图 7.13 R-CNN 的框架

对于一张图片,R-CNN 基于选择性搜索方法大约生成 2000 个候选区域,每个候选区域被调整成固定大小,并送入一个 CNN 模型中,最后得到一个特征向量。然后这个特征向量被送入一个多类别 SVM 分类器中,预测出候选区域中所含物体的属于每个类的概率值。

每个类别训练一个 SVM 分类器,从特征向量中推断其属于该类别的概率大小。为了提升定位准确性,R-CNN 最后又训练了一个边界框回归模型,通过边框回归模型对框的准确位置进行修正。

7.5 CNN 退化问题

7.5.1 CNN 退化问题描述

深度和宽度是深度神经网络的两个基本维度,分辨率不仅取决于网络,也与输入图片的尺寸有关。2016 年,何凯明提出了 deep learning gets way deeper 的概念。简单总结就是:更深的网络有更好的非线性表达能力,可以学习更复杂的变换,从而可以拟合更加复杂的特征。更深的网络可以更容易地学习复杂特征。但是,网络加深会带来梯度不稳定、网络退化的问题,过深的网络可能导致浅层学习能力下降。一旦深度上升到一定程度,性能就不会再提升,甚至反而可能会下降,这就是网络退化的表现。

由于反向传播算法中的链式法则,如果层与层之间的梯度均在(0,1)区间,层层缩小,那么就会出现梯度消失。反之,如果层与层传递的梯度大于 1,那么经过层层扩大,就可能会出现梯度爆炸。因此,简单的堆叠层将不可避免地出现网络退化的现象。但是,网络退化并非由过拟合导致,过拟合的表现是高方差低偏差,即训练集误差小而测试集误差大。但从图 7.14 可以看出,不论训练集还是测试集,效果都不如浅层网络好,训练误差就很大。

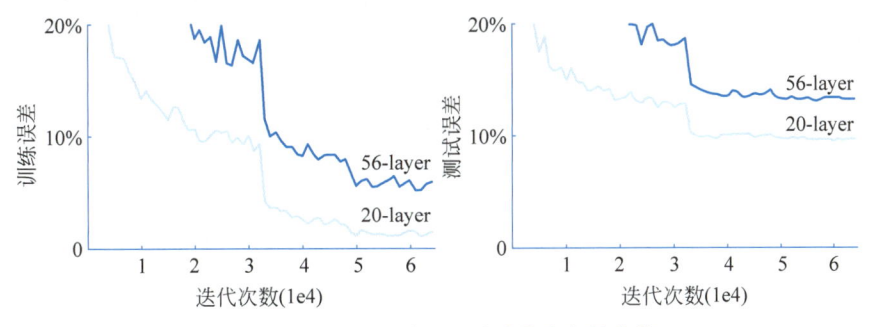

图 7.14 训练、测试误差随迭代次数的变化

如果存在某个 k 层的网络 f 是当前最优的网络,那么可以构造一个更深的网络,其最后几层仅是网络 f 第 k 层输出的恒等映射,就可以取得与 f 一致的结果。也许 k 还不是最佳层数,那么更深的网络就可以取得更好的结果。所以,按照常理来说,深层网络不应该表现得更差。一个合理的猜测就是,恒等映射并不是容易学习获得的。

7.5.2 残差神经网络

残差神经网络(ResNet)是由微软研究院的何恺明、张祥雨、任少卿、孙剑等提出的。ResNet 在 2015 年的 ILSVRC(ImageNet Large Scale Visual Recognition Challenge)中取得了冠军。残差神经网络的主要贡献在于发现了"退化现象",并针对退化现象发明了"快捷连接",极大地消除了深度过大的神经网络训练困难的问题。深度神经网络的"深度"也因此首次突破了 100 层、最大的神经网络甚至超过了 1000 层。

实验结果显示,随着网络层数的不断加深,模型的准确率首先持续提高,达到最大值(准确率饱和)。但当网络深度继续增加时,模型准确率会毫无征兆地大幅度降低。与传统的机器学习相比,深度学习的关键特征在于网络层数更深、非线性转换(激活)、自动的特征提取和特征转换。其中,非线性转换是关键目标,它将数据映射到高维空间以便于更好地完成"数据分类"。随着网络深度的不断增大,所引入的激活函数也越来越多,数据被映射到更加离散的空间,此时已经难以让数据回到原点(恒等变换)。或者说,深度神经网络将这些数据映射回原点所需要的计算量已经远远超过我们的承受能力。这一退化现象促使人们对非线性转换进行反思。非线性转换极大地提高了数据分类能力,但是,随着网络的深度不断加大,我们在非线性转换方面已经走得太远,以至于无法实现线性转换。显然,在深度神经网络中增加线性转换分支成为很好的选择,于是,ResNet 团队在 ResNet 模块中增加了快捷连接分支,在线性转换和非线性转换之间寻求一个平衡。

ResNet 包括 5 个构建层,1 个全连接层,1 个 softmax 分类层。第一个构建层,由 1 个普通卷积层和最大池化层构成。第二个构建层,由 3 个残差块构成。第三、四、五个构建层都由降采样残差块开始,紧接着 3 个、5 个、2 个残差块。显然,ResNet 的基本架构是残差块。残差块结构示意图如图 7.15 所示。对应到神经网络中,残差块的数学表达式可以写成

$$y = \sigma(F(x, W) + x) \tag{7-13}$$

式中,y 表示残差块的输出;$\sigma(\cdot)$ 表示激活函数;$F(\cdot)$ 表示残差函数;x 为输入;W 表示残差块内的所有权值。在全连接层中,如果 $\sigma(\cdot)$ 的维度与 x 不同,则可以用一个变换矩阵 W' 与 x 相乘(即对 x 做线性映射);如果在卷积层中二者形状不同,则可以使用 1×1 卷积核和 zero-padding,使得二者的维度与通道数相等。

由于多层的深度神经网络理论上可以拟合任意函数,故可以利用一些层来拟合函数。问题是直接拟合 $H(x)$ 还是拟合残差函数,其中,拟合残差函数 $F(x) = H(x) - x$ 更简单。虽然理论上两者都能得到近似拟合,但是后者学习起来显然更容易。如果增加的层被构建为同等函数,那么从理论上,更深的模型的训练误差不应当大于浅层模型,但是出现的退化问题表明,求解器很难利用多层网络拟合同等函数。但是,残差的表示形式使得多层网络近似起来要容易得多,如果同等函数可被优化近似,那么多层网络的权值就会简单地逼近 0 来实现同等映射,即 $F(X) = 0$。

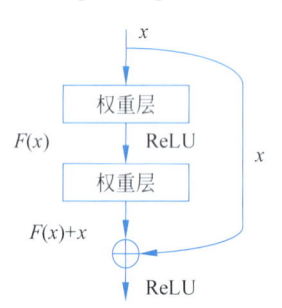

图 7.15 残差块结构示意图

实际情况中,同等映射函数可能不那么好优化,但是对于残差学习,求解器根据输入的同等映射,会更容易发现扰动,总之比直接学习一个同等映射函数要容易得多。根据实验可以发现,学习到的残差函数通常响应值比较小,为同等映射(shortcut)提供了合理的前提条件。

7.6 CNN 模型的过拟合与欠拟合问题

7.6.1 网络超参数设计

在实际深度 CNN 应用过程中,超参数的设置至关重要,其也会影响最终的网络性能。

网络超参数可分为三类：与数据相关、与训练相关、与网络相关。其中，与数据相关的超参数包括丰富的数据库、数据泛化处理等。与训练相关的超参数包括学习率、训练动量、损失函数、正则化方法等。与网络相关的超参数包括层数、节点数、滤波器数、分类器种类等。超参数选择的目标是：保证神经网络模型在训练阶段既不会拟合失败，也不会过度拟合，同时应让网络尽可能快地学习数据结构特征。下面对网络超参数的学习率和动量进行阐述，其中学习率是最为常见的超参数。

首先，梯度下降算法被广泛应用于最小化模型误差的参数优化算法，其公式如下：

$$\theta \leftarrow \theta - \eta \frac{\partial L}{\partial \theta} \tag{7-14}$$

式中，$\eta \in \mathbf{R}$ 为学习率；θ 为网络模型参数；$L=L(\theta)$ 是关于 θ 的损失函数；$\partial L/\partial \theta$ 是损失函数对参数的一阶导数（也称梯度误差）。网络模型参数 θ 的更新依赖于梯度误差与学习率。学习率越大，参数 θ 的更新步长越大；学习率越小，参数 θ 的更新步长越小。在网络模型训练阶段，调整梯度下降算法的学习率可以改变网络权值参数的更新幅度。当大的损失和陡峭的梯度与学习率相结合时，下一步长会很大；当小误差且平坦梯度与学习率相结合时，下一步长会缩短。为了使梯度下降法具有更好的性能，我们需要把学习率的值设定在合适的范围内，因为学习率决定了参数能否移动到最优值和参数移动到最优值的速度。如图 7.16 所示，如果学习率过大，权值参数很可能会越过最优值，最后在误差最小的一侧来回跳动，永不停止。反之，如果学习率过小，网络可能需要很长的优化时间，优化的效率过低，最终会导致算法长时间无法收敛。

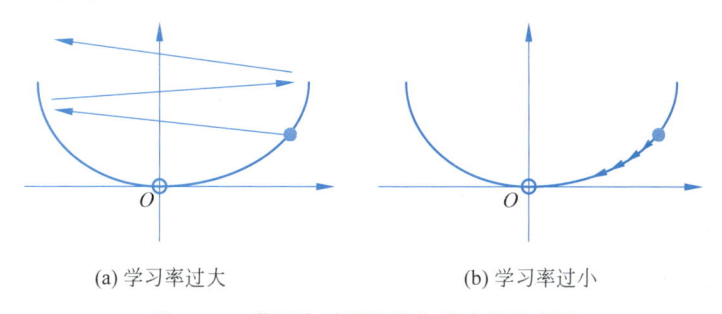

(a) 学习率过大　　(b) 学习率过小

图 7.16　学习率对网络优化影响的示意图

其次，动量的物理意义可简单描述：当我们把球推下山时，球会不断地累积其动量，速度会越来越快，当球遇到上坡时其动量就会减少。参数更新时也可以模仿物理中的动量：当梯度保持相同方向维度时，动量不断增大，而在梯度方向不停变化的维度上，动量持续减少。因此，动量可以加快收敛速度并减少振荡。网络中的参数通过动量来更新，参数向量会在任何有持续梯度的方向上增加速度。其公式为

$$\theta \leftarrow \mu \cdot \theta - \eta \frac{\partial L}{\partial \theta} \tag{7-15}$$

式中，$\mu \in \mathbf{R}$ 为动量系数，取值为 $(0,1)$。式(7-15)表明当前梯度方向与前一步的梯度方向一样，那么就增加这一步的权值更新，否则就减少参数更新。这样可以在一定程度上增加稳定性，加快学习率，并且有一定的摆脱局部最优的能力。

7.6.2 网络性能评价

通常把原始数据集分为三部分：训练集(training data)、验证集(validation data)和测试集(testing data)。其中，训练集就是用来训练的数据集合；测试集就是训练完后用来测试训练后模型的集合；在模型训练过程中，可以通过验证集来观察模型的拟合情况，如果出现过度拟合，则及时停止训练，还可以通过验证集来确定一些超参数。

根据数据集的不同，网络评价指标分为训练误差、交叉验证误差、测试误差。机器学习的目的就是使学习得到的模型不仅对训练数据有好的表现能力，同时也要对未知数据具有很好的预测能力。因此在给定损失函数的情况下，我们可以得到模型的训练误差（训练集）和测试误差（测试集）。通过比较模型的训练误差和测试误差，可以评价学习得到的模型的好坏。同时需要注意的是，统计学习方法具体采用的损失函数未必是评估时使用的损失函数，两者相同的情况下是比较理想的。假设我们最终学习到的模型是 $Y=f(x)$，训练误差是模型 $Y=f(x)$ 关于训练数据集的经验损失：

$$R_{\text{emp}}(f) = \frac{1}{N}\sum_{i=1}^{N}L(y_i, f(x_i)) \tag{7-16}$$

式中，N 是训练集样本数量。

测试误差是模型 $Y=f(x)$ 关于测试数据集的经验损失：

$$e_{\text{test}} = \frac{1}{N'}\sum_{i=1}^{N'}L(y_1, f(x_i)) \tag{7-17}$$

式中，N' 是测试集样本数量。

交叉验证是模型选择常用的一种方法，主要适用于样本数据充足的情况。我们可以将样本数据划分为训练集、交叉验证集和测试集三个数据集。其中训练集主要是根据数据去调节模型的参数，而交叉验证集的作用主要是调节模型的超参数，测试集是评估训练得到的模型的泛化能力。

交叉验证集的基本思想：重复地使用数据，把给定的数据进行划分，将划分的数据集组合成训练集和测试集，在此基础上反复地进行训练、测试以及模型选择。交叉验证主要有以下三种方法。

（1）简单交叉验证，即将数据随机分为两部分，一部分作为训练集，另一部分作为测试集（例如，70%的数据为训练集，30%的数据为测试集）。

（2）N 折交叉验证，是指随机将数据分为 N 个互不相交的大小相同的子集，然后利用 $S-1$ 个子集的数据作为训练集，剩下的子集作为测试集，对可能的 S 种选择重复进行这一过程，最后选出 S 次评测中平均测试误差最小的模型。

（3）留一交叉验证，此为 N 折交叉验证的特殊情况，此时 $S=N$，往往在数据量较小的情况下使用。

7.6.3 过拟合与欠拟合

过拟合(overfitting)指的是模型在训练数据上表现得过于优秀，但在未见数据上表现较差。过拟合可以比喻为一个学生死记硬背了一本题库的所有答案，但当遇到新的题目时无法正确回答。这种情况下，模型对于训练数据中的噪声和细节过于敏感，导致了过度拟合的现象。欠拟合(underfitting)指的是模型无法很好地拟合训练数据,无法捕捉到数据中的真实模式和关系。欠拟合可以比喻为一个学生连基本的知识都没有掌握好,无论是老题还是新题都无法解答。这种情况下,模型过于简单或者复杂度不足,无法充分学习数据中的特征和模式。图7.17是过拟合与欠拟合示意图。

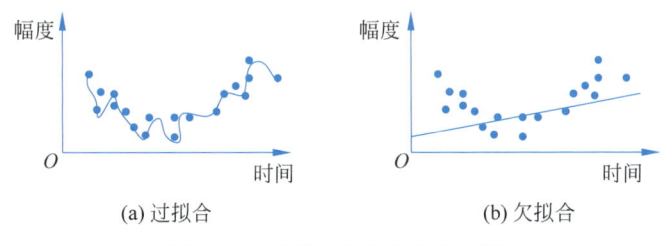

图 7.17 过拟合与欠拟合示意图

首先,过拟合可由样本问题引起,如样本量太少、训练集与测试集分布不一致、样本噪声大等。当样本量太少时,可能会使得我们选取的样本不具有代表性,从而将这些样本独有的性质当作一般性质来建模,就会导致模型在测试集上效果变差。对于数据集的划分没有考虑任务场景,有可能造成我们的训练与测试样本的分布不同,就会出现在训练集上效果好,在测试集上效果差的现象。此外,如果数据的噪声较大,就会导致模型拟合这些噪声,增加了模型复杂度。其次,模型问题也会导致过拟合,例如参数太多、模型过于复杂等。针对这些问题,可以通过增加样本量、减少特征、增加正则项、集成学习等方法来解决。

根据欠拟合的特点来看,产生欠拟合的主要原因包括如下几种。

(1) 模型的容量或复杂度不够,对神经网络来说是参数量不够或网络太简单,没有很好的特征提取能力。通常为了避免模型过拟合,会添加正则化,当正则化惩罚过大,会导致模型的特征提取能力不足。

(2) 训练数据量太少或训练迭代次数太少,导致模型没有学到足够多的特征。

根据欠拟合产生的原因来分析,解决方法有以下两个。

(1) 更换特征提取能力强或参数量更大的网络,或减少正则化的惩罚力度。

(2) 增加迭代次数、扩充训练数据,或从少量数据上学到足够的特征。具体包括适度增大 epoch、数据增强、预训练、迁移学习、小样本学习、无监督学习等。

7.6.4 Dropout

在机器学习或者深度学习中,经常出现的问题是,训练数据量小,模型复杂度高,这就使得模型在训练数据上的预测准确率高,但是在测试数据上的准确率低,这时就出现了过拟合。为了缓解过拟合,可采用的方法有很多,其中一种就是集成,通过训练多个模型,采用"少数服从多数"的策略决定最终的输出,但同时这个方法有一个很明显的缺点,即训练时间长。其中,Dropout是一种典型方法。

Dropout又称为随机失活,是一种在深度学习模型中用于缓解过拟合问题的技术,简单来说就是在模型训练阶段的正向传播过程中,让某些神经元的激活值以一定的概率停止工作,这样可以使模型的泛化性更强。Dropout处理过程如图7.18所示。Dropout实现了一种继承学习的思想。在每次训练时,模型以概率 P "丢弃"一些节点,每一次"丢弃"的节点不完全相同,从而使得模型在每次训练过程中都是在训练一个独一无二的模型,最终集成在同一个模型中。并且在集成过程中 Dropout 采用的并不是平均预测结果,而是将测试时的权值都乘上概率 P。在训练过程中,Dropout 的工作机理是:以一个概率为 P 的伯努利分布随机地生成与节点数相同的 0、1 值,将这些值与输入相乘后部分节点被屏蔽,此时再用这些节点值做后续的计算。

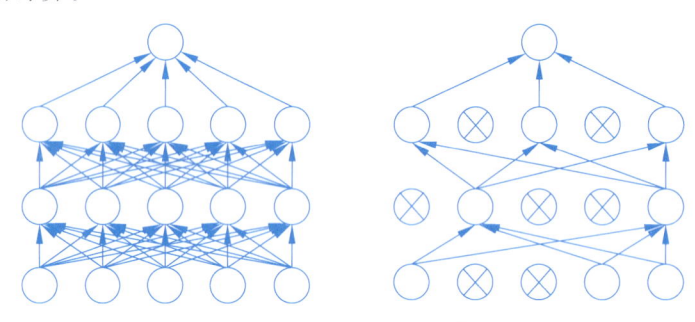

图 7.18 Dropout 处理过程

7.7 CNN 的典型应用案例

7.7.1 猫狗图像识别

CNN 在图像识别领域具有显著优势。本应用案例以猫狗两类图像为处理对象,通过典型的 CNN 模型完成类型识别。

1. 数据准备

从 Kaggle 网站上下载 Dogs vs. Cats 数据集,具体网址见配套资源的"资源列表"文档。Dogs vs. Cats 数据集中包含 4000 张图片。其中,猫和狗各 2000 张,创建每个类别 1000 个样本训练集、500 个样本验证集和 500 个样本测试集。猫狗图像如图 7.19 所示。

图 7.19 猫狗图像

2. CNN 模型搭建

数据准备充分后,构建用于识别的 CNN 模型,具体代码如下。

```python
import tensorflow as tf
from keras import layers
from keras import models
model = models.Sequential()
model.add(tf.keras.layers.Conv2D(32,(3,3),activation = "relu", input_shape = (150,150,3)))
model.add(tf.keras.layers.MaxPooling2D((2,2)))
model.add(tf.keras.layers.Conv2D(64,(3,3),activation = "relu"))
model.add(tf.keras.layers.MaxPooling2D((2,2)))
model.add(tf.keras.layers.Conv2D(128,(3,3),activation = "relu"))
model.add(tf.keras.layers.MaxPooling2D((2,2)))
model.add(tf.keras.layers.Conv2D(128,(3,3),activation = "relu"))
model.add(tf.keras.layers.MaxPooling2D((2,2)))
model.add(tf.keras.layers.Flatten())
model.add(tf.keras.layers.Dense(512, activation = "relu"))
model.add(tf.keras.layers.Dense(1, activation = "sigmoid"))
model.summary()
```

在代码运行过程中,所构建的网络结构也得以可视化,如图 7.20 所示。

```
Model: "sequential"
_____
Layer (type)                 Output Shape              Param #
=================================================================
conv2d (Conv2D)              (None, 148, 148, 32)      896

max_pooling2d (MaxPooling2D  (None, 74, 74, 32)        0
)

conv2d_1 (Conv2D)            (None, 72, 72, 64)        18496

max_pooling2d_1 (MaxPooling  (None, 36, 36, 64)        0
2D)

conv2d_2 (Conv2D)            (None, 34, 34, 128)       73856

max_pooling2d_2 (MaxPooling  (None, 17, 17, 128)       0
2D)

conv2d_3 (Conv2D)            (None, 15, 15, 128)       147584

max_pooling2d_3 (MaxPooling  (None, 7, 7, 128)         0
2D)

flatten (Flatten)            (None, 6272)              0

dense (Dense)                (None, 512)               3211776

dense_1 (Dense)              (None, 1)                 513

=================================================================
Total params: 3,453,121
Trainable params: 3,453,121
Non-trainable params: 0
_____
```

图 7.20　所构建网络结构可视化

3. 模型参数训练

训练过程中,单次训练的准确率、损失、运行时间等信息可以直观得到,训练过程显示如图 7.21 所示。

随着模型训练次数的增加,模型训练、验证准确率与损失的变化情况如图 7.22 所示。

```
Epoch 23/30
100/100 [==============================] - 82s 825ms/step - loss: 0.1514 - acc: 0.9455 - val_loss: 0.6921 -
val_acc: 0.7260
Epoch 24/30
100/100 [==============================] - 81s 807ms/step - loss: 0.1384 - acc: 0.9535 - val_loss: 0.8543 -
val_acc: 0.7180
Epoch 25/30
100/100 [==============================] - 81s 814ms/step - loss: 0.1232 - acc: 0.9615 - val_loss: 0.7055 -
val_acc: 0.7440
Epoch 26/30
100/100 [==============================] - 81s 814ms/step - loss: 0.1106 - acc: 0.9655 - val_loss: 0.7869 -
val_acc: 0.7330
Epoch 27/30
100/100 [==============================] - 85s 848ms/step - loss: 0.0901 - acc: 0.9755 - val_loss: 0.8125 -
val_acc: 0.7310
Epoch 28/30
100/100 [==============================] - 83s 830ms/step - loss: 0.0801 - acc: 0.9745 - val_loss: 0.8366 -
val_acc: 0.7420
Epoch 29/30
100/100 [==============================] - 82s 818ms/step - loss: 0.0665 - acc: 0.9800 - val_loss: 0.8571 -
val_acc: 0.7380
Epoch 30/30
100/100 [==============================] - 82s 816ms/step - loss: 0.0689 - acc: 0.9825 - val_loss: 1.1215 -
val_acc: 0.7020
```

图 7.21 训练过程显示

训练数据的识别准确率随着迭代次数的增加而增加,损失则减少。但是,验证数据由于与训练数据不属于同一数据集,所以验证准确率在迭代达到一定次数后处于稳定状态,而损失也并不同于训练情况的一直下降,而是在迭代达到一定次数后略有上升。这也是模型过拟合的一种表现。

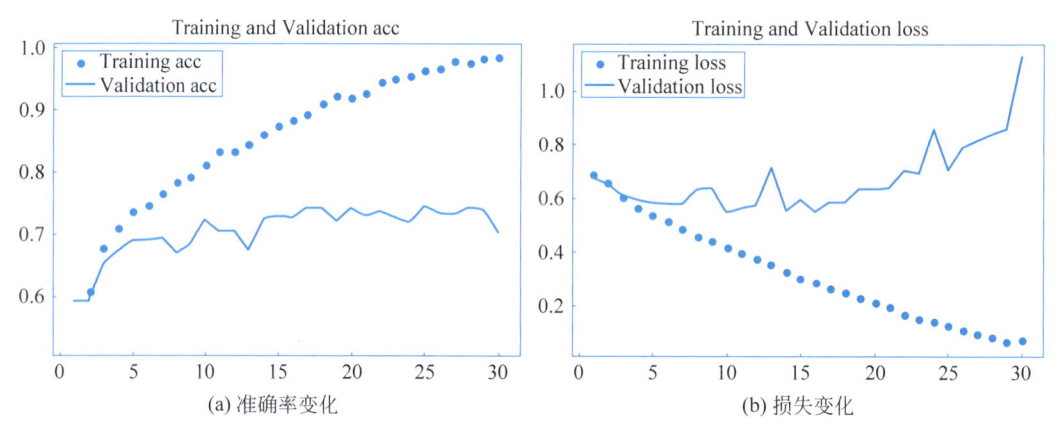

图 7.22 模型训练、验证准确率与损失的变化情况

7.7.2 基于 MobileNetV3 的肺炎识别

基于 MobileNetV3 的肺炎识别是医学图像处理领域的一个典型基于 CNN 的应用案例。这里的 MobileNetV3 还包含了近年来备受关注的注意力机制。

1. 数据描述

本案例使用 ChestXRay2017 数据集中的数据,共包含 5856 张胸腔 X 射线透视图。诊断结果(即分类标签)主要分为正常和肺炎,其中肺炎又可以细分为细菌性肺炎和病毒性肺炎。胸腔 X 射线图像选自广州市妇幼保健中心的 1～5 岁儿科患者的回顾性研究。所有胸腔 X 射线成像都是患者常规临床护理的一部分。为了分析胸腔 X 射线图像,首先对所有胸腔 X 光片进行了筛查,去除所有低质量或不可读的扫描,从而保证图片质量。然后由两名专业医师对图像的诊断进行分级。最后为降低图像诊断错误，由第三位专家检查了数据集。数据集主要分为 train 和 test 两大子文件夹，分别用于模型的训练和测试。在每个子文件内又分为 NORMAL（正常）和 PNEUMONIA（肺炎）两大类。在 PNEUMONIA 文件夹内含有细菌性肺炎和病毒性肺炎两类，可以通过图片的命名格式进行判别。

2. 模型构建

以下为 MobileNetV3 的 Large 版本模型建立代码。

```
    self.large_bottleneck = nn.Sequential( # torch.Size([1, 16, 112, 112]) 16 -> 16 -> 16 SE = False RE s = 1
        SEInvertedBottleneck(in_channels = 16, mid_channels = 16, out_channels = 16, kernel_size = 3, stride = 1, activate = 'relu', use_se = False), # torch.Size([1, 16, 112, 112]) 16 -> 64 -> 24 SE = False RE s = 2
        SEInvertedBottleneck(in_channels = 16, mid_channels = 64, out_channels = 24, kernel_size = 3, stride = 2, activate = 'relu', use_se = False), # torch.Size([1, 24, 56, 56]) 24 -> 72 -> 24 SE = False RE s = 1
        SEInvertedBottleneck(in_channels = 24, mid_channels = 72, out_channels = 24, kernel_size = 3, stride = 1, activate = 'relu', use_se = False), # torch.Size([1, 24, 56, 56]) 24 -> 72 -> 40 SE = True RE s = 2
        SEInvertedBottleneck(in_channels = 24, mid_channels = 72, out_channels = 40, kernel_size = 5, stride = 2, activate = 'relu', use_se = True, se_kernel_size = 28), # torch.Size([1, 40, 28, 28]) 40 -> 120 -> 40 SE = True RE s = 1
        SEInvertedBottleneck(in_channels = 40, mid_channels = 120, out_channels = 40, kernel_size = 5, stride = 1, activate = 'relu', use_se = True, se_kernel_size = 28), # torch.Size([1, 40, 28, 28]) 40 -> 120 -> 40 SE = True RE s = 1
        SEInvertedBottleneck(in_channels = 40, mid_channels = 120, out_channels = 40, kernel_size = 5, stride = 1, activate = 'relu', use_se = True, se_kernel_size = 28), # torch.Size([1, 40, 28, 28]) 40 -> 240 -> 80 SE = False HS s = 1
        SEInvertedBottleneck(in_channels = 40, mid_channels = 240, out_channels = 80, kernel_size = 3, stride = 1, activate = 'hswish', use_se = False), # torch.Size([1, 80, 28, 28]) 80 -> 200 -> 80 SE = False HS s = 1
        SEInvertedBottleneck(in_channels = 80, mid_channels = 200, out_channels = 80, kernel_size = 3, stride = 1, activate = 'hswish', use_se = False), # torch.Size([1, 80, 28, 28]) 80 -> 184 -> 80 SE = False HS s = 2
        SEInvertedBottleneck(in_channels = 80, mid_channels = 184, out_channels = 80, kernel_size = 3, stride = 2, activate = 'hswish', use_se = False), # torch.Size([1, 80, 14, 14]) 80 -> 184 -> 80 SE = False HS s = 1
        SEInvertedBottleneck(in_channels = 80, mid_channels = 184, out_channels = 80, kernel_size = 3, stride = 1, activate = 'hswish', use_se = False), # torch.Size([1, 80, 14, 14]) 80 -> 480 -> 112 SE = True HS s = 1
        SEInvertedBottleneck(in_channels = 80, mid_channels = 480, out_channels = 112, kernel_size = 3, stride = 1, activate = 'hswish', use_se = True, se_kernel_size = 14), # torch.Size([1, 112, 14, 14]) 112 -> 672 -> 112 SE = True HS s = 1
        SEInvertedBottleneck(in_channels = 112, mid_channels = 672, out_channels = 112, kernel_size = 3, stride = 1, activate = 'hswish', use_se = True, se_kernel_size = 14), torch.Size([1, 112, 14, 14]) 112 -> 672 -> 160 SE = True HS s = 2
        SEInvertedBottleneck(in_channels = 112, mid_channels = 672, out_channels = 160, kernel_size = 5, stride = 2, activate = 'hswish', use_se = True, se_kernel_size = 7), # torch.Size([1, 160, 7, 7]) 160 -> 960 -> 160 SE = True HS s = 1
        SEInvertedBottleneck(in_channels = 160, mid_channels = 960, out_channels = 160, kernel_size = 5, stride = 1, activate = 'hswish', use_se = True, se_kernel_size = 7), # torch.Size([1, 160, 7, 7]) 160 -> 960 -> 160 SE = True HS s = 1
        SEInvertedBottleneck(in_channels = 160, mid_channels = 960, out_channels = 160, kernel_size = 5, stride = 1, activate = 'hswish', use_se = True, se_kernel_size = 7),)
```

3. 模型训练

模型的训练情况如图 7.23 所示,具体包括训练和测试的准确率、损失情况。

```
train:eopch:0 train: acc:0.8298929663608563 loss:0.42113593220710754 test: acc:0.719551282051282
train:eopch:1 train: acc:0.8667813455657493 loss:0.31201937794685364 test: acc:0.8830128205128205
train:eopch:2 train: acc:0.8801605504587156 loss:0.2891432046890259 test: acc:0.8125
train:eopch:3 train: acc:0.8836009174311926 loss:0.27796366810798645 test: acc:0.8717948717948718
train:eopch:4 train: acc:0.889525993883792 loss:0.26921120285987854 test: acc:0.8701923076923077
train:eopch:5 train: acc:0.8988914373088684 loss:0.25148850679397583 test: acc:0.8573717948717948
train:eopch:6 train: acc:0.8960244648318043 loss:0.2523519694805145 test: acc:0.8862179487179487
train:eopch:7 train: acc:0.8975535168195719 loss:0.24580667912960052 test: acc:0.8862179487179487
train:eopch:8 train: acc:0.9137996941896025 loss:0.2257116436958313 test: acc:0.8942307692307693
train:eopch:9 train: acc:0.9071100917431193 loss:0.22461819648742676 test: acc:0.8926282051282052
train:eopch:10 train: acc:0.9090214067278287 loss:0.21950867772102356 test: acc:0.8926282051282052
train:eopch:11 train: acc:0.9183868501529052 loss:0.20675189793109894 test: acc:0.8717948717948718
train:eopch:12 train: acc:0.9235474006116208 loss:0.19623929262161255 test: acc:0.8846153846153846
train:eopch:13 train: acc:0.9139908256880734 loss:0.21690651774406433 test: acc:0.9134615384615384
train:eopch:14 train: acc:0.9210626911314985 loss:0.20919276773929596 test: acc:0.9102564102564102
```

图 7.23　MobileNetV3 模型训练情况

本章习题

1. 请简述 CNN 中卷积层、池化层、全连接层的工作原理。
2. 请简述经典的 CNN 目标检测模型及其各自特点。
3. 请简述过拟合、欠拟合的区别以及判断方法。
4. 请简述防止模型过拟合的方法。
5. 编程题:借鉴基于 MobileNetV3 的肺炎识别应用案例,实现经典 CNN 模型的训练与测试。

第8章 循环神经网络

CHAPTER 8

循环神经网络是一类以序列数据为输入，在序列的演进方向进行递归，且所有节点按链式连接的递归神经网络，其具有记忆性、参数共享等特点，因此在对序列的非线性特征进行学习时具有一定优势。与此同时，循环神经网络作为深度学习中的一种经典算法，被广泛应用于自然语言处理、时间序列预报等领域。

本章首先介绍循环神经网络的应用对象、模型优势、计算图；随后基于计算图阐述循环神经网络的设计模式、双向循环神经网络、深度循环神经网络；接着介绍循环神经网络的两种常用变体结构，即长短时记忆网络和门控循环单元；最后引入长短时记忆网络在解决回归和分类问题时的应用案例。

8.1 初识循环神经网络

8.1.1 循环神经网络的应用对象

循环神经网络(Recurrent Neural Network，RNN)是一类用于处理序列数据 $x^{(1)}$，$x^{(2)}$，…，$x^{(t)}$ 的神经网络。相较于传统的神经网络，RNN 可以扩展到更长的序列，同时也能处理可变长度的序列。RNN 主要的应用对象包括时间序列、文本序列、语音序列、像素序列等。接下来依次对这4种序列数据进行简单的介绍，并学习序列中的步长概念。

时间序列是指将同一统计指标的数值按其发生的时间先后顺序排列而成的序列，其单个步长为数据的一个统计周期。例如图8.1(a)为某一年国际航班乘客数量的变化趋势，其单个步长为1个月，图8.1(b)为某一天北京 PM2.5 浓度的变化趋势，其单个步长为1小时。

(a) 某一年国际航班乘客数量变化趋势　　(b) 某一天北京PM2.5浓度变化趋势

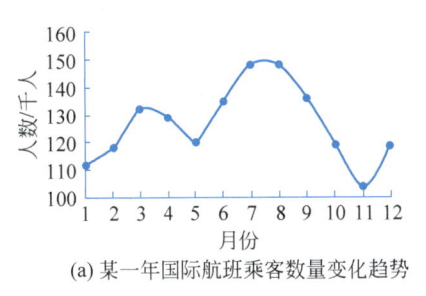

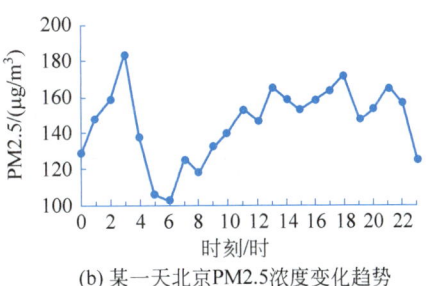

图 8.1　时间序列数据

文本序列是指具有完整、系统含义的一个句子或多个句子的组合,其单个步长为一个词。对于中文来说,需要复杂的分词技术对文本序列进行词划分,对于英文来说,通常以空格对文本序列进行词划分。例如图 8.2 中的中文句子"我爱中国",可以划分为"我""爱""中国"这 3 个词,英文句子"I love China",可以划分为"I""love""China"这 3 个词。

我爱中国 ⇔ [我,爱,中国]

I love China ⇔ [I,love,China]

图 8.2 文本序列数据

语音序列是一种由声波传递着特定语义信息的模拟信号,其单个步长为一帧。例如图 8.3 展示了一段语音信号的波形图,可以采用长度为 N 的窗口函数进行语音分帧,但是为了保持语音的连续性,实现帧与帧之间的平滑过渡,需使相邻两帧之间存在重叠部分。重叠部分的长度 M,一般称为帧移。

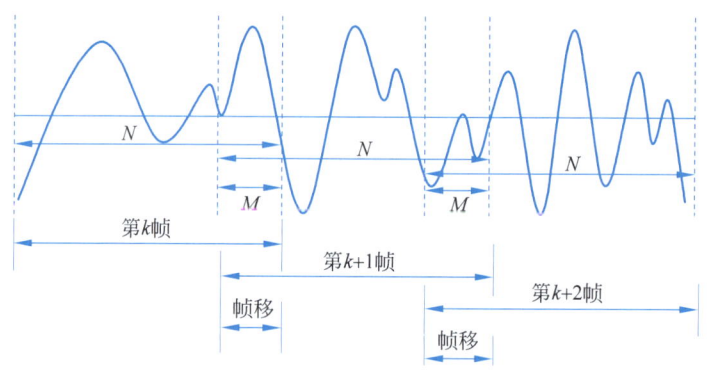

图 8.3 语音序列数据

像素序列是指二维图像的像素点按照行或列依次展开拼接而成的序列,其单个步长为一个像素。例如图 8.4 是 MNIST 数据集中的一个手写数字体"6",像素大小为 $28×28$。如果将该像素矩阵按行展开进行拼接,即可得到一个长度为 784 的行向量;如果将该像素矩阵按列展开进行拼接,即可得到一个长度为 784 的列向量。

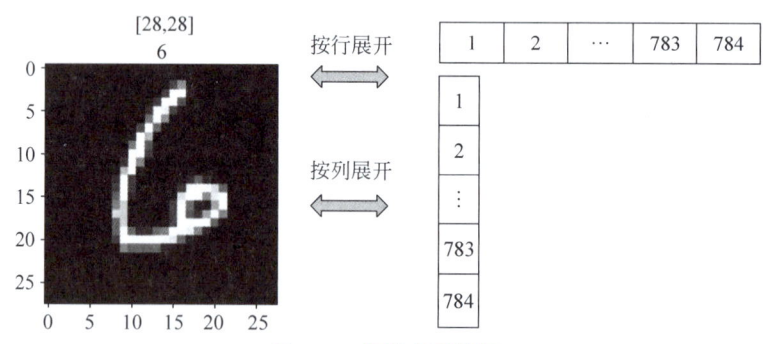

图 8.4 像素序列数据

8.1.2 循环神经网络的模型优势

相较于传统的神经网络,RNN 具有两大优势。首先它的输入包含了样本的时空特征,使得模型的输入信息变得更加丰富;其次它在不同时间步之间实现了参数共享,这也使得 RNN 可以更好地解决传统神经网络难以处理的时序问题。

1. 时空特征

如图 8.5(a)所示,传统神经网络的输入一般为行向量或列向量,该向量包含了输入样

本在空间维度上的 n 个特征信息。如图 8.5(b) 所示，RNN 的输入一般为矩阵，该矩阵不仅包含了输入样本在空间维度上的 n 个特征信息，还包含了输入样本在时间维度上的 m 个步长信息。因此，RNN 的输入信息更加丰富。

(a) 传统神经网络的输入特征　　(b) RNN的输入特征

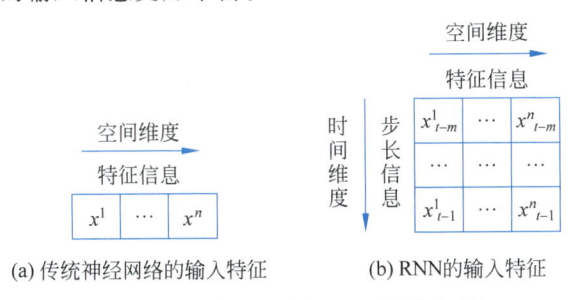

图 8.5　传统神经网络与 RNN 的输入特征

2. 参数共享

RNN 增加了时间维度的输入信息，具有更为复杂的网络结构，待训练的网络参数也远多于传统神经网络。为了提高模型的训练效率，RNN 在不同的时间步之间实现了参数共享，从而在极大程度上减少了实际需要训练的网络参数。

参数共享使得 RNN 能够扩展到不同长度的样本并进行泛化。如果在每个时间点都有一个单独的参数，则不能泛化到训练时没有见过的序列长度，也不能在时间上共享不同序列长度和不同位置的统计强度。尤其当信息的特定部分会在序列内多个位置出现时，这样的共享尤为重要。例如针对以下两个文本序列："I went to Beijing in 2008" 和 "In 2008, I went to Beijing"，如果让一个机器学习模型读取这两个句子，并提取其中的年份信息，无论 "2008" 是作为第一个句子中的第六个单词还是第二个句子中的第二个单词出现，都希望模型能够将 "2008" 作为关键特征信息。假设要训练一个处理固定长度句子的前馈神经网络，传统的全连接前馈神经网络会给每个输入特征分配一个单独的参数，所以需要分别学习句子每个位置的所有语言规则。相比之下，RNN 在几个时间步内共享相同的权值，不需要分别学习句子每个位置的所有语言规则。

在 RNN 中，参数共享体现在每个时间步中使用相同的卷积核，输出的每一项都是前一项的函数，输出的每一项都对先前的输出应用相同的更新规则，这种循环方式导致参数通过很深的计算图共享。

8.1.3　循环神经网络的计算图

计算图是形式化一组计算结构的方式，如涉及将输入和参数映射到输出和损失的计算，可以用来描述循环神经网络的结构。

计算图由节点和操作两个基本要素组成。其中节点表示变量，该变量可以是标量、向量、矩阵、张量或者甚至是另一类型的变量。操作表示具有一个或多个变量的简单函数，将多个操作复合在一起可用来描述更为复杂的函数。如果输出变量 y 是输入变量 x 通过一个操作计算得到的，即可画一条从 x 到 y 的有向边，并且一般用操作的名称来注释输出节点。图 8.6(a) 表示使用乘法操作计算 $z=xy$ 的图，其中 x、y 为输入节点，z 为输出节点，该计算图中只有 1 个乘法操作。图 8.6(b) 表示使用逻辑回归预测 $\hat{y}=\sigma(\boldsymbol{x}^{\mathrm{T}}\boldsymbol{w}+b)$ 的图，其中 $\boldsymbol{x}$、$\boldsymbol{w}$、b 为输入节点，$u^{(1)}$、$u^{(2)}$ 为中间节点，y 为输出节点，该计算图中共有 3 个操作，即

1 个内积运算、1 个加法运算和 1 个 σ 激活函数,该激活函数可视为多个操作的集合。

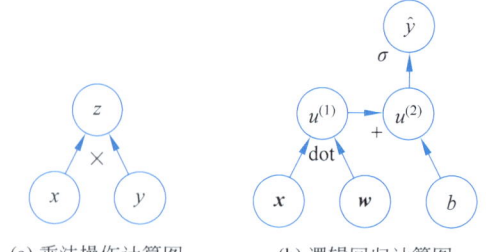

(a) 乘法操作计算图　　(b) 逻辑回归计算图

图 8.6　计算图示例

在循环神经网络中,隐藏单元的数学表达为

$$h^{(t)} = f(h^{(t-1)}, x^{(t)}; \boldsymbol{\theta}) \tag{8-1}$$

式中,h 为隐藏单元的状态;x 为输入;θ 为偏置。从式(8-1)中可以看出,h 在 t 时刻的定义需要参考其在 $t-1$ 时刻相同的定义,因此该函数是循环的,即 h 的当前状态包含了整个过去时间序列的信息。

可以用两种不同的方式绘制式(8-1)对应的计算图。一种方法是绘制 RNN 的循环计算图,如图 8.7 左侧所示,该网络定义了实时操作的回路,隐藏单元的当前状态可以影响其未来状态,回路中的黑色方块表示从 t 时刻的状态到 $t+1$ 时刻的状态单个时刻延迟中的相互作用。另一种方法是绘制 RNN 的展开计算图,如图 8.7 右侧所示,将每个时间步的输入、隐藏单元的状态和激活函数绘制为计算图的一个独立节点,每个节点与一个特定的时间实例相关联,展开计算图的大小取决于序列长度。循环计算图和展开计算图都有各自优点,前者简洁,而后者能够明确描述其中的计算流程。

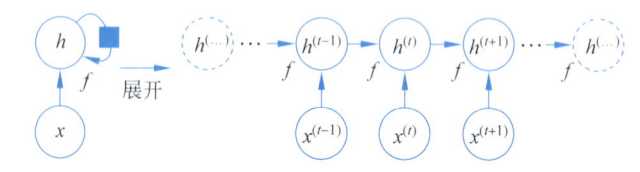

图 8.7　RNN 隐藏单元的计算图

8.2　循环神经网络的结构类型

依据不同的网络结构可以设计出形式多样的循环神经网络。基于网络的输入/输出形式,循环神经网络可分为输入为序列输出为等长序列的 RNN、输入为序列输出为不等长序列的 RNN、输入为序列输出为单个向量的 RNN、输入为单个向量输出为序列的 RNN。基于网络隐藏状态在时间上的传播方向,循环神经网络可分为单向 RNN 和双向 RNN。基于网络的隐含层数量,循环神经网络可分为浅层 RNN 和深度 RNN。

8.2.1　循环神经网络设计模式

基于网络的输入/输出形式,循环神经网络主要有 4 种设计模式。

1. 输入为序列、输出为等长序列的 RNN

模式一:输入为序列、输出为等长序列的 RNN,其计算图如图 8.8 所示,图中左边为循环计算图，右边为展开计算图。其中 x 为输入层，h 为隐含层，o 为输出层，U 为输入层到隐含层的权值矩阵，W 为隐含层内部的权值矩阵，用于连接不同的时间步，V 为隐含层到输出层的权值矩阵，y 为训练目标，L 为损失函数，用于衡量输出 o 与训练目标 y 之间的误差。从 RNN 在时域上的展开计算图可以看出，在不同时间步中，U、W、V 这 3 个权值矩阵都是相同的，从而实现了参数共享的目的。该模式的典型应用案例为文本生成模型，输入/输出为一一对应的字符。

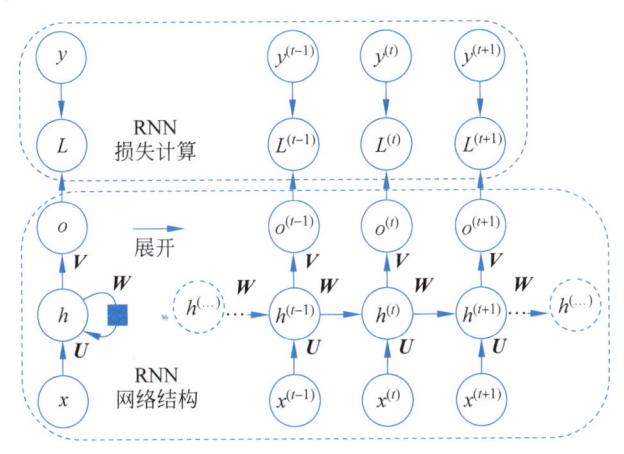

图 8.8　输入为序列、输出为等长序列的 RNN 的计算图

2. 输入为序列、输出为不等长序列的 RNN

模式二：输入为序列、输出为不等长序列的 RNN，其计算图如图 8.9 所示，该模式由读取输入序列的编码器 RNN 和生成输出序列的解码器 RNN 组成。编码器 RNN 的最终隐藏状态用于计算一般为固定大小的上下文变量 C，C 表示输入序列的语义概要并且作为解码器 RNN 的输入。该模式的典型应用案例为机器翻译模型，例如输入为一个中文语句，输出为翻译后不等长的英文语句。

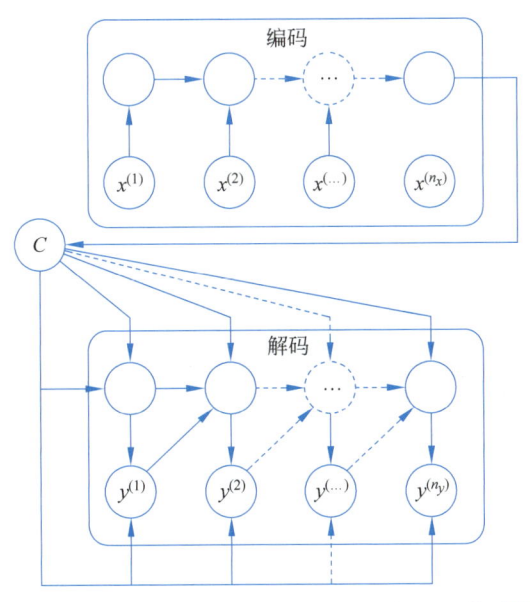

图 8.9　输入为序列、输出为不等长序列的 RNN 的计算图

3. 输入为序列、输出为单个向量的 RNN

模式三：输入为序列、输出为单个向量的 RNN，其计算图如图 8.10 所示。与模式一相比，该模式在序列结束时只产生单个输出，这样的网络可以用于概括序列并产生用于进一步处理的固定大小的向量。该模式的典型应用案例为情感评价模型，例如输入为一条电影评论，输出为该条影评所含感情色彩对应的向量。

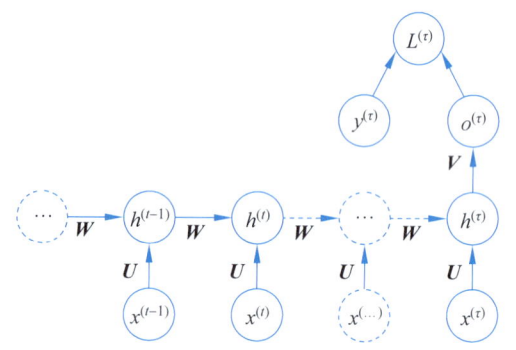

图 8.10 输入为序列、输出为单个向量的 RNN 的计算图

4. 输入为单个向量、输出为序列的 RNN

模式四：输入为单个向量、输出为序列的 RNN，其计算图如图 8.11 所示。与模式一相比，该模式的输出 $y^{(t)}$ 同时作为当前时刻隐藏单元的输入和前一时刻的训练目标，与此同时，该模式通过引入新的权值矩阵 $\boldsymbol{R}$，将 $x^T\boldsymbol{R}$ 的乘积在每个时间步中作为隐藏单元的额外输入。该模式的典型应用案例为图像标注模型，例如输入为一个表示图像的向量，输出为描述该图像的词序列。

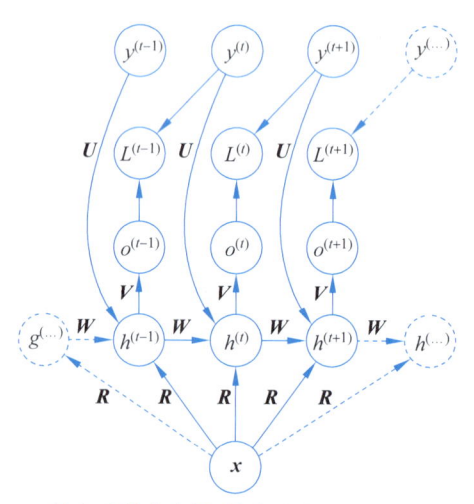

图 8.11 输入为单个向量、输出为序列的 RNN 的计算图

在实际应用中，基于模式一的 RNN 使用最为广泛。在图 8.8 中，假定隐含层 h 的激活函数为双曲正切函数，输出 o 为未归一化的对数概率，损失函数 L 内部采用 softmax 函数对输出 o 进行归一化处理得到向量 $\hat{y}$ 并与训练目标 y 进行误差计算。因此，该模式下 RNN 的前向传播公式可以表征为

$$h^{(t)} = \tanh(\boldsymbol{b} + \boldsymbol{W}h^{(t-1)} + \boldsymbol{U}x^{(t)}) \tag{8-2}$$

$$o^{(t)} = \boldsymbol{c} + \boldsymbol{V}h^{(t)} \tag{8-3}$$

$$\hat{y}^{(t)} = \mathrm{softmax}(o^{(t)}) \tag{8-4}$$

式中，$x^{(t)}$ 为当前时刻 RNN 的输入；$h^{(t-1)}$ 为前一时刻隐藏单元的状态；$h^{(t)}$ 为当前时刻隐藏单元的状态；$o^{(t)}$ 为当前时刻 RNN 的输出；$\hat{y}^{(t)}$ 为当前时刻 RNN 输出的归一化概率；U 为输入层到隐含层的权值矩阵；W 为隐含层内部的权值矩阵；V 为隐含层到输出层的权值矩阵；b 和 c 为偏置向量，其中 U、W、V、b、c 作为待定系数需要进行训练学习。

8.2.2 双向循环神经网络

8.2.1 节介绍的 RNN 均为单向 RNN，单向 RNN 意味着时刻 t 的输出 $y^{(t)}$ 只能从过去的序列 $x^{(1)}$ 至 $x^{(t-1)}$ 以及当前的输入 $x^{(t)}$ 中捕获信息，属于典型的因果关系。但是现实中存在一些输出 $y^{(t)}$ 依赖于包含过去与未来信息的整个输入序列。例如，在语音识别中，由于协同发音，当前声音作为音素的正确解释可能取决于未来几个音素，甚至因为词与附近的词之间存在语义依赖，可能取决于未来的几个词。对于语音"小明今天去学校报道/报到新闻了"，当还没听到"新闻"这个词时，可能会错误地理解成"报到"，这是因为"报道"与"新闻"之间存在某种语义依赖，在此情况下只有听完全部语音序列才能正确理解语义。

为了解决序列数据的前后依赖问题，可以使用双向循环神经网络（Bidirectional Recurrent Neural Network，BRNN）。BRNN 结合了时间上从序列起点开始移动的 RNN 和另一个时间上从序列末尾开始移动的 RNN。图 8.12 展示了 BRNN 的展开计算图，图中 $h^{(t)}$ 表示通过时间向前移动的子 RNN 隐含层状态，$g^{(t)}$ 表示通过时间向后移动的子 RNN 的隐含层状态，这允许输出单元 $o^{(t)}$ 能够计算同时依赖于过去和未来且对时刻 t 的输入值最敏感的表示，而不必指定 t 周围固定大小的窗口。对比单向 RNN 和 BRNN 的展开计算图可以发现，BRNN 多了一个时间向后移动的隐含层。

在 BRNN 设计思想上进行拓展，可以将 RNN 应用于解决二维输入问题。图 8.13 描述了一个图像像素值的预测问题，对于 $m \times n$ 大小的图像，其中每个像素点的输出 $o(i,j)$ 可由四个 RNN 分别沿着上、下、左、右 4 个方向进行计算，且其能捕捉到大多局部信息但仍依赖于长期输入。相比于卷积神经网络，应用于图像的 RNN 计算成本通常更高。

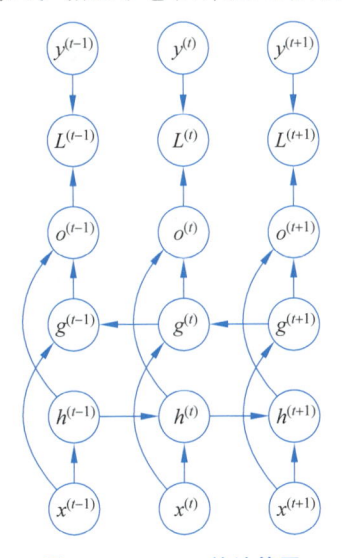

图 8.12　BRNN 的计算图

图 8.13　图像像素值的预测

8.2.3 深度循环神经网络

浅层 RNN 只有一层隐藏单元,只能实现简单的映射关系,难以解决具有复杂映射关系的问题。而深度循环神经网络(Deep Recurrent Neural Network,DRNN)在输入层、隐含层、输出层之间引入更深的计算网络,从而可以实现相对复杂的映射关系。图 8.14 展示了三种典型 DRNN 的计算图,在图 8.14(a)中隐藏循环状态被分解为具有层次的组,这也是最常用的 DRNN,随着层次的增加,可以在输出与输入之间建立更加复杂的映射关系;在图 8.14(b)中输入到隐含、隐含到隐含以及隐含到输出的部分引入了更深的计算(如多层感知机),但是其延长了链接不同时间步之间的最短路径,降低了学习效率;图 8.14(c)则是在图 8.14(b)的基础上引入跳跃连接来缓解路径延长的效应。

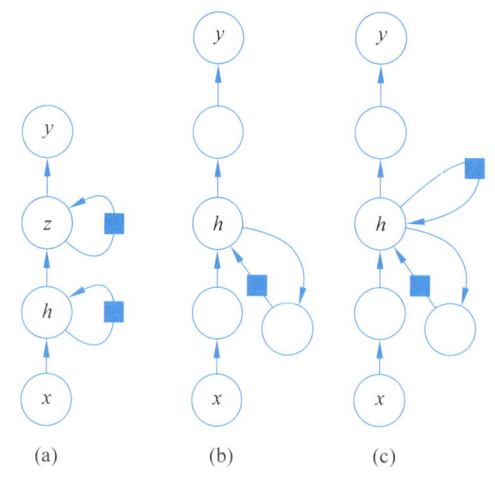

图 8.14 DRNN 的计算图

8.3 长短时记忆网络

RNN 在表示长期依赖时,相对于短期相互作用的梯度幅值,长期相互作用的梯度幅值呈现指数衰减,导致较长的记忆无法产生作用,这就是所谓的梯度消失问题。为了缓解该问题,可对 RNN 的隐藏单元进行改造,并引入门控,保留有用的记忆信息,截断无用的记忆信息,改造后的 RNN 被称为长短时记忆网络。

8.3.1 标准长短时记忆网络

图 8.15 为一种标准 LSTM 的循环计算图,改造后的隐藏单元称为细胞,相较于 RNN,LSTM 引入了 3 个控制门。其中,输入门在输入到细胞之间,通过控制输入权值,可以决定将部分新信息输入细

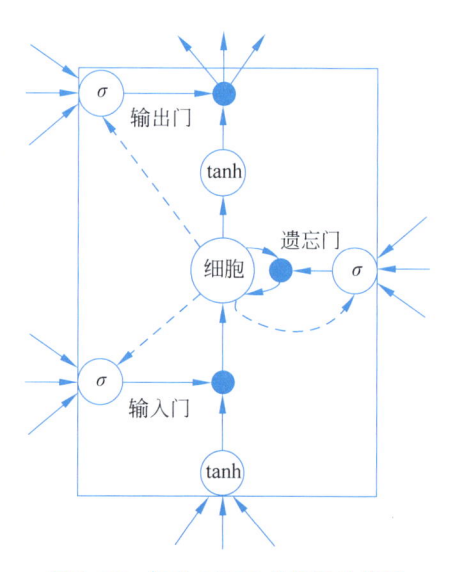

图 8.15 标准 LSTM 的循环计算图

胞；遗忘门在细胞内部，通过控制遗忘权值，可以决定让细胞丢弃部分旧信息；输出门在细胞到输出之间，通过控制输出权值，可以决定将部分信息从细胞输出。

为了更清晰地分析 LSTM 网络的基本结构，将其循环计算图展开，得到如图 8.16 所示的展开计算图。图中 A 表示 1 个 LSTM 单元，黄色方形表示神经网络层，粉色圆形表示逐点操作，单向箭头表示向量传输，合并箭头表示向量拼接，分裂箭头表示向量复制，x 表示输入，h 表示输出。

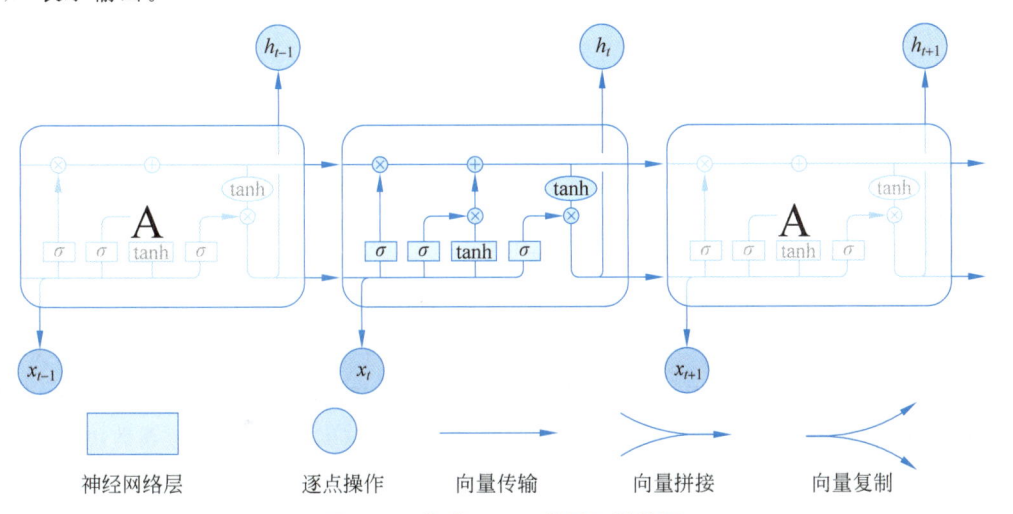

图 8.16 标准 LSTM 的展开计算图

LSTM 网络的关键要素在于细胞状态，其传输过程如图 8.17 所示。前一时刻的细胞状态 C_{t-1} 从 LSTM 单元左侧输入，当前时刻的细胞状态 C_t 从 LSTM 单元右侧输出。在细胞状态的传输过程中，还存在一个乘法和一个加法操作，这两个操作相当于 C_{t-1} 从左侧进入 LSTM 单元后，先被乘法器乘以一个系数，再线性叠加一个偏置后从右侧输出 C_t。

LSTM 网络中细胞状态的控制方式为门控，门控单元的网络结构如图 8.18 所示，具体包括一个 Sigmoid 神经网络层和一个乘法器。Sigmoid 函数输出区间 (0,1) 范围的系数，表征门控单元的开闭程度，0 表示门控单元完全关闭，1 表示门控单元完全开启。因此通过控制门的开闭程度就能增加或减少输入到细胞状态中的信息。

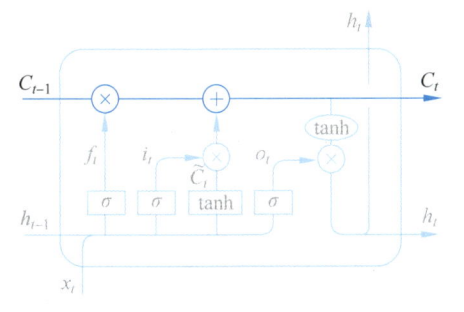

图 8.17 细胞状态的传输过程 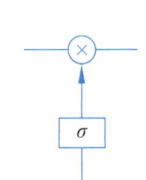　　图 8.18 门控单元的网络结构

依据 LSTM 的展开计算图，从左至右分析单个 LSTM 单元的工作流程。图 8.19 中深色部分包含一个 Sigmoid 层，该层也称为遗忘门。遗忘门的处理过程是对前一时刻的输出 h_{t-1} 和当前时刻的输入 x_t 先进行拼接操作，再通过一个线性单元，最后被 Sigmoid 函数激

活,输出区间(0,1)的系数,该系数决定了遗忘门的记忆比例。因此,遗忘门的控制函数 f_t 可以表征为

$$f_t = \sigma(\boldsymbol{W}_f \cdot [h_{t-1}, x_t] + \boldsymbol{b}_f) \tag{8-5}$$

式中,$[h_{t-1}, x_t]$ 为遗忘门的输入;$\boldsymbol{W}_f$ 为遗忘门的权重矩阵;$\boldsymbol{b}_f$ 为遗忘门的偏置向量;σ 为 Sigmoid 激活函数,其中 $\boldsymbol{W}_f$ 和 $\boldsymbol{b}_f$ 作为待定系数需要进行训练学习。

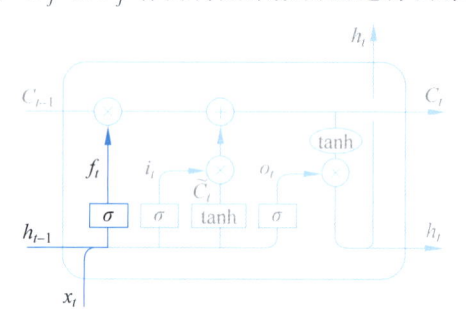

图 8.19 遗忘门的网络结构

图 8.20 中深色部分包含了一个 Sigmoid 层和一个 tanh 层。该 Sigmoid 层也称为输入门。输入门的处理过程是对前一时刻的输出 h_{t-1} 和当前时刻的输入 x_t 先进行拼接操作,再通过一个线性单元,最后被 Sigmoid 函数激活,输出区间(0,1)的系数,该系数决定了输入门的输入比例。因此,输入门的控制函数 i_t 可以表征为

$$i_t = \sigma(\boldsymbol{W}_i \cdot [h_{t-1}, x_t] + \boldsymbol{b}_i) \tag{8-6}$$

该 tanh 层与输入门类似,只是激活函数换为双曲正切函数,该层创建了一个候选细胞状态 $\widetilde{C}_t$,用于后面对细胞状态的更新,$\widetilde{C}_t$ 可以表征为

$$\widetilde{C}_t = \tanh(\boldsymbol{W}_C \cdot [h_{t-1}, x_t] + \boldsymbol{b}_C) \tag{8-7}$$

式中,$\boldsymbol{W}_i$ 和 $\boldsymbol{W}_C$ 为权值矩阵;$\boldsymbol{b}_i$ 和 $\boldsymbol{b}_C$ 为偏置向量,这 4 个参数均需要训练学习;$[h_{t-1}, x_t]$ 为输入;σ 为 Sigmoid 激活函数。

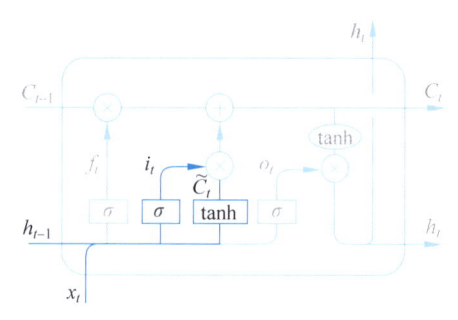

图 8.20 输入门的网络结构

在得到遗忘门和输入门的控制函数之后,就可以对细胞状态进行更新了。图 8.21 中的深色部分表示细胞状态的更新过程。首先,遗忘门的控制函数 f_t 与前一时刻的细胞状态 C_{t-1} 相乘,输入门的控制函数 i_t 与候选细胞状态 $\widetilde{C}_t$ 相乘,随后对两个乘法器的输出结果进行累加。因此,细胞状态 C_t 的更新过程可以表征为

$$C_t = f_t * C_{t-1} + i_t * \widetilde{C}_t \tag{8-8}$$

简而言之,细胞状态的更新过程会丢弃旧状态中的无用信息,引入新输入中的有用信息。

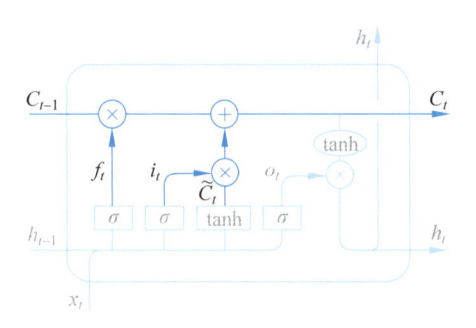

图 8.21 细胞状态的更新过程

在更新完细胞状态之后,就可以从新的细胞状态中选择有用信息进行输出。图 8.22 中深色部分包含了一个 Sigmoid 层和一个 tanh 层。该 Sigmoid 层也称为输出门。输出门的处理过程是对前一时刻的输出 h_{t-1} 和当前时刻的输入 x_t 先进行拼接操作,再通过一个线性单元,最后被 Sigmoid 函数激活,输出区间(0,1)的系数,该系数决定了输出门的输出比例。因此,输出门的控制函数 o_t 可以表征为

$$o_t = \sigma(\boldsymbol{W}_o \cdot [h_{t-1}, x_t] + \boldsymbol{b}_o) \tag{8-9}$$

该 tanh 层的输入为更新后的细胞状态 C_t,tanh 层的输出与输出门的控制函数 o_t 相乘即可得到该 LSMT 单元的输出。因此,LSMT 单元的输出 h_t 可以表征为

$$h_t = o_t * \tanh(C_t) \tag{8-10}$$

式中,$[h_{t-1}, x_t]$ 为输出门的输入;$\boldsymbol{W}_o$ 为输出门的权值矩阵;$\boldsymbol{b}_o$ 为输出门的偏置向量;σ 为 Sigmoid 激活函数,其中 $\boldsymbol{W}_o$ 和 $\boldsymbol{b}_o$ 作为待定系数需要进行训练学习。

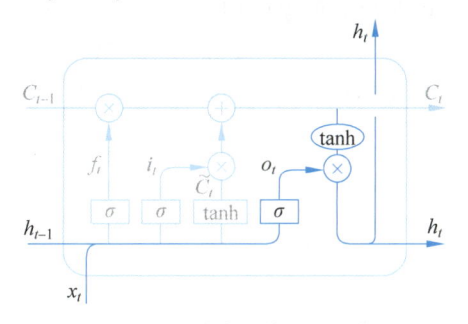

图 8.22 输出门的网络结构

8.3.2 门控循环单元

在实际应用中,一些学者对标准 LSTM 的网络单元进行了结构改造,从而形成了 LSTM 的各种变体,其中最为典型的变体为门控循环单元(Gate Recurrent Unit,GRU)。GRU 的网络结构如图 8.23 所示,其中 h_{t-1} 表示前一时刻的隐藏状态,x_t 表示当前时刻的输入信息,r_t 表示重置门,z_t 表示更新门,$\tilde{h}_t$ 表示当前候选的隐藏状态,h_t 表示当前时刻的隐藏状态,也是 GRU 的输出。GRU 的网络结构中共包含 3 个神经网络层,可以从左至右依次展开分析。

图 8.24 中的红色圆圈表示重置门,其控制前一时刻的隐藏状态信息 h_{t-1} 被写入当前时刻候选隐藏状态 $\tilde{h}_t$ 上的程度。重置门的处理过程为将前一时刻的隐藏状态 h_{t-1} 和当前

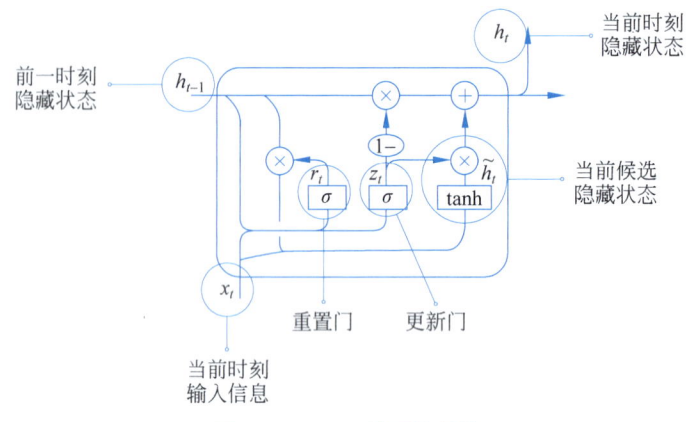

图 8.23 GRU 的网络结构

时刻的输入信息 x_t 先进行拼接操作,再通过一个线性单元,最后被 Sigmoid 函数激活,输出区间(0,1)的系数,该系数决定了重置门的重置比例。因此,重置门的控制函数 r_t 可以表征为

$$r_t = \sigma(\boldsymbol{W}_r \cdot [h_{t-1}, x_t]) \tag{8-11}$$

式中,$[h_{t-1}, x_t]$ 为重置门的输入;$\boldsymbol{W}_r$ 为重置门的权值矩阵且需要训练学习;σ 为 Sigmoid 激活函数。

图 8.25 中的红色圆圈表示更新门,其控制前一时刻的隐藏状态信息 h_{t-1} 被写入当前时刻隐藏状态 h_t 上的程度。更新门的处理过程为将前一时刻的隐藏状态 h_{t-1} 和当前时刻的输入信息 x_t 先进行拼接操作,再通过一个线性单元,最后被 Sigmoid 函数激活,输出区间(0,1)的系数,该系数决定了更新门的更新比例。因此,更新门的控制函数 z_t 可以表征为

$$z_t = \sigma(\boldsymbol{W}_z \cdot [h_{t-1}, x_t]) \tag{8-12}$$

式中,$[h_{t-1}, x_t]$ 为更新门的输入;$\boldsymbol{W}_z$ 为更新门的权值矩阵且需要训练学习;σ 为 Sigmoid 激活函数。

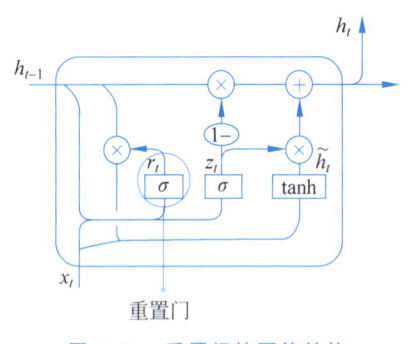

图 8.24 重置门的网络结构　　图 8.25 更新门的网络结构

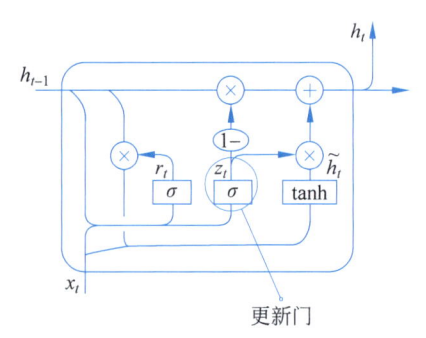

在得到重置门和更新门的控制函数之后,就可以对当前候选隐藏状态 $\widetilde{h}_t$ 和当前时刻隐藏状态 h_t 进行更新。图 8.26 中的红色圆圈表示 $\widetilde{h}_t$ 的更新过程,可以看到 $r_t * h_{t-1}$ 和当前时刻的输入信息 x_t 经过了拼接操作,再通过一个线性单元,最后被 tanh 函数激活。因此,当前候选隐藏状态 $\widetilde{h}_t$ 的更新过程可以表征为

$$\widetilde{h}_t = \tanh(\boldsymbol{W} \cdot [r_t * h_{t-1}, x_t]) \tag{8-13}$$

式中，W 为权值矩阵且需要训练学习。

图 8.26 中的蓝色圆圈表示 h_t 的更新过程，首先 $(1-z_t)$ 与前一时刻的隐藏状态 h_{t-1} 相乘，更新门的控制函数 z_t 与当前候选隐藏状态 $\widetilde{h}_t$ 相乘，随后对两个乘法器的输出结果进行叠加。因此，当前时刻隐藏状态 h_t 的更新过程可以表征为

$$h_t = (1-z_t) * h_{t-1} + z_t * \widetilde{h}_t \tag{8-14}$$

简而言之，隐藏状态的更新过程会丢弃旧状态中的无用信息，引入新输入中的有用信息。

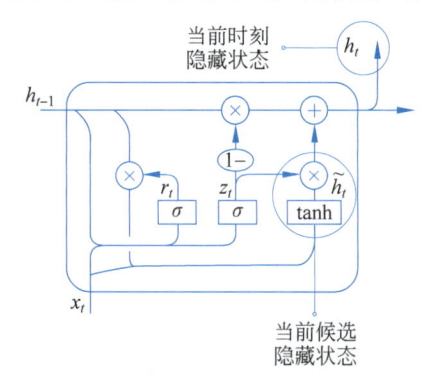

图 8.26　隐藏状态的更新过程

对比 LSTM 和 GRU 的网络结构，可以发现 LSTM 有 3 个门控单元且没有直接输出隐藏状态，而 GRU 只有 2 个门控单元且直接输出隐藏状态。因此，在模型训练过程中，GRU 的待学习参数更少且更容易收敛。

8.4　LSTM 回归应用案例

LSTM 的典型应用场景有两种，分别为回归问题和分类问题，两者的主要区别在于网络最后的输出函数不同。假定 LSTM 最后一层有 m 个神经元，每个神经元输出一个标量，m 个神经元的输出可以看作向量 $\boldsymbol{v}$，现将这 m 个神经元全部连接到一个线性神经元上，则这个神经元的输出为 $\boldsymbol{wv}+b$，是一个连续值，因而可以处理回归问题。回归应用中 LSTM 模型的输出如图 8.27 所示。

图 8.27　回归应用中 LSTM 模型的输出

8.4.1　单变量时间序列预测问题

1. 案例描述

给定 1949 年 1 月到 1960 年 12 月（总计 12 年）之间每月国际航班乘客数量（单位为千人），总共 144 条观测数据，使用该数据集建立 LSTM 模型，并对每月的国际航班乘客数量进行预测。表 8.1 列出了 1949 年的数据样本，第一行表示月份，第二行表示对应月份的国

际航班乘客数量。图 8.28 展示了国际航班乘客数据集的变化趋势,从图中可以看出,随着时间的推移,该数据集呈上升趋势,且数据集的周期性与北半球的假期周期相对应。

表 8.1 国际航班乘客数据集的部分样本

月份(t)	1	2	3	4	5	6	7	8	9	10	11	12
乘客数(x)	112	118	132	129	121	135	148	148	136	119	104	118

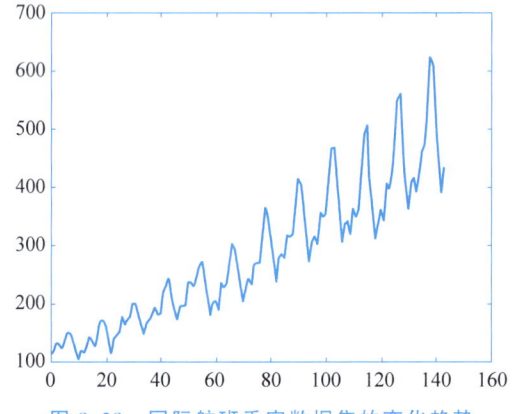

图 8.28 国际航班乘客数据集的变化趋势

2. LSTM 模型设计与实现

设计 LSTM 模型主要分为三个步骤:数据预处理、构建与训练 LSTM 模型、评价 LSTM 模型。在数据预处理的过程中,为了避免后续计算出现数值问题,且提高学习效率,首先需要对国际航班乘客数据集进行归一化处理;接下来就是划分数据集,本案例将前 67% 的样本设置为训练集,后 33% 的样本设置为测试集;最后即可生成 LSTM 模型训练所需的样本集,假定单个样本为 [X,Y],X 为模型输入,大小为时间步长×输入维度,是一个可调节的变量,Y 为模型输出,大小为 1,即为当前月份国际航班乘客数量。针对本案例,依据 X 的输入形式不同,可以分别构建单步长单维度 LSTM 模型、单步长多维度 LSTM 模型和多步长单维度 LSTM 模型。

(1) 单步长单维度 LSTM 模型。

单步长单维度 LSTM 模型的时间步长为 1、输入维度为 1,即 X 的大小为 1×1。在此输入形式下,LSTM 模型的输入 X 为前一月份的国际航班乘客数量,输出 Y 为当前月份的国际航班乘客数量,结合前面给出的部分数据集,可以列出如表 8.2 所示的输入/输出样本实例。该输入形式下 LSTM 模型的网络结构如图 8.29 所示。

表 8.2 单步长单维度 LSTM 模型的输入/输出样本实例

样 本 实 例	$X=[x_{t-1}]$	$Y=[x_t]$
1	[112]	[118]
2	[118]	[132]
3	[132]	[129]

本案例基于 Python 3.7 和 Keras 2.7.0 库实现对单步长单维度 LSTM 模型的设计,具体实现代码如下。

```
# 导入相关的函数库
```

图 8.29　单步长单维度 LSTM 模型的网络结构

```python
import numpy
import matplotlib.pyplot as plt
from pandas import read_csv
import math
from keras.models import Sequential
from keras.layers import Dense
from keras.layers import LSTM
from sklearn.preprocessing import MinMaxScaler
from sklearn.metrics import mean_squared_error
#将数组转换为数据集矩阵
def create_dataset(dataset, look_back = 1):
    dataX, dataY = [], []
    for i in range(len(dataset) - look_back - 1):
        a = dataset[i:(i + look_back), 0]
        dataX.append(a)
        dataY.append(dataset[i + look_back, 0])
    return numpy.array(dataX), numpy.array(dataY)
#为重复性实验设定随机种子
numpy.random.seed(7)
#加载国际航班乘客数据集
dataframe = read_csv('airline-passengers.csv', usecols = [1], engine = 'python')
dataset = dataframe.values
dataset = dataset.astype('float32')
#归一化数据集
scaler = MinMaxScaler(feature_range = (0, 1))
dataset = scaler.fit_transform(dataset)
#将数据集划分为训练集和测试集
train_size = int(len(dataset) * 0.67)
test_size = len(dataset) - train_size
train, test = dataset[0:train_size,:], dataset[train_size:len(dataset),:]
#设置 X 为前一月份国际航班乘客数量,Y 为当前月份国际航班乘客数量
look_back = 1
trainX, trainY = create_dataset(train, look_back)
testX, testY = create_dataset(test, look_back)
#设置 X 的大小为[样本数,时间步长,输入维度]
trainX = numpy.reshape(trainX, (trainX.shape[0], 1, trainX.shape[1]))
testX = numpy.reshape(testX, (testX.shape[0], 1, testX.shape[1]))
#设置 LSTM 模型的网络结构
model = Sequential()
model.add(LSTM(4, input_shape = (1, look_back)))
model.add(Dense(1))
#设置 LSTM 模型的训练参数
model.compile(loss = 'mean_squared_error', optimizer = 'adam')
#训练 LSTM 模型
model.fit(trainX, trainY, epochs = 100, batch_size = 1, verbose = 2)
```

```
# 使用训练好的 LSTM 模型进行预测
trainPredict = model.predict(trainX)
testPredict = model.predict(testX)
# 逆归一化实际值与预测值
trainPredict = scaler.inverse_transform(trainPredict)
trainY = scaler.inverse_transform([trainY])
testPredict = scaler.inverse_transform(testPredict)
testY = scaler.inverse_transform([testY])
# 计算实际值与预测值的均方根误差
trainScore = math.sqrt(mean_squared_error(trainY[0], trainPredict[:,0]))
print('Train Score: %.2f RMSE' % (trainScore))
testScore = math.sqrt(mean_squared_error(testY[0], testPredict[:,0]))
print('Test Score: %.2f RMSE' % (testScore))
# 为绘图设置训练集上预测值的格式
trainPredictPlot = numpy.empty_like(dataset)
trainPredictPlot[:, :] = numpy.nan
trainPredictPlot[look_back:len(trainPredict) + look_back, :] = trainPredict
# 为绘图设置测试集上预测值的格式
testPredictPlot = numpy.empty_like(dataset)
testPredictPlot[:, :] = numpy.nan
testPredictPlot[len(trainPredict) + (look_back * 2) + 1:len(dataset) - 1, :] = testPredict
# 在图中绘制实际值与预测值
plt.plot(scaler.inverse_transform(dataset))
plt.plot(trainPredictPlot)
plt.plot(testPredictPlot)
plt.show()
```

(2) 单步长多维度 LSTM 模型。

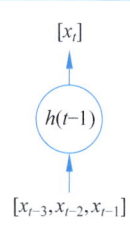

单步长多维度 LSTM 模型的时间步长为 1、输入维度为多维，本案例设置输入维度为 3，即 X 的大小为 1×3。在此输入形式下，LSTM 模型的输入 X 为由前三个月份国际航班乘客数量组成的行向量，输出 Y 为当前月份的国际航班乘客数量，结合前面给出的部分数据集，可以列出如表 8.3 所示的输入/输出样本实例。该输入形式下 LSTM 模型的网络结构如图 8.30 所示。

表 8.3 单步长多维度 LSTM 模型的输入/输出样本实例

样本实例	$X=[x_{t-3},x_{t-2},x_{t-1}]$	$Y=[x_t]$
1	[112,118,132]	129
2	[118,132,129]	121
3	[132,129,121]	135

本案例基于 Python 3.7 和 Keras 2.7.0 库实现对单步长多维度 LSTM 模型的设计，具体实现代码如下。

```
# 导入相关的函数库
import numpy
import matplotlib.pyplot as plt
from pandas import read_csv
import math
from keras.models import Sequential
from keras.layers import Dense
from keras.layers import LSTM
```

图 8.30 单步长多维度 LSTM 模型的网络结构

```python
from sklearn.preprocessing import MinMaxScaler
from sklearn.metrics import mean_squared_error
# 将数组转换为数据集矩阵
def create_dataset(dataset, look_back = 1):
    dataX, dataY = [], []
    for i in range(len(dataset) - look_back - 1):
        a = dataset[i:(i + look_back), 0]
        dataX.append(a)
        dataY.append(dataset[i + look_back, 0])
    return numpy.array(dataX), numpy.array(dataY)
# 为重复性实验设定随机种子
numpy.random.seed(7)
# 加载国际航班乘客数据集
dataframe = read_csv('airline - passengers.csv', usecols = [1], engine = 'python')
dataset = dataframe.values
dataset = dataset.astype('float32')
# 归一化数据集
scaler = MinMaxScaler(feature_range = (0, 1))
dataset = scaler.fit_transform(dataset)
# 将数据集划分为训练集和测试集
train_size = int(len(dataset) * 0.67)
test_size = len(dataset) - train_size
train, test = dataset[0:train_size, :], dataset[train_size:len(dataset), :]
# 设置 X 为前三个月份国际航班乘客数量组成的行向量,Y 为当前月份国际航班乘客数量
look_back = 3
trainX, trainY = create_dataset(train, look_back)
testX, testY = create_dataset(test, look_back)
# 设置 X 的大小为[样本数,时间步长,输入维度]
trainX = numpy.reshape(trainX, (trainX.shape[0], 1, trainX.shape[1]))
testX = numpy.reshape(testX, (testX.shape[0], 1, testX.shape[1]))
# 设置 LSTM 模型的网络结构
model = Sequential()
model.add(LSTM(4, input_shape = (1, look_back)))
model.add(Dense(1))
# 设置 LSTM 模型的训练参数
model.compile(loss = 'mean_squared_error', optimizer = 'adam')
# 训练 LSTM 模型
model.fit(trainX, trainY, epochs = 100, batch_size = 1, verbose = 2)
# 使用训练好的 LSTM 模型进行预测
trainPredict = model.predict(trainX)
testPredict = model.predict(testX)
# 逆归一化实际值与预测值
trainPredict = scaler.inverse_transform(trainPredict)
trainY = scaler.inverse_transform([trainY])
testPredict = scaler.inverse_transform(testPredict)
testY = scaler.inverse_transform([testY])
# 计算实际值与预测值的均方根误差
trainScore = math.sqrt(mean_squared_error(trainY[0], trainPredict[:,0]))
print('Train Score: %.2f RMSE' % (trainScore))
testScore = math.sqrt(mean_squared_error(testY[0], testPredict[:,0]))
print('Test Score: %.2f RMSE' % (testScore))
# 为绘图设置训练集上预测值的格式
trainPredictPlot = numpy.empty_like(dataset)
trainPredictPlot[:, :] = numpy.nan
```

```
trainPredictPlot[look_back:len(trainPredict) + look_back, :] = trainPredict
♯为绘图设置测试集上预测值的格式
testPredictPlot = numpy.empty_like(dataset)
testPredictPlot[:, :] = numpy.nan
testPredictPlot[len(trainPredict) + (look_back * 2) + 1:len(dataset) − 1, :] = testPredict
♯在图中绘制实际值与预测值
plt.plot(scaler.inverse_transform(dataset))
plt.plot(trainPredictPlot)
plt.plot(testPredictPlot)
plt.show()
```

(3) 多步长单维度 LSTM 模型。

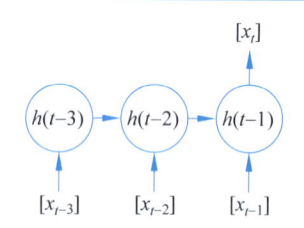

多步长单维度 LSTM 模型的时间步长为多步、输入维度为 1，本案例设置时间步长为 3，即 X 的大小为 3×1。在此输入形式下，LSTM 模型的输入 X 为由前三个月份国际航班乘客数量组成的列向量，输出 Y 为当前月份的国际航班乘客数量，结合前面给出的部分数据集，可以列出如表 8.4 所示的输入/输出样本实例。该输入形式下 LSTM 模型的网络结构如图 8.31 所示。

表 8.4 多步长单维度 LSTM 模型的输入/输出样本实例

样 本 实 例	$X = [x_{t-3}; x_{t-2}; x_{t-1}]$	$Y = [x_t]$
1	[112;118;132]	129
2	[118;132;129]	121
3	[132;129;121]	135

本案例基于 Python 3.7 和 Keras 2.7.0 库实现对多步长单维度 LSTM 模型的设计，具体实现代码如下。

图 8.31 多步长单维度 LSTM 模型的网络结构

```
♯导入相关的函数库
import numpy
import matplotlib.pyplot as plt
from pandas import read_csv
import math
from keras.models import Sequential
from keras.layers import Dense
from keras.layers import LSTM
from sklearn.preprocessing import MinMaxScaler
from sklearn.metrics import mean_squared_error
♯将数组转换为数据集矩阵
def create_dataset(dataset, look_back = 1):
    dataX, dataY = [], []
    for i in range(len(dataset) − look_back − 1):
        a = dataset[i:(i + look_back), 0]
        dataX.append(a)
        dataY.append(dataset[i + look_back, 0])
    return numpy.array(dataX), numpy.array(dataY)
♯为重复性实验设定随机种子
numpy.random.seed(7)
♯加载国际航班乘客数据集
dataframe = read_csv('airline − passengers.csv', usecols = [1], engine = 'python')
dataset = dataframe.values
dataset = dataset.astype('float32')
♯归一化数据集
```

```python
scaler = MinMaxScaler(feature_range=(0, 1))
dataset = scaler.fit_transform(dataset)
#将数据集划分为训练集和测试集
train_size = int(len(dataset) * 0.67)
test_size = len(dataset) - train_size
train, test = dataset[0:train_size,:], dataset[train_size:len(dataset),:]
#设置X为前三个月份国际航班乘客数量组成的列向量,Y为当前月份国际航班乘客数量
look_back = 3
trainX, trainY = create_dataset(train, look_back)
testX, testY = create_dataset(test, look_back)
#设置X的大小为[样本数,时间步长,输入维度]
trainX = numpy.reshape(trainX, (trainX.shape[0], trainX.shape[1], 1))
testX = numpy.reshape(testX, (testX.shape[0], testX.shape[1], 1))
#设置LSTM模型的网络结构
model = Sequential()
model.add(LSTM(4, input_shape=(look_back, 1)))
model.add(Dense(1))
#设置LSTM模型的训练参数
model.compile(loss='mean_squared_error', optimizer='adam')
#训练LSTM模型
model.fit(trainX, trainY, epochs=100, batch_size=1, verbose=2)
#使用训练好的LSTM模型进行预测
trainPredict = model.predict(trainX)
testPredict = model.predict(testX)
#逆归一化实际值与预测值
trainPredict = scaler.inverse_transform(trainPredict)
trainY = scaler.inverse_transform([trainY])
testPredict = scaler.inverse_transform(testPredict)
testY = scaler.inverse_transform([testY])
#计算实际值与预测值的均方根误差
trainScore = math.sqrt(mean_squared_error(trainY[0], trainPredict[:,0]))
print('Train Score: %.2f RMSE' % (trainScore))
testScore = math.sqrt(mean_squared_error(testY[0], testPredict[:,0]))
print('Test Score: %.2f RMSE' % (testScore))
#为绘图设置训练集上预测值的格式
trainPredictPlot = numpy.empty_like(dataset)
trainPredictPlot[:, :] = numpy.nan
trainPredictPlot[look_back:len(trainPredict)+look_back, :] = trainPredict
#为绘图设置测试集上预测值的格式
testPredictPlot = numpy.empty_like(dataset)
testPredictPlot[:, :] = numpy.nan
testPredictPlot[len(trainPredict)+(look_back*2)+1:len(dataset)-1, :] = testPredict
#在图中绘制实际值与预测值
plt.plot(scaler.inverse_transform(dataset))
plt.plot(trainPredictPlot)
plt.plot(testPredictPlot)
plt.show()
```

3. 实验结果与分析

运行以上程序,可以分别绘制出单步长单维度 LSTM 模型、单步长多维度 LSTM 模型和多步长单维度 LSTM 模型的预测曲线,结果如图 8.32 所示。从图 8.32 中可以看出,LSTM 模型的预测值与实际值具有相同的变化趋势,但是随着时间的推移,预测值与实际值之间的误差在增大。与此同时,对以上三个模型在训练集与测试集上的均方根误差进行

计算，结果如表 8.5 所示。从表 8.5 中可以看出，单步长单维度 LSTM 模型在训练集与测试集上的均方根误差均最小，其性能最优。对比以上三个 LSTM 模型可知，通过增加时间步长或输入维度可以引入更多的历史信息，但是增加历史信息的输入不一定能够有效地提高模型的预测精度，有时反而会加大模型的复杂度。因此，针对不同的案例，应该通过实验的方法去选择合适的时间步长或输入维度。

表 8.5　LSTM 模型在训练集与测试集上的均方根误差

模　　型	训练集上的均方根误差	测试集上的均方根误差
单步长单维度 LSTM 模型	22.93	47.53
单步长多维度 LSTM 模型	24.19	58.03
多步长单维度 LSTM 模型	23.69	58.88

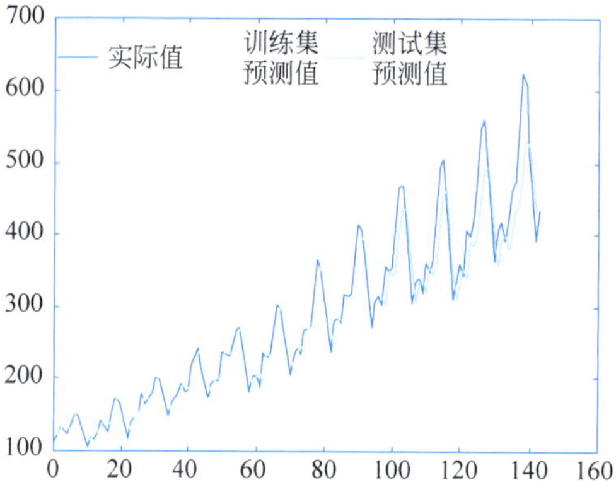

(a) 单步长单维度

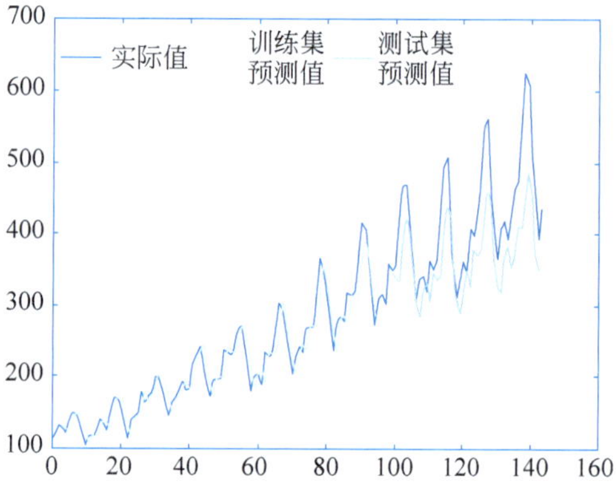

(b) 单步长多维度

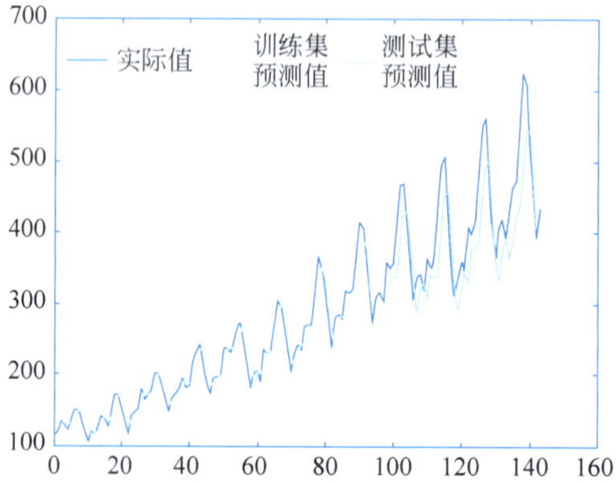

(c) 多步长单维度

图 8.32　LSTM 模型的预测曲线

8.4.2　多变量时间序列预测问题

1. 案例描述

给定 2010 年至 2014 年共 5 年间美国驻北京大使馆每小时采集的气象信息，使用该数据集建立 LSTM 模型，并对每小时的空气污染指数进行预测。表 8.6 列出了该数据集的部分样本，从表中可以看出，该数据集包括 PM2.5、露点、温度、大气压、风向、风速、累计雪量、累计雨量共 8 个参数，其中 PM2.5 为空气污染指数，即待预测变量。为了方便后续描述，可用符号 var1～var8 分别表示这 8 个参数。图 8.33 展示了美国驻北京大使馆气象信息数据集的变化趋势,从图中可以看出,该数据集呈周期性的变化规律。

表 8.6　美国驻北京大使馆气象信息数据集的部分样本

时间	PM2.5 var1	露点 var2	温度 var3	大气压 var4	风向 var5	风速 var6	累计雪量 var7	累计雨量 var8
2010/1/2 0:00	129	−16	−4	1020	SE	1.79	0	0
2010/1/2 1:00	148	−15	−4	1020	SE	2.68	0	0
2010/1/2 2:00	159	−11	−5	1021	SE	3.57	0	0
2010/1/2 3:00	181	−7	−5	1022	SE	5.36	1	0
2010/1/2 4:00	138	−7	−5	1022	SE	6.25	2	0
2010/1/2 5:00	109	−7	−6	1022	SE	7.14	3	0

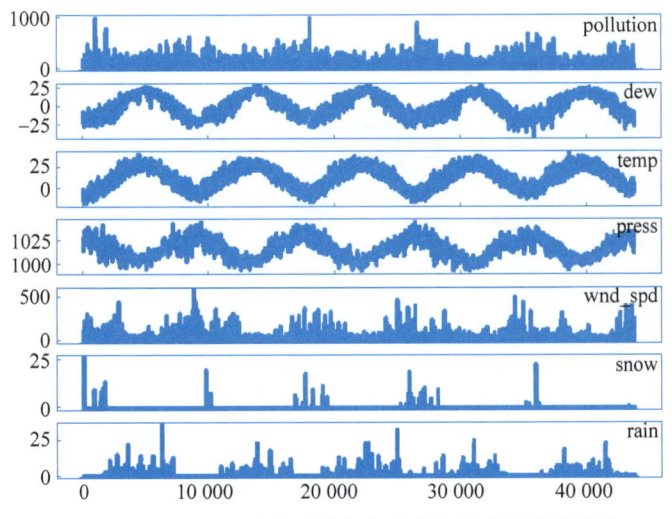

图 8.33　美国驻北京大使馆气象信息数据集的变化趋势

2. LSTM 模型设计与实现

设计 LSTM 模型主要分为三步:数据预处理、构建与训练 LSTM 模型、评价 LSTM 模型。在数据预处理的过程中,为了避免后续计算出现数值问题,且提高学习效率,首先需要对气象信息数据集进行归一化处理,由于风向属于非数值变量,因此需要对其进行编码,本案例采用较为简单的整型编码;接下来就是划分数据集,本案例将前一年的样本设置为训练集,后三年的样本设置为测试集;最后即可生成 LSTM 模型训练所需的样本集,假定单个样本为 $[X,Y]$,X 为模型输入,大小为时间步长×输入维度,是一个可调节的变量,Y 为模型输出,大小为 1,即为当前时刻空气污染指数。针对本案例,依据 X 的输入形式不同,可以分别构建单步长多维度 LSTM 模型和多步长多维度 LSTM 模型。

(1) 单步长多维度 LSTM 模型。

单步长多维度 LSTM 模型的时间步长为 1、输入维度为多维,本案例设置输入维度为 8,即 X 的大小为 1×8。在此输入形式下,LSTM 模型的输入 X 为前一小时 8 个气象参数组成的行向量,输出 Y 为当前时刻的空气污染指数,结合前面给出的部分数据集,可以列出如表 8.7 所示的输入/输出样本实例。该输入形式下 LSTM 模型的网络结构如图 8.34

所示。

表 8.7 单步长多维度 LSTM 模型的输入/输出样本实例

样 本 实 例	$X=[\text{var1}_{t-1},\cdots,\text{var8}_{t-1}]$	$Y=[\text{var1}_t]$
1	$[129,-16,-4,1024,\text{SE},1.79,0,0]$	148
2	$[148,-15,-4,1024,\text{SE},2.68,0,0]$	159
3	$[159,-11,-5,1021,\text{SE},3.57,0,0]$	181

本案例基于 Python 3.7 和 Keras 2.7.0 库实现对单步长多维度 LSTM 模型的设计,具体实现代码如下。

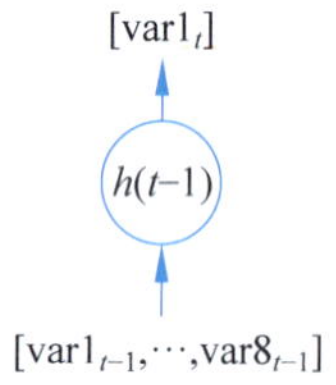

```
#导入相关的函数库
from math import sqrt
from numpy import concatenate
from matplotlib import pyplot
from pandas import read_csv
from pandas import DataFrame
from pandas import concat
from sklearn.preprocessing import MinMaxScaler
from sklearn.preprocessing import LabelEncoder
from sklearn.metrics import mean_squared_error
from keras.models import Sequential
from keras.layers import Dense
from keras.layers import LSTM

#将时间序列转换为有监督学习样本集
def series_to_supervised(data, n_in = 1, n_out = 1, dropnan = True):
    n_vars = 1 if type(data) is list else data.shape[1]
    df = DataFrame(data)
    cols, names = list(), list()
    #输入的时间序列 (t-n, ...,t-1)
    for i in range(n_in, 0, -1):
        cols.append(df.shift(i))
        names += [('var%d(t-%d)' % (j+1, i)) for j in range(n_vars)]
    #预测的时间序列 (t, t+1, ...,t+n)
    for i in range(0, n_out):
        cols.append(df.shift(-i))
        if i == 0:
            names += [('var%d(t)' % (j+1)) for j in range(n_vars)]
        else:
            names += [('var%d(t+%d)' % (j+1, i)) for j in range(n_vars)]
    #将输入时间序列和预测时间序列进行拼接
    agg = concat(cols, axis = 1)
    agg.columns = names
    #删除带有 NaN 值的行
    if dropnan:
        agg.dropna(inplace = True)
    return agg

#加载美国驻北京大使馆气象信息数据集
dataset = read_csv('pollution.csv', header = 0, index_col = 0)
values = dataset.values
#将风向进行整型编码
```

图 8.34 单步长多维度 LSTM 模型的网络结构

```python
encoder = LabelEncoder()
values[:,4] = encoder.fit_transform(values[:,4])
#将所有数据转换为浮点型
values = values.astype('float32')
#归一化数据集
scaler = MinMaxScaler(feature_range = (0, 1))
scaled = scaler.fit_transform(values)
#设置X为前一小时8个气象参数组成的行向量,Y为当前时刻的空气污染指数
reframed = series_to_supervised(scaled, 1, 1)
#删除不想预测的气象参数,只保留PM2.5
reframed.drop(reframed.columns[[9,10,11,12,13,14,15]], axis = 1, inplace = True)
print(reframed.head())

#将数据集划分为训练集和测试集
values = reframed.values
n_train_hours = 365 * 24
train = values[:n_train_hours, :]
test = values[n_train_hours:, :]
#将数据集划分为输入X和输出Y
train_X, train_y = train[:, :-1], train[:, -1]
test_X, test_y = test[:, :-1], test[:, -1]
#设置X的大小为[样本数,时间步长,输入维度]
train_X = train_X.reshape((train_X.shape[0], 1, train_X.shape[1]))
test_X = test_X.reshape((test_X.shape[0], 1, test_X.shape[1]))
print(train_X.shape, train_y.shape, test_X.shape, test_y.shape)

#设置LSTM模型的网络结构
model = Sequential()
model.add(LSTM(50, input_shape = (train_X.shape[1], train_X.shape[2])))
model.add(Dense(1))
#设置LSTM模型的训练参数
model.compile(loss = 'mae', optimizer = 'adam')
#训练LSTM模型
history = model.fit(train_X, train_y, epochs = 50, batch_size = 72, validation_data = (test_X, test_y), verbose = 2, shuffle = False)
#绘制LSTM模型在训练时的迭代误差曲线
pyplot.plot(history.history['loss'], label = 'train')
pyplot.plot(history.history['val_loss'], label = 'test')
pyplot.legend()
pyplot.show()

#使用训练好的LSTM模型进行预测
yhat = model.predict(test_X)
test_X = test_X.reshape((test_X.shape[0], test_X.shape[2]))
#逆归一化预测值
inv_yhat = concatenate((yhat, test_X[:, 1:]), axis = 1)
inv_yhat = scaler.inverse_transform(inv_yhat)
inv_yhat = inv_yhat[:,0]
#逆归一化实际值
test_y = test_y.reshape((len(test_y), 1))
inv_y = concatenate((test_y, test_X[:, 1:]), axis = 1)
inv_y = scaler.inverse_transform(inv_y)
inv_y = inv_y[:,0]
#计算实际值与预测值的均方根误差
```

```
rmse = sqrt(mean_squared_error(inv_y, inv_yhat))
print('Test RMSE: %.3f' % rmse)
```

（2）多步长多维度 LSTM 模型。

多步长多维度 LSTM 模型的时间步长为多步、输入维度为多维，本案例设置时间步长为 3、输入维度为 8，即 **X** 的大小为 3×8。在此输入形式下，LSTM 模型的输入 **X** 为前三小时 8 个气象参数组成的矩阵，输出 **Y** 为当前时刻的空气污染指数，结合前面给出的部分数据集，可以列出如表 8.8 所示的输入/输出样本实例。该输入形式下 LSTM 模型的网络结构如图 8.35 所示。

表 8.8　多步长多维度 LSTM 模型的输入/输出样本实例

样本实例	$X=[\text{var}1_{t-1},\cdots,\text{var}8_{t-1}]$	$Y=[\text{var}1_t]$
1	[129,−16,−4,1024,SE,1.79,0,0; 148,−15,−4,1024,SE,2.68,0,0; 159,−11,−5,1021,SE,3.57,0,0]	181
2	[148,−15,−4,1024,SE,2.68,0,0; 159,−11,−5,1021,SE,3.57,0,0; 181,−7,−5,1022,SE,5.36,1,0]	138
3	[159, 11,−5,1021,SE,3.57,0,0; 181,−7,−5,1022,SE,5.36,1,0; 138,−7,−5,1022,SE,6.25,2,0]	109

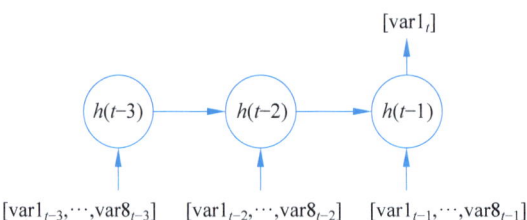

图 8.35　多步长多维度 LSTM 模型的网络结构

本案例基于 Python 3.7 和 Keras 2.7.0 库实现对多步长多维度 LSTM 模型的设计，具体实现代码如下。

```
#导入相关的函数库
from math import sqrt
from numpy import concatenate
from matplotlib import pyplot
from pandas import read_csv
from pandas import DataFrame
from pandas import concat
from sklearn.preprocessing import MinMaxScaler
from sklearn.preprocessing import LabelEncoder
from sklearn.metrics import mean_squared_error
from keras.models import Sequential
from keras.layers import Dense
from keras.layers import LSTM

#将时间序列转化为有监督学习样本集
def series_to_supervised(data, n_in = 1, n_out = 1, dropnan = True):
    n_vars = 1 if type(data) is list else data.shape[1]
    df = DataFrame(data)
```

```python
    cols, names = list(), list()
    #输入的时间序列 (t-n, ...,t-1)
    for i in range(n_in, 0, -1):
        cols.append(df.shift(i))
        names += [('var%d(t-%d)' % (j+1, i)) for j in range(n_vars)]
    #预测的时间序列 (t, t+1, ...,t+n)
    for i in range(0, n_out):
        cols.append(df.shift(-i))
        if i == 0:
            names += [('var%d(t)' % (j+1)) for j in range(n_vars)]
        else:
            names += [('var%d(t+%d)' % (j+1, i)) for j in range(n_vars)]
    #将输入时间序列和预测时间序列进行拼接
    agg = concat(cols, axis=1)
    agg.columns = names
    #删除带有NaN值的行
    if dropnan:
        agg.dropna(inplace=True)
    return agg

#加载美国驻北京大使馆气象信息数据集
dataset = read_csv('pollution.csv', header=0, index_col=0)
values = dataset.values
#将风向进行整型编码
encoder = LabelEncoder()
values[:,4] = encoder.fit_transform(values[:,4])
#将所有数据转换为浮点型
values = values.astype('float32')
#归一化数据集
scaler = MinMaxScaler(feature_range=(0, 1))
scaled = scaler.fit_transform(values)
#设置LSTM模型的时间步长和输入维度
n_hours = 3
n_features = 8
#设置X为前三小时8个气象参数组成的矩阵,Y为当前时刻的空气污染指数
reframed = series_to_supervised(scaled, n_hours, 1)
print(reframed.shape)

#将数据集划分为训练集和测试集
values = reframed.values
n_train_hours = 365 * 24
train = values[:n_train_hours, :]
test = values[n_train_hours:, :]
#将数据集划分为输入X和输出Y
n_obs = n_hours * n_features
train_X, train_y = train[:, :n_obs], train[:, -n_features]
test_X, test_y = test[:, :n_obs], test[:, -n_features]
print(train_X.shape, len(train_X), train_y.shape)
#设置X的大小为[样本数,时间步长,输入维度]
train_X = train_X.reshape((train_X.shape[0], n_hours, n_features))
test_X = test_X.reshape((test_X.shape[0], n_hours, n_features))
```

```
print(train_X.shape, train_y.shape, test_X.shape, test_y.shape)

#设置 LSTM 模型的网络结构
model = Sequential()
model.add(LSTM(50, input_shape = (train_X.shape[1], train_X.shape[2])))
model.add(Dense(1))
#设置 LSTM 模型的训练参数
model.compile(loss = 'mae', optimizer = 'adam')
#训练 LSTM 模型
history = model.fit(train_X, train_y, epochs = 50, batch_size = 72, validation_data = (test_X,
test_y), verbose = 2, shuffle = False)
#绘制 LSTM 模型在训练时的迭代误差曲线
pyplot.plot(history.history['loss'], label = 'train')
pyplot.plot(history.history['val_loss'], label = 'test')
pyplot.legend()
pyplot.show()

#使用训练好的 LSTM 模型进行预测
yhat = model.predict(test_X)
test_X = test_X.reshape((test_X.shape[0], n_hours * n_features))
#逆归一化预测值
inv_yhat = concatenate((yhat, test_X[:, -7:]), axis = 1)
inv_yhat = scaler.inverse_transform(inv_yhat)
inv_yhat = inv_yhat[:,0]
#逆归一化实际值
test_y = test_y.reshape((len(test_y), 1))
inv_y = concatenate((test_y, test_X[:, -7:]), axis = 1)
inv_y = scaler.inverse_transform(inv_y)
inv_y = inv_y[:,0]
#计算实际值与预测值的均方根误差
rmse = sqrt(mean_squared_error(inv_y, inv_yhat))
print('Test RMSE: %.3f' % rmse)
```

3. 实验结果与分析

运行以上程序,可以分别绘制出单步长多维度 LSTM 模型和多步长多维度 LSTM 模型的迭代误差曲线,结果如图 8.36 所示。从图 8.36 可以看出,经过 50 次迭代训练,单步长多维度 LSTM 模型在测试集上的误差小于其在训练集上的误差,相较于多步长多维度 LSTM 模型,单步长多维度 LSTM 模型具有更强的泛化能力。与此同时,对以上 2 个模型在测试集上的均方根误差进行计算,结果如表 8.9 所示。从表 8.9 中可以看出,单步长多维度 LSTM 模型在测试集上的均方根误差最小,其性能最优。对比以上 2 个 LSTM 模型可知,通过增加时间步长可以引入更多的历史信息,但是增加历史信息的输入不一定能够有效地提高模型的预测精度,有时反而会加大模型的复杂度。因此,针对不同的案例,应该通过实验的方法去选择合适的时间步长。

表 8.9　LSTM 模型在测试集上的均方根误差

模　　型	测试集上的均方根误差
单步长多维度 LSTM 模型	26.496
多步长多维度 LSTM 模型	27.177

图 8.36 (a) 单步长多维度 (b) 多步长多维度 LSTM 模型的迭代误差曲线

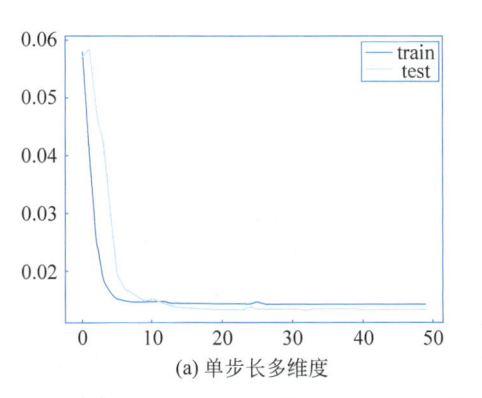

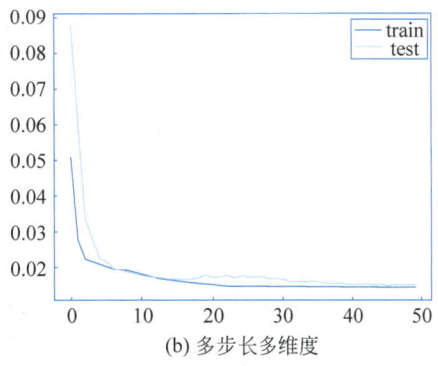

8.5 LSTM 分类应用案例

假定 LSTM 最后一层有 m 个神经元,每个神经元输出一个标量,m 个神经元的输出可以看作向量 $\boldsymbol{v}$,现将这 m 个神经元全部连接到 N 个线性神经元上,则有 N 组 w、b 值不同的 $w\boldsymbol{v}+b$,最后可以通过归一化函数(例如 softmax)输出 N 个类上的概率 $\boldsymbol{p}$,该输出是一个离散值,因而可以处理分类问题。分类应用中 LSTM 模型的输出如图 8.37 所示。

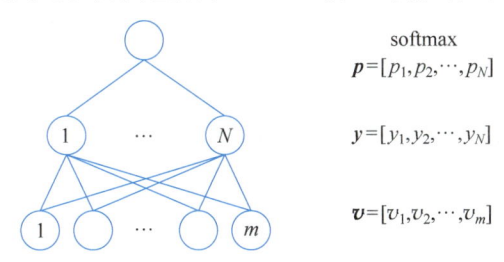

图 8.37 分类应用中 LSTM 模型的输出

8.5.1 图像识别问题

1. 案例描述

MNIST 数据集来自美国国家标准与技术研究院,一共统计了来自 250 个不同的人的手写数字图像,其中 50% 是高中生,50% 是人口普查局的工作人员。该数据集分为训练集和测试集两部分,其中训练集包含 60 000 张图像及其对应的标签,测试集包含 10 000 张图像及其对应的标签。图 8.38 给出了该数据集的部分样本,其中同一行的手写数字来自同一人,每个手写数字均由 28×28 的像素点构成。针对 MNIST 手写数字数据集,建立 LSTM 模型对 0~9 的手写数字进行识别。

2. LSTM 模型设计与实现

设计 LSTM 模型主要分为三个步骤:数据预处理、构建与训练 LSTM 模型、评价 LSTM 模型。在数据预处理的过程中,为了避免后续计算出现数值问题,且提高学习效率,首先需要对 MNIST 数据集进行归一化处理,对于输入的数字图像除以最大灰度值 255 即可,对于输出的图像标签则需要进行独热编码,用 1×10 的行向量表示 0~9 中的 10 个数字

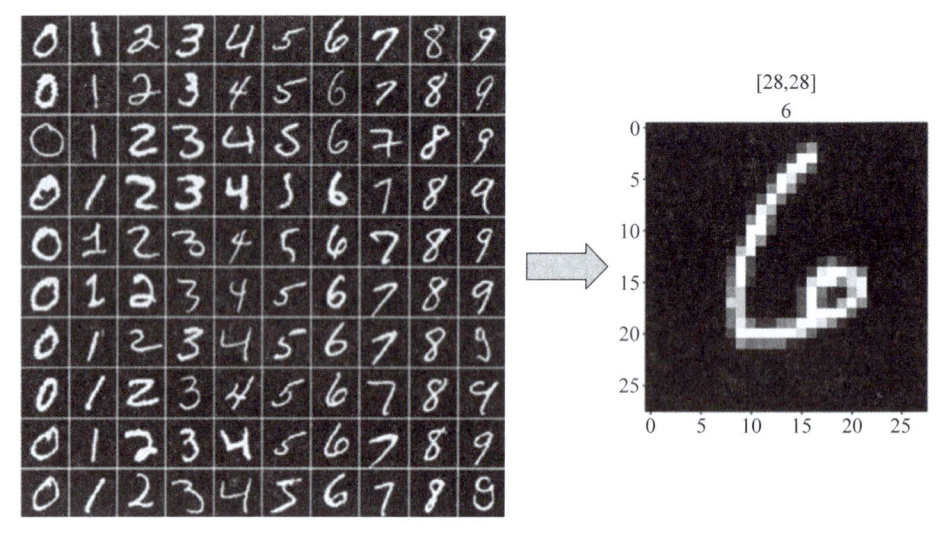

图 8.38 MNIST 数据集的部分样本

标签,向量的非零索引即为该向量对应的数字标签,例如[0,0,0,0,0,0,1,0,0,0]表示数字"6";接下来就是划分数据集,本案例采用 MNIST 数据集的原始划分方式,即训练集包含 60 000 张图像及其对应的标签,测试集包含 10 000 张图像及其对应的标签;最后即可生成 LSTM 模型训练所需的样本集,假定单个样本为[X,Y],X 为模型输入,大小为时间步长×输入维度,即为当前输入的图像,Y 为模型输出,大小为 1×10,即为当前输入图像对应的数字标签。针对本案例,依据 X 的输入形式不同,可以分别构建原始图像尺寸下多步长多维度 LSTM 模型和扩充背景像素下多步长多维度 LSTM 模型。

(1) 原始图像尺寸下多步长多维度 LSTM 模型。

原始图像尺寸下多步长多维度 LSTM 模型的时间步长与输入维度均为 28,即 X 的大小为 28×28,共计 784 个像素点。在此输入形式下,LSTM 模型的输入 X 为由当前输入图像所有行向量组成的矩阵,输出 Y 为当前输入图像对应的数字标签。该输入形式下 LSTM 模型的网络结构如图 8.39 所示,从图中可以看出,可以将图像的每一行视为一个时间步,例如 x_{t-27} 表示图像首行的行向量,x_t 表示图像末行的行向量,则输入一个完整图像需要 28 个时间步,每个时间步的输入维度为 28,即每个时间步又输入 28 个像素点。

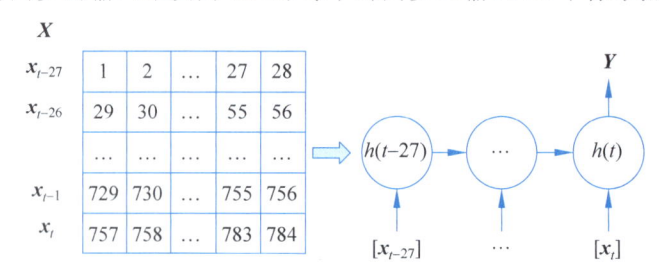

图 8.39 原始图像尺寸下多步长多维度 LSTM 模型的网络结构

本案例基于 Python 3.7 和 Keras 2.7.0 库实现对原始图像尺寸下多步长多维度 LSTM 模型的设计,具体实现代码如下。

```
# 导入相关的函数库
from keras.datasets import mnist
```

```python
from keras.utils import np_utils
from keras import Sequential
from keras.layers import LSTM,Dense, Activation
from keras import optimizers
#加载 MNIST 手写数字数据集
(x_train, y_train), (x_test, y_test) = mnist.load_data()
print('x_train.shape:',x_train.shape)
print('x_test.shape:',x_test.shape)
#设置 LSTM 模型的时间步长
n_step = 28
#设置 LSTM 模型的输入维度
n_input = 28
#设置 LSTM 模型的分类类别数
n_classes = 10
#设置 X 的大小为[样本数,时间步长,输入维度]
x_train = x_train.reshape(-1, n_step, n_input)
x_test = x_test.reshape(-1, n_step, n_input)
#将 X 转化为浮点型
x_train = x_train.astype('float32')
x_test = x_test.astype('float32')
#将 X 进行归一化
x_train /= 255
x_test /= 255
#将标签 Y(0~9)进行独热编码
y_train = np_utils.to_categorical(y_train, n_classes)
y_test = np_utils.to_categorical(y_test, n_classes)
#设置 LSTM 模型的网络结构
model = Sequential()
model.add(LSTM(32, return_sequences = True, input_shape = (28,28)))
model.add(LSTM(32, return_sequences = True))
model.add(LSTM(32))
model.add(Dense(units = n_classes, activation = 'softmax'))
model.summary()
#设置 LSTM 模型的训练参数
model.compile(loss = 'mean_squared_error',optimizer = 'adam',metrics = ['accuracy'])
#训练 LSTM 模型
model.fit(x_train, y_train, epochs = 10, batch_size = 28, verbose = 2, validation_data = (x_test, y_test))
#使用测试集对训练好的 LSTM 模型进行评估
score = model.evaluate(x_test, y_test, batch_size = 28, verbose = 2)
print('loss:',score[0])
print('acc:',score[1])
```

(2) 扩充背景像素下多步长多维度 LSTM 模型。

为了探究背景像素对 LSTM 模型识别性能的影响,本案例在原始图像的右侧增加了 28×14 大小的黑色背景像素。扩充背景像素下多步长多维度 LSTM 模型的时间步长为 28、输入维度为 42,即 $\boldsymbol{X}$ 的大小为 28×42,共计 1176 个像素点。在此输入形式下,LSTM 模型的输入 $\boldsymbol{X}$ 为当前输入图像所有行向量组成的矩阵,输出 $\boldsymbol{Y}$ 为当前输入图像对应的数字标签。该输入形式下 LSTM 模型的网络结构如图 8.40 所示,从图中可以看出,可以将图像的每一行视为一个时间步,例如 $\boldsymbol{x}_{t-27}$ 表示图像首行的行向量,$\boldsymbol{x}_t$ 表示图像末行的行向量,则输入一个完整图像需要 28 个时间步,每个时间步的输入维度为 42,即每个时间步又输入

42个像素点。

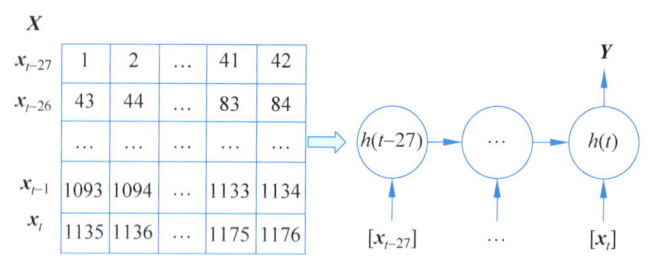

图 8.40　扩充背景像素下多步长多维度 LSTM 模型的网络结构

本案例基于 Python 3.7 和 Keras 2.7.0 库实现对扩充背景像素下多步长多维度 LSTM 模型的设计,具体实现代码如下。

```
#导入相关的函数库
from keras.datasets import mnist
from keras.utils import np_utils
from keras import Sequential
from keras.layers import LSTM,Dense,Activation
from keras import optimizers
import numpy as np
#加载 MNIST 手写数字数据集
(x_train, y_train), (x_test, y_test) = mnist.load_data()
print('x_train.shape:',x_train.shape)
print('x_test.shape:',x_test.shape)
#设置 LSTM 模型的时间步长
n_step = 28
#设置 LSTM 模型的输入维度
n_input = 28
#设置 LSTM 模型的分类类别数
n_classes = 10
#设置 X 的大小为[样本数,时间步长,输入维度]
x_train = x_train.reshape(-1, n_step, n_input)
x_test = x_test.reshape(-1, n_step, n_input)
#扩充 X 的输入维度,即在图像的行向量后补充 14 个黑色背景像素
x_trian_background = np.zeros((x_train.shape[0],28,14))
x_test_background = np.zeros((x_test.shape[0],28,14))
x_train = np.concatenate((x_train,x_trian_background),axis = 2)
x_test = np.concatenate((x_test,x_test_background),axis = 2)
print('x_train.shape:',x_train.shape)
print('x_test.shape:',x_test.shape)
#将 X 转换为浮点型
x_train = x_train.astype('float32')
x_test = x_test.astype('float32')
#将 X 进行归一化
x_train /= 255
x_test /= 255
#将标签 Y(0~9)进行独热编码
y_train = np_utils.to_categorical(y_train, n_classes)
y_test = np_utils.to_categorical(y_test, n_classes)
#设置 LSTM 模型的网络结构
model = Sequential()
model.add(LSTM(32, return_sequences = True, input_shape = (28,42)))
```

```
model.add(LSTM(32, return_sequences = True))
model.add(LSTM(32))
model.add(Dense(units = n_classes, activation = 'softmax'))
model.summary()
# 设置 LSTM 模型的训练参数
model.compile(loss = 'mean_squared_error',optimizer = 'adam',metrics = ['accuracy'])
# 训练 LSTM 模型
model.fit(x_train, y_train, epochs = 10, batch_size = 28, verbose = 2, validation_data =
(x_test, y_test))
# 使用测试集对训练好的 LSTM 模型进行评估
score = model.evaluate(x_test, y_test, batch_size = 28, verbose = 2)
print('loss:',score[0])
print('acc:',score[1])
```

3. 实验结果与分析

运行以上程序,可以分别绘制出原始图像尺寸下多步长多维度 LSTM 模型和扩充背景像素下多步长多维度 LSTM 模型的网络参数图,结果如图 8.41 所示。从图 8.41 中可以看出,相较于原始图像尺寸下多步长多维度 LSTM 模型,扩充背景像素下多步长多维度 LSTM 模型的第一个 LSTM 层需要训练的参数数量更多,其他层次需要训练的参数数量相同,这主要是因为以上 2 个模型的差异仅在于图像的输入维度。与此同时,对以上 2 个模型在训练集与测试集上的识别准确率进行计算,结果如表 8.10 所示。从表 8.10 中可以看出,以上 2 个模型在测试集上的识别准确率均大于 98% 且接近其在训练集上的识别准确率,表明两者均具有较强的泛化能力,并且以上 2 个模型的识别准确率无显著差异,表明在本案例中增加背景像素基本不会影响 LSTM 模型的识别性能。

```
Layer (type)                 Output Shape              Param #
=================================================================
lstm (LSTM)                  (None, 28, 32)            7808
lstm_1 (LSTM)                (None, 28, 32)            8320
lstm_2 (LSTM)                (None, 32)                8320
dense (Dense)                (None, 10)                330
=================================================================
Total params: 24,778
Trainable params: 24,778
Non-trainable params: 0
```

```
Layer (type)                 Output Shape              Param #
=================================================================
lstm (LSTM)                  (None, 28, 32)            9600
lstm_1 (LSTM)                (None, 28, 32)            8320
lstm_2 (LSTM)                (None, 32)                8320
dense (Dense)                (None, 10)                330
=================================================================
Total params: 26,570
Trainable params: 26,570
Non-trainable params: 0
```

(a) 原始图像尺寸　　　　　　　　　　　　(b) 扩充背景像素

图 8.41　多步长多维度 LSTM 模型的网络参数图

表 8.10　LSTM 模型在训练集与测试集上的识别准确率

模　　型	训练集上的识别准确率	测试集上的识别准确率
原始图像尺寸下多步长多维度 LSTM 模型	98.75%	98.66%
扩充背景像素下多步长多维度 LSTM 模型	98.81%	98.55%

8.5.2　文本分类问题

1. 案例描述

IMDB 数据集包含来自互联网电影数据库的 50 000 条严重两极分化的影评,分为训练集和测试集两部分,训练集和测试集各包含 25 000 条影评,且在各自数据集中正面影评与负面影评均占 50%。表 8.11 给出了该数据集的部分样本,影评为英文文本序列,对应的类别标签分为正面评论与负面评论。针对 IMDB 影评数据集,建立 LSTM 模型对电影的正面评论与负面评论进行分类。

表 8.11 IMDB 影评数据集的部分样本

影 评	类 别
This movie is incredible. If you have the chance, watch it.	正面评论
This was one of the best movies I have seen.	正面评论
This is really a new low in entertainment.	负面评论
This film was choppy, incoherent and contrived.	负面评论

2. LSTM 模型设计与实现

设计 LSTM 模型主要分为 3 个步骤:数据预处理、构建与训练 LSTM 模型、评价 LSTM 模型。在数据预处理的过程中,首先需要对 IMDB 数据集中的文本序列进行编码,本案例将数据集中出现频次最高的 5000 个单词进行整型编码,分别对应数值 1~5000,数值越低频次越高,并使用 0 编码其他低频单词。为了保证 LSTM 模型的输入具有相同的时间步长,本案例中设置文本序列的输入长度为 500,当输入影评长度大于 500 时截取前 500 个单词,当输入影评长度小于 500 时左侧补"0"至 500 个单词。编码后的文本序列还需要向量化才能输入 LSTM 模型,本案例采用词嵌入的方法实现文本序列向量化,设置词向量的长度为 32。与此同时,还需对影评的类别标签进行编码,本案例中用 0 表示负面评论,用 1 表示正面评论。接下来就是划分数据集,本案例采用 IMDB 数据集原始划分方式,即训练集与测试集各包含 25 000 条影评及其对应的类别标签。最后即可生成 LSTM 模型训练所需的样本集,假定单个样本为 $[\boldsymbol{X},\boldsymbol{Y}]$,$\boldsymbol{X}$ 为模型输入,大小为时间步长×输入维度,即为当前输入的影评,本案例中时间步长为文本序列的输入长度,输入维度为词向量的长度,$\boldsymbol{Y}$ 为模型输出,大小为 1,即为当前输入影评对应的类别标签。针对本案例,为了探究 Dropout 对模型泛化性能的影响,可以分别构建无 Dropout 的多步长多维度 LSTM 模型和有 Dropout 的多步长多维度 LSTM 模型。

(1) 无 Dropout 的多步长多维度 LSTM 模型。

无 Dropout 的多步长多维度 LSTM 模型的时间步长为 500、输入维度为 32,即 $\boldsymbol{X}$ 的大小为 500×32。在此输入形式下,LSTM 模型的输入 $\boldsymbol{X}$ 为当前输入影评所有词向量组成的矩阵,输出 $\boldsymbol{Y}$ 为当前输入影评对应的类别标签。该输入形式下 LSTM 模型的网络结构如图 8.42 所示,从图中可以看出,可以将影评中每个单词对应的词向量视为一个时间步,例如 $x_{t=499}$ 表示影评首词对应的词向量,x_t 表示影评末词对应的词向量,则输入一个完整影评需要 500 个时间步,每个时间步的输入为词向量的长度(值为 32)。

本案例基于 Python 3.7 和 Keras 2.7.0 库实现对无 Dropout 的多步长多维度 LSTM 模型的设计,具体实现代码如下。

```
# 导入相关的函数库
import numpy
from keras.datasets import imdb
from keras.models import Sequential
from keras.layers import Dense
```

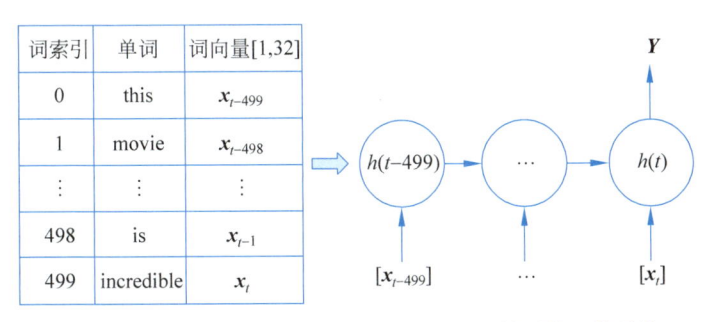

图 8.42　无 Dropout 的多步长多维度 LSTM 模型的网络结构

```
from keras.layers import LSTM
from keras.layers.embeddings import Embedding
from keras.preprocessing import sequence
#为重复性实验设定随机种子
numpy.random.seed(7)
#加载 IMDB 数据集,并对文本序列中前 5000 的高频单词进行 1～5000 整型编码,其他低频单词用 0
#编码
top_words = 5000
(X_train, y_train), (X_test, y_test) = imdb.load_data(num_words = top_words)
#截断或填充文本序列至 500 长度
max_review_length = 500
X_train = sequence.pad_sequences(X_train, maxlen = max_review_length)
X_test = sequence.pad_sequences(X_test, maxlen = max_review_length)
#设置词向量的长度为 32
embedding_vector_length = 32
#设置 LSTM 模型的网络结构
model = Sequential()
model.add(Embedding(top_words, embedding_vector_length, input_length = max_review_length))
model.add(LSTM(100))
model.add(Dense(1, activation = 'sigmoid'))
#设置 LSTM 模型的训练参数
model.compile(loss = 'binary_crossentropy', optimizer = 'adam', metrics = ['accuracy'])
print(model.summary())
#训练 LSTM 模型
model.fit(X_train, y_train, epochs = 3, batch_size = 64)
#使用测试集对训练好的 LSTM 模型进行评估
scores = model.evaluate(X_test, y_test, verbose = 0)
print("Accuracy: %.2f%%" % (scores[1] * 100))
```

(2) 有 Dropout 的多步长多维度 LSTM 模型。

Dropout 是一种优化深度神经网络训练过程的方法,该方法在网络的每个训练批次中,通过随机忽略一定比例的隐含层节点来减少节点间的相互作用,可以明显地减少网络的过拟合现象,进而提高网络的泛化能力。为了探究 Dropout 对模型泛化性能的影响,构建了有 Dropout 的多步长多维度 LSTM 模型,该模型的输入/输出与无 Dropout 的多步长多维度 LSTM 模型完全一致,只在前者的网络结构中增加了 Dropout 层。

本案例基于 Python 3.7 和 Keras 2.7.0 库实现对有 Dropout 的多步长多维度 LSTM 模型的设计,具体实现代码如下。

```
#导入相关的函数库
import numpy
```

```python
from keras.datasets import imdb
from keras.models import Sequential
from keras.layers import Dense
from keras.layers import LSTM
from keras.layers import Dropout
from keras.layers.embeddings import Embedding
from keras.preprocessing import sequence
#为重复性实验设定随机种子
numpy.random.seed(7)
#加载 IMDB 数据集,并对文本序列中前 5000 的高频单词进行 1~5000 整型编码,其他低频单词用 0
#编码
top_words = 5000
(X_train, y_train), (X_test, y_test) = imdb.load_data(num_words = top_words)
#截断或填充文本序列至 500 长度
max_review_length = 500
X_train = sequence.pad_sequences(X_train, maxlen = max_review_length)
X_test = sequence.pad_sequences(X_test, maxlen = max_review_length)
#设置词向量的长度为 32
embedding_vector_length = 32
#设置 LSTM 模型的网络结构,分别在 Embedding 层与 LSTM 层、LSTM 层与 Dense 层之间增加 Dropout 层
model = Sequential()
model.add(Embedding(top_words, embedding_vector_length, input_length = max_review_length))
model.add(Dropout(0.2))
model.add(LSTM(100))
model.add(Dropout(0.2))
model.add(Dense(1, activation = 'sigmoid'))
#设置 LSTM 模型的训练参数
model.compile(loss = 'binary_crossentropy', optimizer = 'adam', metrics = ['accuracy'])
print(model.summary())
#训练 LSTM 模型
model.fit(X_train, y_train, epochs = 3, batch_size = 64)
#使用测试集对训练好的 LSTM 模型进行评估
scores = model.evaluate(X_test, y_test, verbose = 0)
print("Accuracy: %.2f%%" % (scores[1] * 100))
```

3. 实验结果与分析

运行以上程序,可以分别输出无 Dropout 和有 Dropout 的多步长多维度 LSTM 模型在训练集与测试集上的分类准确率,结果如表 8.12 所示。从表 8.12 中可以看出,无 Dropout 的多步长多维度 LSTM 模型在测试集上的分类准确率显著低于训练集,表明其泛化能力较弱;有 Dropout 的多步长多维度 LSTM 模型在测试集上的分类准确率显著高于训练集,表明其泛化能力较强,但是该模型的分类准确率显著低于无 Dropout 的多步长多维度 LSTM 模型,这表明可能需要更多轮次的迭代训练来提高模型性能。

表 8.12　LSTM 模型在训练集与测试集上的分类准确率

模　　型	训练集上的分类准确率	测试集上的分类准确率
无 Dropout 的多步长多维度 LSTM 模型	90.19%	86.79%
有 Dropout 的多步长多维度 LSTM 模型	83.65%	85.56%

本章习题

1. 请简述循环神经网络的应用对象和模型优势。
2. 请简述循环神经网络的四种设计模式并列举各设计模式下的应用案例。
3. 请绘制双向循环神经网络的计算图并简述其工作原理。
4. 请简述长短时记忆网络与门控循环单元在网络结构上的区别。
5. 编程题：基于双向长短时记忆网络对 IMDB 数据集中的正面与负面影评进行分类。

第9章 人工神经网络设计开发平台
CHAPTER 9

9.1 MATLAB 与 Simulink 基础

9.1.1 MATLAB 运行环境

将 MATLAB 安装到相应的硬盘上之后,就可以通过桌面快捷方式或者 MATLAB.exe 应用程序启动 MATLAB,编译和运行 MATLAB 环境。

MATLAB 环境包含了大量的交互性工作界面,以 MATLAB R2022a 为例,MATLAB 的工作界面主要由菜单工具栏、当前目录窗口(Current Directory)、工作区窗口(Workspace)、历史命令窗口(Command History)和命令行窗口(Command Window)组成,如图 9.1 所示。

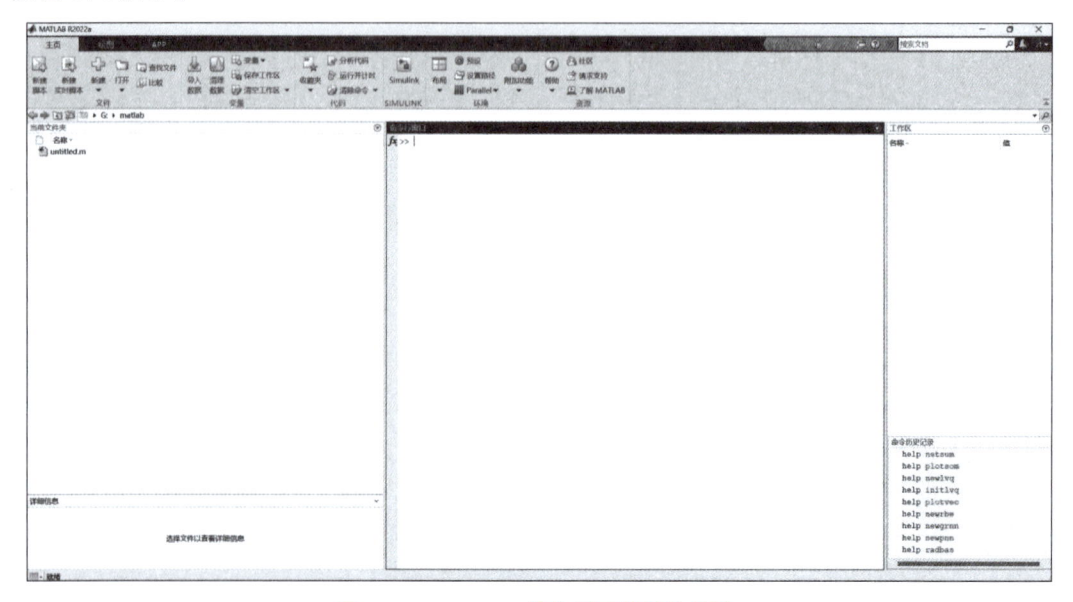

图 9.1 MATLAB 操作界面的默认外观

命令行窗口:该窗口是 MATLAB 操作界面非常重要的窗口,也是用户进行各种操作的主要窗口。用户可以在此输入各种指令、函数和表达式等命令语句,同时,所有操作和运算结果也会在该窗口中出现(图形结果会单独显示)。

历史命令窗口：在默认情况下，该命令窗口出现在 MATLAB 操作界面的右下方。历史命令窗口用于记录已经在命令行窗口输入过的表达式、命令和函数，此窗口记录这些信息方便用户回忆之前的操作，当需要再次输入这些命令时，可以直接在历史命令窗口中找到并单击执行，方便用户操作。

工作区窗口：在默认情况下，该命令窗口出现在 MATLAB 操作界面的右上方。工作区是 MATLAB 的重要组成部分，工作区窗口显示当前内存中所有的 MATLAB 变量的变量名、数据结构、字节数以及数据类型等信息。在 MATLAB 中不同的变量类型对应不同的变量名图标，在命令行窗口中运行的所有命令都共享一个相同的工作区，所以它们共享所有的变量。在工作区窗口中，用鼠标双击所选变量则进入数组编辑器（Array Editor），此时用户可以对变量的内容、维数等进行修改。在工作区选择某变量后，再单击鼠标右键可以完成对该变量的复制、重命名和删除等操作，甚至可以完成基于该变量的曲线或曲面绘制工作。

当前目录窗口：在默认情况下，该命令窗口出现在 MATLAB 操作界面的左侧。在这个窗口中，可以设置当前目录，展示目录中的 m 文件或者 mat 文件等。

9.1.2 Simulink 仿真环境

Simulink 是美国 Mathworks 公司推出的 MATLAB 中的一种可视化仿真工具。Simulink 是一个模块图环境，用于多域仿真以及基于模型的设计。它支持系统设计、仿真、自动代码生成以及嵌入式系统的连续测试和验证。Simulink 提供图形编辑器、可自定义的模块库以及求解器，能够进行动态系统建模和仿真。Simulink 与 MATLAB 相集成，不仅能够在 Simulink 中将 MATLAB 算法融入模型，还能将仿真结果导出至 MATLAB 做进一步分析。

Simulink 是一个复杂的应用系统，可以用连续采样时间、离散采样时间或两种混合的采样时间进行建模，它也支持多速率系统，也就是系统中的不同部分具有不同的采样速率。Simulink 提供了一个图形用户接口，用户只需要单击和拖动鼠标就能构造出复杂的仿真模型，这使得创建动态系统模型方块图更加快捷。Simulink 仿真模型既可以让用户了解系统内部具体环节的动态细节，又可以让用户清晰地知道各系统组件、各子系统、各系统之间的信息交换，并且用户还可以立即查看系统的仿真结果。在 Simulink 环境中，不仅可以观察到现实世界中摩擦、风阻等非线性或者随机因素对系统行为的影响，而且可以在仿真过程中改变需要研究的参数数值来观察系统行为的变化。

Simulink 是用于动态系统和嵌入式系统的多领域仿真和基于模型的设计工具。针对各种时变系统，例如通信、控制、神经网络、信号处理、视频处理和图像处理系统，Simulink 都能提供交互式图形化环境和可定制模块库来对其进行设计、仿真、执行和测试。用户可以直接在 Simulink 环境中运行所需工具包，工具包涉及通信、控制、信号、电力等各个领域，涵盖的内容也比较广泛和专业。合理地使用这些工具包中的内容，就可以创建出各种复杂的仿真模型，实现各种复杂的功能。Simulink 具有适应面广、结构和流程清晰及仿真精细、贴近实际、效率高、灵活等优点，因此 Simulink 已被广泛应用于控制理论和数字信号处理的复杂仿真和设计。

启动 Simulink 有两种方式。第一种方式是在 MATLAB 命令行窗口中输入 simulink，运行结果是在桌面上出现一个名为 Simulink Library Browser 的窗口，在这个窗口中列出了各种不同功能的模块，当然用户也可以通过 MATLAB 主窗口的快捷按钮来打开 Simulink Library Browser 窗口。第二种方式是在 MATLAB 命令行窗口中输入 simulink3，运行结果是在桌面上出现一个以图标形式显示的 Library：simulink3 的 Simulink 模块库窗口。两种模块库窗口界面只是显示形式不同，用户可以根据个人喜好进行选用，一般来说第二种窗口更直观、形象，更适用于初学者，但使用时会打开过多的子窗口。

9.1.3 MATLAB 设计基础

要利用 MATLAB 软件进行神经网络的仿真实验，需掌握 MATLAB 的基础知识，包括 MATLAB 语言的数据结构、MATLAB 程序设计的基本原则等内容。

1. MATLAB 语言的数据结构

1) 变量的命名、查询与存储

MATLAB 的程序或会话中，用变量存储值时，变量的命名规则为：①变量名需以字母开头，后面可以跟字母、数字和下画线；②变量名的长度是有限制的，通过内置函数 namelengthmax 可以获得变量名的最大长度；③变量名区分字母的大小写；④一些特定的词（保留字）不能用作变量名，并且在命名变量时，应尽量选择有实际意义的变量名。除此之外，在 MATLAB 中变量名无须提前定义，可直接利用赋值语句对变量进行定义与赋值，已定义的变量会显示于 MATLAB 的工作区窗口。赋值语句格式为

```
Variablename = expression
```

要注意在变量赋值语句中，变量始终在左边，紧接着是赋值操作符"=",最后是表达式。在 MATLAB 中，变量赋值语句结尾不加入分号时，命令窗格中将自动显示输出结果；若不想在屏幕上输出结果，可在语句结尾加入分号。如果语句很长，可用续行符"…"续行。

查询当前工作空间中的变量通常用 who 或者 whos 命令，其中 who 用于查询工作空间中的所有变量，whos 用于查看工作空间中变量的详细属性。

存储当前工作空间中的变量通常有以下三种方法。

(1) "save"：将所有变量存入文件 matlab.mat。

(2) "save mydata"或"save mydata.mat"：将所有变量存入指定文件 mydata.mat。

(3) "save filename var1 var2"：将变量 var1 和 var2 存入指定的文件 filename.mat。

读取文件中的变量通常有以下两种方法。

(1) "load mydata"：载入数据文件 mydata.mat 中的所有变量。

(2) "load mydata ax"：从数据文件 mydata.mat 中提取指定变量 ax。

清除当前工作空间中变量通常有以下两种方法。

(1) "clear"：清除当前工作空间中的所有变量。

(2) "cleara x"：清除指定的变量 x。

2) 数据类型

在 MATLAB 中，每个变量都与数据类型相关，对于数值而言，MATLAB 中包含整型数、单精度与双精度三种类型，除此以外，MATLAB 还有字符和字符串、数值、结构体等数据类型，每一种类型可以是一维、二维或多维的。本小节主要介绍常用的整型数、单精度、双

精度与字符型。

对于整数而言,整型数可被区分为多个不同长度(例如,int8,int16,int32),不同长度的整型数占用的存储比特位数不同,名称中数字越大,所占用的存储比特位数越多。例如,类型 int8 用 7 个比特位来存储整数的具体数值,用 1 个比特位来存储该数值的符号,这意味着能存储的最大数字是 2^7-1 或 127。int8 所能存储的值的范围实际上是 $-128\sim+127$。

单精度(single)和双精度(double)类型可用于存储浮点数、实数或其他带小数点的数字,其中双精度类型存储的数字比单精度的大。

字符类型用于存储单个字符或字符串,在定义或赋值时,不论单个字符还是字符串都需用单引号括起来,字符串由顺序的字符组成(如'eat'),其中的每一个字符都是该字符串变量中的一个元素。

2. MATLAB 程序设计的基本原则

在写任何计算机程序之前,先概括出必要的步骤是非常有用的。在利用 MATLAB 进行程序设计时,应采用自顶向下的模块化设计方法,解决问题可先分为几个单独的步骤,然后对每个单独的步骤进行细化,直到细化成可管理的足够小的任务。MATLAB 程序设计需遵循以下几项原则。

(1) 要善于利用"%"来对程序进行有效注解与描述,保障程序可读性。
(2) 在程序最前端要利用 clear 命令清除当前工作空间中的变量,避免其他变量对程序运行产生影响。
(3) 参数变量定义与赋值要在程序开始的部分,这样便于程序维护。
(4) 充分利用 MATLAB 工具箱提供的指令执行要进行的运算。
(5) 设置好 MATLAB 的工作路径,以便程序运行。

MATLAB 中的程序通常由以下几个部分组成。
(1) %:程序说明。
(2) clear 清除命令:清除当前工作空间的变量和图形。
(3) 定义变量:包括全局变量声明与局部变量的设定。
(4) 逐行执行指令:包括自定义命令、自定义函数、MATLAB 工具箱函数及各类循环控制指令。
(5) 输出结果或绘制图像。

9.2 MATLAB 神经网络工具箱函数介绍

MATLAB 神经网络工具箱中涵盖了大量的函数用来构建各种神经网络,例如感知器神经网络、线性神经网络、BP 神经网络、自组织竞争神经网络及学习向量量化神经网络等,因此用户能够更快速便捷地应用所需神经网络来解决现实问题。本节主要介绍通用的神经网络工具箱函数及其使用方法。

9.2.1 感知器神经网络

感知器神经网络函数如表 9.1 所示。

表 9.1　感知器神经网络函数

类　　型	函 数 名 称	用　　途
创建函数	newp()	创建感知器网络
激活函数	hardlim()	输出范围为{0,1}的硬限幅激活函数
	hardlims()	输出范围为{-1,1}的对称硬限幅激活函数
初始化函数	init()	初始化神经网络
训练函数	trainb()	权值和阈值学习规则的批量训练函数
	trains()	具有学习函数的顺序递增训练函数
	train()	神经网络训练函数
	adapt()	网络自适应训练函数
学习函数	learnp()	感知器学习函数
	learnpn()	标准感知器学习函数

1）感知器创建函数 newp()

感知器用于解决线性可分离的分类问题，MATLAB 中可利用 newp 函数创建感知器神经网络，该函数调用格式如式(9-1)所示。

$$\text{net} = \text{newp}(p, t, tf, lf) \tag{9-1}$$

式中，p 为样本输入向量矩阵；t 为样本输出向量矩阵；tf 为网络的激活函数，该项激活函数默认为"hardlim"；lf 为网络的学习函数，该项学习函数默认为"learnp"；net 为生成的感知器神经网络。

2）激活函数 hardlim() 与 hardlims()

hardlim 将函数的输入与 0 作比较，从而得到其相应的输出，其判断原理如式(9-2)所示，由式(9-2)可知，当输入大于或等于 0 时，hardlim 函数输出为 1；否则，函数输出为 0。

$$\text{sgn} = \begin{cases} 1 & (x \geqslant 0) \\ 0 & (x < 0) \end{cases} \tag{9-2}$$

函数的使用格式如下所示。

a = hardlim(N)

其中，N 为函数的输入向量；a 为函数的输出。

激活函数 hardlims 与 hardlim 极为相似，也通过判断输入向量各分量与 0 的大小关系，得到其对应的输出向量，判断原理如式(9-3)所示，调用格式与 hardlim 相同，因此不再赘述。

$$\text{sgn} = \begin{cases} 1 & (x \geqslant 0) \\ -1 & (x < 0) \end{cases} \tag{9-3}$$

3）初始化函数 init()

函数 init()用于对一个已存在的神经网络进行权值和阈值的初始化，在初始化时，init 函数根据网络参数值 net.initParam 调用 net.initFcn 对权值和阈值进行赋值。函数的使用格式如下所示。

net = init(net0)

其中，net0 为初始化前的神经网络；net 为初始化后的神经网络。

4）训练函数 train()

函数 train()是一种通用的训练函数，它根据网络的学习算法 net.trainFcn 和网络的训练参数 net.trainParam 来训练网络。train()函数的使用格式如下所示。

[net,tr] = train(net0,X,T,Xi,Ai,EW)

其中,net0 是训练前的网络;X 为训练样本的输入向量矩阵;T 为训练样本的输出向量矩阵;Xi 为初始输入延时,默认值为 0;Ai 为初始的层延时,默认值为 0;EW 为误差权值;net 为训练后的网络,tr 为训练时间。

5) 训练函数 trains()

trains()函数通过连续的更新,训练一个有权值和模糊学习规则的网络。这种增量训练算法通常用于自适应应用程序。它通过将 net.trainFcn 调整为 'trains',然后调用 train 函数来实现应用。

6) 训练函数 trainb()

trainb()通过批量更新训练一个带有阈值和模糊学习规则的网络。在输入数据的整个传递过程结束时,权值和阈值会根据 trainb 设置的 net.trainParam 训练参数进行更新。通过将 net.trainFcn 调整为 'trainb',然后调用 train 函数即可实现 trainb 的应用。

7) 训练函数 adapt()

adapt()函数是一种自适应训练函数,在每一个输入时间阶段更新网络时仿真网络,且在进行下一个输入的仿真前完成。函数的使用格式为

[net1,Y,E,Pf,Af] = adapt(net,P,T,Pi,Ai)

其中,net 和 net1 为训练前、后的网络;P 为输入向量矩阵;T 为目标向量;Pi 为初始输入延时,默认值为 0;Ai 为初始的层延时,默认值为 0;E 为网络的误差;Pf 为最终输入延时;Af 为最终的层延时。

8) 感知器学习函数 learnp()

感知器学习函数 learnp()依据感知器神经网络的学习规则来调整网络的权值和阈值,使网络的平均绝对误差达到最小。函数的使用格式为

[dW,db] = learnp(P,E)

其中,P 为输入向量矩阵;E 为误差向量(E=T−Y,T 为网络的目标向量,Y 为网络的输出向量);dW 和 db 分别为权值变化阵和阈值变化阵。

9) 标准感知器学习函数 learnpn()

标准感知器学习函数 learnpn()是为了消除学习训练时间对奇异样本的敏感性而在感知器神经网络基础上提出的一种学习规则,当输入向量幅值变化很大时,它可以比 learnnp() 函数更快地学习。函数的使用格式和函数 learnp()相同。

9.2.2 线性神经网络

线性神经网络是由一个或者多个线性神经元组成的简单神经网络,该网络与感知器的主要区别在于:感知器的激活函数只能输出两种可能值,而线性神经网络可依据神经元的线性激活函数得到任意值作为网络的输出。线性神经网络采用 Widrow-Hoff 学习规则(最小均方规则),即最小均方(Least Mean Square,LMS)算法来调整网络的权值和阈值。

在 MATLAB 工作空间的命令行中输入 help linnet,可看到工具箱为线性神经网络提供的相关函数。表 9.2 列出了线性神经网络函数。

表 9.2　线性神经网络函数

类　　型	函数名称	用　　途
创建函数	newlind()	设计一个线性神经网络
	newlin()	新建一个线性神经网络
激活函数	purelin()	线性激活函数
初始化函数	initwb()	神经网络某一层的权值和阈值初始化函数
	initlay()	神经网络某一层的初始化函数
训练函数	trainwh()	神经网络的权值和阈值训练函数
学习函数	learnwh()	Widrow-Hoff 的学习函数

1) 线性层设计函数 newlind()

线性层设计函数 newlind()用于设计一个线性神经网络,该函数通过输入向量和目标输出向量来计算线性层的权值和阈值。函数的使用格式如下:

net = newlind(P,T)

其中,P 为输入向量矩阵;T 为目标输出向量矩阵;net 为函数返回设计完成的线性神经网络。

2) 线性层新建函数 newlin()

函数 newlin()用于新建一个线性神经网络,该函数的使用格式如下:

net = newlin(P,S,Id,lr)

其中,P 为 R×Q 的矩阵,P 中包含 Q 个典型输入向量,向量的维数为 R;S 为输出向量的维数;Id 为输出延时向量,默认值为 0;lr 为学习率,默认值为 0.01;net 为生成的线性神经网络。

3) 线性激活函数 purelin()

线性激活函数 purelin()是一个斜率为 1 的线性函数,该函数将神经元的输入同神经元的阈值相加,得到对应的输出。线性激活函数常用于由 Widrow-Hoff 或 BP 准则来训练的神经网络中。该函数的调用格式如下:

A = purelin(P)

其中,函数 purelin(P)返回网络输入向量 P 对应的输出矩阵 A,一般情况下,输出矩阵 A 可直接用网络输入向量 P 代替,即输出 A 等于输入 P。

4) 权值和阈值初始化函数 initwb()

权值和阈值初始化函数 initwb()用于对一个已存在的神经网络的某个神经层的权值和阈值进行初始化。函数的调用格式如下:

net = initwb(net0,i)

其中,net0 为初始化前的网络;i 表示第 i 层;net 为第 i 层的权值和阈值初始化后的网络。

5) 层初始化函数 initlay()

层初始化函数 initlay()用于对一个已存在的神经网络逐层进行初始化。函数的使用格式如下:

net = initlay(net0)

其中,net0 为初始化前的网络;net 为初始化后的网络。

6) 线性神经网络训练函数 trainwh()

线性神经网络训练函数 trainwh() 利用 Widrow-Hoff 学习规则对线性层的权值进行训练，根据产生的误差向量调整权值和误差。函数的使用格式如下：

[W,b,ep,er] = trainwh(W0,b0,P,T,tp)

其中，W0 和 W 分别为网络训练前、后的权值；b0 和 b 分别为网络训练前、后的阈值；P 为输入向量矩阵；T 为目标向量；tp 包含训练所用到的四个控制参数，分别决定了训练过程的显示频率、最大的训练次数、误差指标和学习率；ep 为训练步数；er 为训练后的网络误差。

7) 线性神经网络学习函数 learnwh()

线性神经网络学习函数 learnwh() 是一种 Widrow-Hoff 权值/偏差学习函数，也被称为 LMS 规则函数，learnwh() 使用格式如下：

[dW,db] = learnwh(P,E,lr)

其中，P 为输入向量矩阵；E 为误差向量（E=T−Y，其中 T 为目标向量，Y 为输出向量）；dW 为权值变化阵；db 为阈值变化阵；lr 为学习率（$0 < lr \leq 1$）。

9.2.3 BP 神经网络

MATLAB 神经网络工具箱中提供了大量的与 BP 神经网络相关的工具箱函数。在 MATLAB 工作空间的命令行中输入"help BP 神经网络函数名"，便可得到相关的函数帮助。表 9.3 列出了 BP 神经网络函数。

表 9.3　BP 神经网络函数

类　型	函　数　名	功　　能
网络设计函数	feedforwardnet()	新建前馈 BP 神经网络函数
	newfftd()	新建前馈输入延时 BP 神经网络函数
	cascadeforwardnet()	新建前向级联的传播 BP 神经网络函数
激活函数	tagsig()	双曲正切 S 型激活函数
	purelin()	线性激活函数
	logsig()	对数 S 型激活函数
初始化函数	init()	BP 神经网络初始化函数
训练函数	trainb()	BP 算法前向网络训练函数
	trainlm()	Levenberg-Marguardt 规则前向网络训练函数
仿真及分析函数	sim()	BP 神经网络仿真函数
	mse()	均方误差性能函数
	sumsqr()	计算元素平方和函数
	errsurf()	计算误差平方和函数
绘图函数	plotes()	绘制误差曲面图
	plotep()	在误差曲面图上绘制权值和阈值的位置

1. 网络设计函数

1) 前馈 BP 神经网络创建函数 feedforwardnet()

函数 feedforwardnet() 用于建立一个前馈神经网络，使用格式为

```
net = feedforwardnet(hiddenSizes,trainFcn)
```

其中,hiddenSizes 为含一个或多个隐含层节点数的行向量,默认值为一层包含 10 个隐藏节点,则 hiddenSizes 为[10]。例如,指定一个具有 3 层隐含层的网络,其中隐含层节点数分别为 10,8,5,则 hiddenSizes 为[10,8,5]。trainFcn 为训练函数,默认为"trainlm"。

2) 前馈输入延时 BP 神经网络创建函数 newfftd()

函数 newfftd()用于建立一个前馈输入延时 BP 神经网络,使用格式为

```
net = newfftd(P,T,ID,[S1 … S(N-1)],{TF1 … TFN},BTF,BLF,PF,IPF,OPF,DDF)
```

其中,P 为输入向量的最小值和最大值组成的矩阵,它表示了输入向量各分量的取值范围;T 为输出向量;ID 为输入延迟向量,默认为"[0 1]";[S1 … S(N-1)]为网络隐含层神经元的个数;TF 为网络隐含层和输出层的激活函数,隐含层激活函数默认为"tansig",输出层激活函数默认为"purelin";BTF 为反向传播网络训练函数,默认为"trainlm";BLF 为反向传播网络权值学习函数,默认为"learngdm";PF 为性能函数,默认为"mse";IPF 为输入处理单元数组函数,默认为"{'fixunknowns','remconstantrows','mapminmax'}";OPF 为输出处理单元数组函数,默认为"{'remconstantrows','mapminmax'}";DDF 为数据分割函数,默认为"dividerand";net 为新生成的 BP 神经网络。

3) 前向级联反向传播 BP 神经网络创建函数 cascadeforwardnet()

函数 newcf()用于建立一个前向级联反向传播 BP 神经网络,使用格式与 feedforwardnet()函数相同。

2. 激活函数

1) 双曲正切 S 型激活函数 tansig()

双曲正切 S 型(Sigmoid)函数是一种激活函数,可把神经元的输入范围从$(-\infty,+\infty)$映射到$(-1,+1)$。函数的使用格式为

```
A = tansig(P)
```

其中,P 与 A 是同型的矩阵,其中 P 为网络的输入向量矩阵;A 为返回的输出矩阵。

2) 线性激活函数 purelin()

神经元最简单的激活函数是简单地从神经元输入到输出的线性激活函数,输出仅仅被神经元所附加的阈值所修正,常用于由 Widrow-Hoff 或 BP 准则来训练的神经网络中。该函数的调用格式为

```
A = purelin(P)
```

其中,函数 purelin(P)返回网络输入向量 P 的输出矩阵 A,一般情况下,输出矩阵 A 可直接用网络输入向量 P 代替,即输出 A 等于输入 P。

3) 对数 S 型激活函数 logsig()

函数 logsig()和 tansig()的用法相同,不同的是函数 logsig()将输入映射到(0,1)。

3. 初始化函数

init()初始化神经网络,其权值和偏差值根据 net.initFcn 网络初始化函数和 net.initParam 参数值进行更新。该函数的调用格式为

```
net = init(net)
```

4. 训练函数

1) 前向网络训练函数 trainb( )

采用 trainb( )函数完成 BP 算法前向训练,使网络完成函数逼近、向量分类及模式识别。函数的使用格式为

[net,TR] = trainb(net,X,T)

其中,X 为输入数据;T 为目标数据。在训练结束后返回网络 net 以及训练记录 TR。

2) Levenberg-Marguardt 规则前向网络训练函数 trainlm( )

函数 trainlm( )是一种基于 Levenberg-Marguardt 规则更新权重的训练算法,它通常是最快的反向传播算法。函数的使用格式与 trainb( )函数相同。

5. 仿真及分析函数

1) BP 神经网络仿真函数 sim( )

sim( )函数用于神经网络的仿真计算,使用格式为

[Y,Xf,Af] = sim(net,X,Xi,Ai,T)

其中,net 为神经网络;X 为神经网络输入向量;Xi 为初始输入延迟条件;Ai 为初始层延迟条件;T 为神经网络目标向量。返回神经网络输出向量 Y、最终输入延迟条件 Xf、最终层延迟条件 Af。

2) 均方误差性能函数 mse( )

函数 mse( )根据平方误差的均值来衡量网络的性能。函数的使用格式为

E = mse(net,T,Y,EW)

其中,net 为神经网络;T 为目标向量;Y 为输出向量;EW 为误差权值;E 为计算出的平方误差。

3) 计算元素平方和函数 sumsqr( )

函数 sumsqr( )用于计算矩阵中有限元素的平方和。函数的使用格式为

[S,N] = sumsqr(X)

其中,X 为输入矩阵。函数返回 X 中所有元素的平方和 S 以及元素个数 N。

4) 计算误差曲面函数 errsurf( )

函数 errsurf( )用于计算单神经元误差曲面。函数的使用格式为

Es = errsurf(P,T,W,b,f)

其中,P 为输入向量;T 为目标向量;W 为权值矩阵;b 为阈值向量;f 为激活函数;Es 为计算出的误差平方和。

6. 绘图函数

1) 误差曲面图绘制函数 plotes( )

函数 plotes( )用于绘制误差曲面图。函数的使用格式为

plotes(W,b,Es,v)

其中,W 为权值矩阵;b 为阈值向量;Es 为误差曲面;v 为期望的视角,默认值为[-37.5 30]。

2) 在误差曲面图上绘制权值和阈值位置的函数 plotep( )

函数 plotep( )用于在误差曲面图上绘出单输入网络权值 W 和阈值 b 所对应的误差 e

的位置。函数的使用格式为

```
plotep(W,b,e)
```

其中,W 为权值矩阵;b 为阈值向量;e 为神经元误差。

9.2.4 自组织竞争神经网络

自组织竞争神经网络是一种以无监督方式进行网络训练,具有自组织功能的神经网络。网络通过自身训练,自动对输入模式进行分类。在网络结构上,自组织竞争神经网络一般是由输入层和竞争层构成的两层网络,网络没有隐含层,两层之间各神经元实现完全连接,有时竞争层各神经元之间还存在横向连接。在 MATLAB 工作空间的命令行中输入"help 自组织神经网络函数名",便可得到与自组织竞争神经网络相关的函数帮助。表 9.4 列出了自组织竞争神经网络函数。

表 9.4 自组织竞争神经网络函数

类　型	函　数　名	功　　能
网络设计函数	newc()	新建一个自组织竞争神经网络
	newsom()	新建一个自组织特征映射神经网络
激活函数	compet()	竞争激活函数
初始化函数	midpoint()	中点权值初始化函数
训练函数	trainc()	循环顺序权值/偏差学习训练函数
	trains()	顺序增量学习训练函数
学习函数	learnk()	Kohonen 权值学习函数
	learnis()	Instar 权值学习函数
	learnos()	Outstar 权值学习函数
	learnh()	Hebb 权值学习函数
	learnhd()	衰减的 Hebb 权值学习函数
	learnsom()	自组织特征映射权值学习函数
权函数	dist()	欧氏距离权值函数
	mandist()	Manhattan 距离权值函数
	linkdist()	Link 距离权值函数
	negdist()	对输入向量进行加权计算
	netsum()	计算网络输入和
绘图函数	plotsom()	绘制自组织特征映射网络的权值向量

1. 网络设计函数

1) 自组织竞争神经网络新建函数 newc()

函数 newc()用于新建一个自组织竞争神经网络。函数的使用格式为

```
net = newc(P,S,KLR)
```

其中,P 为输入向量矩阵;S 为输出神经元的个数;KLR 为 Kohonen 学习率,默认值为 0.01;net 为生成的自组织竞争神经网络。

2) 自组织特征映射神经网络新建函数 newsom()

函数 newsom()用于新建一个自组织特征映射神经网络。函数的使用格式为

```
net = newsom(P,[D1,D2,…,Di],TFCN,DFCN,STEPS,IN)
```

其中，P 为输入向量矩阵；[D1,D2,…,Di] 为自组织特征映射神经网络维数，默认为[5 8]；TFCN 为拓扑函数，默认为"hextop"；DFCN 为距离函数，默认为"linkdist"；STEPS 为邻域缩小到 1 的步数，默认值为 100；IN 为初始邻域大小，默认值为 3；net 为生成的自组织特征映射神经网络。

2. 激活函数

竞争激活函数 compet() 用于对输入向量进行转换，输入最大的神经元输出为 1，其余的神经元输出为 0，例如此函数输入为[0.2,0.5,0.8]，则函数输出为[0,0,1]。函数的使用格式为

Y = compet(P)

其中，P 为输入向量；Y 为输出向量，其每一列仅包含一个 1，位于输入向量最大值的位置，而其余的元素均为 0。

3. 初始化函数

中点权值初始化函数 midpoint() 一般用于初始化权值。采用输入空间的中值对权值进行初始化。函数的使用格式为

W = midpoint(S,P)

其中，S 为输出神经元个数；P 为输入向量矩阵，它决定了输入向量的最小值和最大值的取值范围。

4. 训练函数

1）循环顺序权值/偏差学习训练函数 trainc()

网络每输入一次输入向量，trainc() 就会训练具有加权和偏向学习规则的网络，并逐步进行更新。输入以循环顺序显示。函数的使用格式为

[net,TR] = trainc(net,X,T)

其中，net 为神经网络；X 为输入数据；T 为目标数据；返回训练完的神经网络 net，TR 为训练记录。

2）顺序增量学习训练函数 trains()

函数 trains() 是顺序增量学习训练函数，函数的使用格式与 trainc() 函数相同。

5. 学习函数

1）Kohonen 权值学习函数 learnk()

函数 learnk() 用于通过 Kohonen 相关准则来改变网络层权值的变化矩阵达到学习的目的，其学习通过调整神经元的权值向当前输入样本靠近，从而实现对输入特征的识别。函数 learnk() 的使用格式为

[dW,LS] = learnk(W,P,Z,N,A,T,E,gW,gA,D,LP,LS)

其中，W 为权值矩阵；P 为输入向量；Z 为加权输入向量；N 为净输入向量；A 为输出向量；T 为目标向量；E 为误差向量；gW 为相对性能权值梯度；gA 为相对性能输出梯度；D 为神经元距离；LP 为学习参数；LS 为学习状态；返回 dW 为调整后的权值变化矩阵；LS 为新的学习状态。

2）instar 权值学习函数 learnis

函数 learnis() 用于通过 Instar 相关准则计算网络层的权值变化矩阵。其学习过程强

调"用进废退"原则,即每次输入样本时,计算每个神经元的响应值,选择响应值最大的神经元为胜者神经元。胜者神经元的权值会根据输入样本进行调整,使其权值向输入样本靠拢,从而增强该神经元对该输入的敏感性。learnis()函数的使用方法与函数 learnk()相同。

3) Outstar 权值学习函数 learnos()

函数 learnos()用于通过 Outstar 相关准则计算网络层的权值变化矩阵。通常,Outstar 层是线性的,允许输入权值按线性层学习输入向量。因此,存储在输入权值中的向量可通过激活该输入而得到。learnos()函数的使用方法与函数 learnk()相同。

4) Hebb 权值学习函数 learnh()

函数 learnh()用于通过 Hebb 相关准则计算网络层的权值变化矩阵。如果一个神经元的输入大,那么其输出值也大,而且输入和神经元之间的权值也相应增大。learnh()函数的使用方法与函数 learnk()相同。

5) 衰减的 Hebb 权值学习函数 learnhd()

函数 learnhd()用于通过衰减的 Hebb 相关准则计算网络层的权值变化矩阵。原始的 Hebb 学习规则对权值矩阵的取值未作任何限制,因而学习后权值可取任意值。为了克服这一弊病,可以增加一个衰减项来提高网络学习的"记忆"功能,并且能有效地对权值加以限制,衰减系数 dr 的取值范围在[0,1]。当 dr 取值为 0 时,就变为原始的 Hebb 学习规则。learnhd()函数的使用方法与函数 learnk()相同。

6) 自组织特征映射权值学习函数 learnsom()

函数 learnsom()用于通过学习参数计算网络层的权值变化矩阵,其使用方法与函数 learnk()相同。

6. 权函数

1) 欧氏距离权值函数 dist()

函数 dist()是一个欧氏距离权值函数。一般情况下,两个向量 x 和 y 之间的欧氏距离 $D=sum((x-y).\hat{}2).\hat{}0.5$。函数的使用格式为

```
D = dist(W,P)
D = dist(pos)
```

其中,W 为权值矩阵;P 为输入矩阵;D 为输出距离矩阵。函数 dist(pos)也可作为一个阶层距离函数,用于查找某一层神经网络中的所有神经元之间的欧氏距离,函数也返回一个距离矩阵。

2) Manhattan 距离权值函数 mandist()

函数 mandist()是一个 Manhattan 距离权值函数。一般情况下,两个向量 x 和 y 之间的 Manhattan 距离 $D=sum(abs(x-y))$。mandist()函数的使用格式与函数 dist()相同。

3) Link 距离权值函数 linkdist()

函数 linkdist()是一个阶层距离函数,用于查找某一层神经网络中的所有神经元之间的 Link 距离,函数也返回一个距离矩阵。函数的使用格式为

```
D = linkdist(pos)
```

其中,pos 为输入矩阵;D 为输出距离矩阵。

4）输入向量加权函数 negdist()

函数 negdist() 用于对输入向量进行加权计算或距离计算。函数的使用格式为

D = negdist(W,P)

其中,W 为权值函数;P 为输入矩阵;D 为输出负向量距离矩阵,即 D=－sqrt(sum(W－P)^2)。

5）网络输入求和函数

函数 netsum() 用于计算网络中某一层神经元的净输入值。函数的使用格式为

D = netsum({Z1,Z2,…,Zn},FP)

其中,Z1,Z2,…,Zn 为输入矩阵的集合,可以包含一个或多个矩阵;FP 为功能参数单元阵列,可忽略;D 为输出矩阵,表示对所有输入矩阵逐元素相加的结果。

7. 绘图函数

自组织特征映射网络的权值向量绘制函数 plotsom() 用于绘制自组织特征映射网络的权值图。函数的使用格式为

plotsom(W,D,ND)

其中,W 为权值矩阵;D 为邻域矩阵;ND 为邻域距离,默认值为 1。函数在二维坐标系中,根据权值矩阵在 W 中每个神经元的权值行向量,绘制出相应位置的点。然后,根据邻域矩阵 D 和邻域距离 ND,用连线将相邻神经元的权值点连接起来。

9.2.5　学习向量量化神经网络

学习向量量化神经网络是在监督状态下对竞争层进行训练的一种学习算法。在 MATLAB 工作空间的命令行中输入"help 学习向量量化神经网络",便可得到与 LVQ 神经网络相关的函数帮助。表 9.5 列出了 LVQ 神经网络函数。

表 9.5　LVQ 神经网络函数

类　　型	函　数　名	功　　能
网络设计函数	newlvq()	新建一个 LVQ 神经网络
初始化函数	initlvq()	对 LVQ 神经网络进行初始化
绘图函数	plotvec()	绘制向量函数

1. 网络设计函数

LVQ 神经网络创建函数 newlvq() 用于新建一个 LVQ 神经网络。函数的使用格式为

net = newlvq(P,S1,Pc,Lr,Lf)

其中,P 为输入向量的最小值和最大值组成的矩阵,它表示了输入向量的取值范围;S1 为隐含层神经元的个数;Pc 为在第二层的权值中所属类别的百分比;Lr 为学习率,默认值为 0.01;Lf 为学习函数,默认值为"learnlvq";net 为生成的 LVQ 神经网络。

2. 初始化函数

LVQ 神经网络的初始化函数 initlvq() 用于建立一个两层(一个竞争层和一个输出层) LVQ 神经网络。函数的使用格式为

initlvq('configure',x)

其中,x 为输入数据;返回与该输入关联的 LVQ 权值的初始化设置。

```
initlvq('configure',net,'IW',i,j,settings)
```

其中,net 为神经网络;i,j 分别为输入层及竞争层索引值;IW 为输入层到竞争层的权值;用索引指示从输入 j 到第 i 层的权值并对该权值进行设置,返回新的权值。

```
initlvq('configure',net,'LW',i,j,settings)
```

其中,net 为神经网络;i,j 分别为竞争层及输出层权值索引值;LW 为竞争层到输出层权值;用索引指示从输入 j 到第 i 层的权值并对该权值进行设置,返回新的权值。

```
initlvq('configure',net,'b',i)
```

其中,net 为神经网络;i 为索引值;b 为该索引指示第 i 层偏差;返回新的权值。

3. 绘图函数

向量绘制函数 plotvec(),用于绘制向量函数。函数使用格式为

```
plotvec(P,c,m)
```

其中,P 为列向量矩阵;c 为标记颜色的行向量;m 为图形标志,默认值为"+"。

9.2.6 径向基神经网络

径向基神经网络是一种在逼近能力、分类能力和学习速度等方面均优于 BP 神经网络的网络。MATLAB 神经网络工具箱中提供了大量的与径向基神经网络相关的工具箱函数。在 MATLAB 工作空间的命令行中输入"help 径向基神经网络函数名",便可得到与径向基神经网络相关的函数帮助。表 9.6 列出了径向基神经网络函数。

表 9.6 径向基神经网络函数

类　　型	函　数　名	功　　能
网络设计函数	newrb()	新建一个径向基神经网络
	newrbe()	新建一个精确的径向基神经网络
	newgrnn()	新建一个广义回归径向基神经网络
	newpnn()	新建一个概率径向基神经网络
激活函数	radbas()	径向基激活函数
转换函数	ind2vec()	将下标向量转换为单值向量组
	vec2ind()	将单值向量组转换为下标向量

1. 网络设计函数

1) 新建径向基神经网络函数 newrb()

函数 newrb()用于新建一个径向基神经网络,可以直接使用。它可自动增加径向基神经网络的隐含层神经元,直到均方误差满足为止。函数的使用格式为

```
net = newrb(P,T,goal,spread,MN,DF)
```

其中,P 为输入向量矩阵;T 为目标向量矩阵;goal 为均方误差,默认值为 0;spread 为径向基函数的分布,默认值为 1;MN 为最大神经元个数;DF 为每次增加的神经元个数,默认值为 25;net 为生成的新网络。

2) 新建精确径向基神经网络函数 newrbe()

函数 newrbe()用于新建一个精确径向基神经网络,且在设计中误差为 0,可以直接使用。函数的使用格式为

```
net = newrb(P,T,spread)
```

其中,P 为输入向量;T 为目标向量;spread 为径向基函数的分布,默认值为 1;net 为生成的新网络。

而函数 newgrnn()用于设计广义回归径向基神经网络(GRNNs 网络);函数 newpnn()用于新建一个概率径向基神经网络。这两个函数的用法和 newrbe()相同。

2. 激活函数

径向基函数 radbas()的标准使用格式为

```
A = radbas(N)
```

其中,N 为输入空间各样本点与隐含层各节点数据中心的欧氏距离矩阵,A 为径向基函数作用于欧氏距离矩阵 N 的返回值,其矩阵规模与 N 相同。N_{ij} 为第 i 个样本点 P_i 与隐含层第 j 个节点的数据中心 W_j 之间的欧氏距离,其计算公式为

$$N_{ij} = | P_i - W_j |$$

3. 转换函数

1) 将下标向量变换成单值向量组函数 ind2vec()

函数 ind2vec()用于将下标向量变换成单值向量组。函数的使用格式为

```
vec = ind2vec(ind)
```

其中,ind 为包含 n 个下标的行向量;vec 为 m 行 n 列的向量组矩阵,且矩阵中的每个向量 i,除了由 ind 中的第 i 个元素指定的位置为 1 外,其余元素为 0,矩阵的行数 m 等于 ind 中最大的下标值。例如,ind 为[3,1,2],则 vec 为

$$\begin{bmatrix} 0 & 1 & 0 \\ 0 & 0 & 1 \\ 1 & 0 & 0 \end{bmatrix}$$

2) 将单值向量组变换成下标向量函数 vec2ind()

函数 vec2ind()用于将单值向量组变换成下标向量,它和函数 ind2vec()互为逆变换。函数的使用格式为

```
ind = vec2ind(vec)
```

其中,vec 为一个 m 行 n 列的向量矩阵,矩阵中的每个向量 i 除包含一个 1 外,其余均为 0,ind 为包含 n 个下标值的行向量,其中每个下标值应为 vec 矩阵中每一列的非 0 元素的位置。

本章习题

上机熟悉 MATLAB 神经网络工具箱函数的功能。

参 考 文 献

[1] 韩力群,施彦.人工神经网络理论、设计及应用[M].3版.北京:化学工业出版社,2023.
[2] 韩力群,施彦.人工神经网络理论及应用[M].北京:机械工业出版社,2016.
[3] 文常保,茹锋.人工神经网络理论及应用[M].西安:西安电子科技大学出版社,2019.
[4] 邱锡鹏.神经网络与深度学习[M].北京:机械工业出版社,2020.
[5] 张平.图解深度学习与神经网络[M].北京:电子工业出版社,2018.
[6] 马锐.人工神经网络原理[M].北京:机械工业出版社,2017.
[7] HAYKIN S.神经网络与机器学习[M].申富饶,徐烨,郑俊,等译.北京:电子工业出版社,2011.
[8] 刘凡平.神经网络与深度学习应用实战[M].北京:电子工业出版社,2018.
[9] 王小川,史峰,郁磊,等.MATLAB神经网络43个案例分析[M].北京:北京航空航天大学出版社,2013.
[10] 施彦,韩力群,廉小亲.神经网络设计方法与实例分析[M].北京:北京邮电大学出版社,2009.
[11] 韩力群.人工神经网络理论、设计及应用[M].北京:化学工业出版社,2007.
[12] GOODFELLOW I,BENGIO Y,COURVILLE A.深度学习[M].赵申剑,黎彧君,符天凡,等译.北京:人民邮电出版社,2017.
[13] 陈伟.人工神经网络及其在博士论文质量评估中的应用[J].中国高等教育评估,2006(4):50-53.
[14] 李航.机器学习方法[M].北京:清华大学出版社,2022.
[15] 庄建,张晶,许钰雯.深度学习图像识别技术:基于TensorFlow Object Detection API和OpenVINO^{TM}工具套件[M].北京:机械工业出版社,2020.
[16] 陈明.MATLAB神经网络原理与实例精解[M].北京:清华大学出版社,2013.
[17] 张觉非.深入理解神经网络:从逻辑回归到CNN[M].北京:人民邮电出版社,2019.
[18] 谭云亮,于凤海.人工神经网络[M].北京:应急管理出版社,2019.
[19] 江永红.深入浅出人工神经网络[M].北京:人民邮电出版社,2019.
[20] 单建华.卷积神经网络的Python实现[M].北京:人民邮电出版社,2019.
[21] 包子阳.神经网络与深度学习:基于TensorFlow框架和Python技术实现[M].北京:电子工业出版社,2019.
[22] 陈屹.神经网络与深度学习实战:Python+Keras+TensorFlow[M].北京:机械工业出版社,2019.
[23] 莫希特·塞瓦克,穆罕默德·礼萨·卡里姆,普拉蒂普·普贾里.实用卷积神经网络:运用Python实现高级深度学习模型[M].王彩霞,译.北京:机械工业出版社,2019.
[24] 马特·R.科尔.C♯神经网络编程[M].刘安,译.北京:机械工业出版社,2019.
[25] 韩宝如.基于混沌神经网络的医学体数据水印技术[M].北京:科学出版社,2019.
[26] 卢誉声.移动平台深度神经网络实战:原理、架构与优化[M].北京:机械工业出版社,2020.
[27] 丛爽.面向MATLAB工具箱的神经网络理论与应用[M].4版.合肥:中国科学技术大学出版社,2022.
[28] 杨淑媛.现代神经网络教程[M].西安:西安电子科技大学出版社,2020.
[29] 于洋,杨巨成.神经网络入门与实战[M].北京:清华大学出版社,2020.
[30] 王凯.Python神经网络入门与实战[M].北京:北京大学出版社,2020.
[31] 保罗·加莱奥内.TensorFlow 2.0神经网络实践[M].闫龙川,白东霞,郭永和,等译.北京:机械工业出版社,2020.
[32] 乔·穆拉伊尔.Keras深度神经网络[M].敖富江,周云彦,杜静,译.北京:清华大学出版社,2020.
[33] 马腾飞.图神经网络:基础与前沿[M].北京:电子工业出版社,2021.
[34] 刘知远,周界.图神经导论[M].北京:人民邮电出版社,2021.
[35] 张德丰.TensorFlow神经网络到深度学习[M].北京:电子工业出版社,2021.

[36] 刘珑龙.神经网络与深度学习基础[M].青岛：中国海洋大学出版社,2022.
[37] 吴凌飞,崔鹏,裴健.图神经网络[M].北京：人民邮电出版社,2022.
[38] 何春梅.人工神经网络：模型、算法及应用[M].北京：电子工业出版社,2022.
[39] 丘锡鹏,飞桨教材编写组.神经网络与深度学习：案例与实践[M].北京：机械工业出版社,2022.
[40] 张光华.从零开始构建深度前馈神经网络：Python+TensorFlow 2.x[M].北京：机械工业出版社,2022.
[41] HAYKIN S.Neural networks and learning machines.[M].3版.北京：电子工业出版社,2022.
[42] 黄海平.Statistical mechanics of neural networks：英文版[M].北京：高等教育出版社,2022.
[43] 王改华.神经网络与深度学习[M].北京：中国水利水电出版社,2022.
[44] 肖睿,程鸣轩.Keras深度学习与神经网络[M].北京：人民邮电出版社,2022.
[45] 赵眸光.深度学习与神经网络[M].北京：电子工业出版社,2023.
[46] 张玉宏,杨铁军.从深度学习到图神经网络模型与实践[M].北京：电子工业出版社,2023.
[47] 魏祥坡,余旭初.卷积神经网络及其在高光谱影像分类中的应用[M].武汉：华中科技大学出版社,2023.
[48] 李昂.TensorFlow与神经网络：图解深度学习的框架搭建、算法机制和场景应用[M].北京：中国水利水电出版社,2023.
[49] 刘峡壁,马霄虹,高一轩.人工智能：机器学习与神经网络[M].北京：北京理工大学出版社,2023.
[50] 刘瑞芳,高升,郭军,等.概率图模型和深度神经网络[M].北京：北京邮电大学出版社,2023.
[51] 王雪.卷积神经网络的遥感影像目标检测与分割[M].西安：西北大学出版社,2023.
[52] 张晨然.深入理解计算机视觉：关键算法解析与深度神经网络设计[M].北京：电子工业出版社,2023.
[53] 李永明,王巍,吴金霞.神经元网络及其应用[M].沈阳：东北大学出版社,2023.
[54] 兰伟,叶进,朱晓姝.图神经网络基础、模型与应用实战[M].北京：清华大学出版社,2024.
[55] 程健,王培松,胡庆浩,等.深度神经网络高效计算：大模型轻量化原理与关键技术[M].北京：电子工业出版社,2024.
[56] 石川,王啸,杨成.图神经网络前沿[M].北京：人民邮电出版社,2024.
[57] 申富饶.自组织增量学习神经网络[M].北京：电子工业出版社,2024.
[58] 赵海兴,冶忠林,李明原.图神经网络原理及应用[M].北京：科学出版社,2024.
[59] 赵金晶,李虎,张明.深度学习与神经网络[M].北京：电子工业出版社,2024.
[60] 王学恭,张泽宇.卷积神经网络与图像分类[M].北京：北京邮电大学出版社,2024.